杨汝俊
李岩
张亚峰 / 编著

中文版

PKPM 2022 结构设计

完全实战技术手册

清华大学出版社
北京

内 容 简 介

本书基于PKPM 2022的BIMBase集成系统和PKPM 2021 V1.3软件，讲解在混凝土建筑结构、砌体结构及钢结构设计和结构分析等方面的行业实践应用方法。

本书由浅入深、循序渐进地介绍了BIMBase集成系统和PKPM建筑结构软件的界面、基本操作及相关设计命令的使用方法，并配合大量的实例练习，使读者能更好地巩固所学知识。

本书是指导初学者学习PKPM-BIM和PKPM结构软件的结构建模、结构计算与数据分析的通用教程，不仅可以作为高校、职业技术院校建筑和土木等专业的培训教程，还可以作为广大从事BIM建筑设计工作的技术人员的参考书。

图书在版编目（CIP）数据

中文版PKPM 2022结构设计完全实战技术手册 / 杨汝俊, 李岩, 张亚峰编著. — 北京：清华大学出版社,2023.1

ISBN 978-7-302-62539-1

Ⅰ.①中… Ⅱ.①杨… ②李… ③张… Ⅲ.①建筑结构－计算机辅助设计－应用软件－手册 Ⅳ.①TU311.41

中国国家版本馆CIP数据核字(2023)第022145号

责任编辑：陈绿春
封面设计：潘国文
责任校对：胡伟民
责任印制：宋　林

出版发行：清华大学出版社
　　　　　网　址：http://www.tup.com.cn，http://www.wqbook.com
　　　　　地　址：北京清华大学学研大厦A座　　　邮　编：100084
　　　　　社总机：010-83470000　　　　邮　购：010-62786544
　　　　　投稿与读者服务：010-62776969, c-service@tup.tsinghua.edu.cn
　　　　　质量反馈：010-62772015, zhiliang@tup.tsinghua.edu.cn
印　装　者：小森印刷霸州有限公司
经　　销：全国新华书店
开　　本：188mm×260mm　　印　张：21.25　　字　数：600千字
版　　次：2023年3月第1版　　印　次：2023年3月第1次印刷
定　　价：88.00元

产品编号：072141-01

基于 BIM 的 PKPM 软件是中国建筑科学研究院建筑工程软件研究所研发的一款建筑工程管理软件，该软件也是目前国内建筑工程界应用最广泛、用户最多的一套计算机辅助设计系统。PKPM 软件是一套集建筑设计、结构设计、设备设计、工程量统计、概预算及施工软件等于一体的大型建筑工程综合 CAD 系统，目前的最高版本是 2022。针对 2021 年建筑结构各项新规范，PKPM 2022 软件进行了较大幅度的改版，在操作菜单和界面上，尤其是在核心计算方面，都结合新规范做出了较大的改进。

内容和特点

本书基于 PKPM 2022 的 BIMBase 集成系统和 PKPM 2021 V1.3 软件，讲解在混凝土建筑结构、砌体结构及钢结构设计和结构分析等方面的行业实践应用方法。本书由浅入深、循序渐进地介绍了 BIMBase 集成系统和 PKPM 2021 V1.3 软件的界面、基本操作及相关设计命令的使用方法，并配合大量的实例练习，使读者能更好地巩固所学的知识。

全书共 12 章，主要内容如下。

第 1 章：本章主要介绍 PKPM 2022 软件系统与建筑 BIM 的关系，以及 PKPM 全系列软件的简介。

第 2 章：本章介绍如何利用 PKPM-BIM 的 BIMBase 建模功能创建建筑与结构模型。

第 3 章：本章以一个全框架混凝土结构设计的实例，将 PKPM-BIM 结构设计的相关工具指令和 BIM 设计流程进行全面介绍。

第 4 章：本章详细介绍基于 PKPM-BIM 的建筑设计实例，即在结构模型基础上，完成 BIM 建筑设计内容，将 PKPM-BIM 建筑设计的相关工具指令和 BIM 建筑设计流程进行细致讲解。

第 5 章：本章以机电设计实例的形式，全面、细致地介绍了 PKPM-BIM 机电设计全流程和机电设计指令的基本使用方法。

第 6 章：本章主要介绍基于 PKPM-PC 装配式建筑设计模块的装配式建筑设计全流程。

第 7 章：本章主要介绍 PKPM 2021 V1.3 软件的入门知识，包括 PKPM 2021 V1.3 软件介绍、软件基本操作和数据文件的管理方法。

第 8 章：本章主要介绍运用 PKPM 2021 V1.3 软件的 PMCAD 模块、SPASCAD 空间建模模块和 JCCAD 模块，分别进行建筑上部结构建模和建筑下部结构建模（基础设计）的方法，使读者能够轻松掌握 PKPM 的相关建模指令和建模技巧。

第 9 章：本章主要介绍 PKPM 2021 V1.3 软件基于 SATWE 核心的集成设计，整个设计流程一气呵成，包括 PMCAD 建模、SATWE 分析、LTCAD 楼梯设计与分析、LCCAD 基础设计与分析、砼施工图设计、基础与楼梯施工图设计等，本章不仅介绍了软件的相关指令及应用，还从实战出发，详解了相关结构设计参数的计算与取值方法。

第 10 章：本章介绍 PKPM 2021 V1.3 软件基于 PMSAP 核心的集成设计，以一个实际的工程项目的结构设计与分析为例，详解了 PMCAD 结构建模、JCCAD 基础设计及 PMCAD 施工图设计的全流程。

第 11 章：本章主要介绍 PKPM 2021 V1.3 软件的 QITI 砌体结构设计模块及其在 BIM 建筑设计中的实战应用，内容包括砌体结构设计基础知识、QITI 砌体结构设计模块介绍、工程项目介绍、砌体结构建模与分析、JCCAD 基础设计与分析等。

第 12 章：本章主要介绍 PKPM 2021 V1.3 软件的 STS 钢结构设计模块在实际工程项目中的应用方法，钢结构设计主要包括二维设计和三维设计，本章仅针对钢结构的三维设计和结构分析。完成钢结构设计之后，详细介绍了钢结构三维效果图的制作方法。

读者对象

本书是真正面向实际应用的BIM信息模型和建筑结构软件基础与建筑结构专业技能的图书，不仅可以作为高校、职业技术院校建筑和土木等专业的初中级培训教程，还可以作为广大从事BIM建筑设计工作的技术人员的参考书。

资源下载

本书的配套素材、视频教学请用微信扫描下面的二维码进行下载。如果在下载过程中碰到问题。请联系陈老师，联系邮箱为 chenlch@tup.tsinghua.edu.cn。

如果有技术性的问题。请扫描下面的技术支持二维码，联系相关技术人员进行处理。

配套素材　　　　　　　　　视频教学　　　　　　　　　技术支持

作者信息

本书由山东博物馆的杨汝俊、济南市工程质量与安全中心的李岩和滕州市工程建设服务中心的张亚峰共同编著。

感谢您选择了本书，希望我们的努力对您的工作和学习有所帮助，也希望您能把对本书的意见和建议告诉我们。

编者
2023 年 1 月

目录
CONTENTS

第 *1* 章 PKPM 2022 设计入门

PKPM 系统软件是目前国内建筑工程界应用最广、用户最多的计算机辅助设计系统，也是集建筑设计、结构设计、设备设计、工程量统计、概预算及施工软件等于一体的大型建筑工程综合CAD 系统。针对 2021 年建筑 BIM 各项新规范，PKPM 系列软件也进行了较大幅度的升级。在操作菜单和界面，尤其是核心计算上，都结合新规范做出了较大的改进。本章针对 PKPM 2022 系列软件的特点、界面组成及软件的基本操作、数据文件的管理等进行介绍，使读者可以轻松入门PKPM。

1.1 建筑 BIM 与项目生命周期

要厘清 BIM 与 PKPM 的关系，需要先了解一下 BIM 与项目生命周期。

1.1.1 项目类型及 BIM 实施

从广义上讲，建筑环境产业可以分为两大类：房地产项目和基础设施项目。有些业内的说法也将这两个项目称为"建筑项目"和"非建筑项目"。在目前可查阅到的大量文献及指南文件中显示，见诸于文件资料的 BIM 信息记录在今天已经取得了极大的进步，与基础设施产业相比，在建筑产业或者房地产业得到了更好的理解和应用。BIM 在基础设施或者非建设产业的采用水平滞后了几年，但这些项目也非常适应模型驱动的 BIM 过程。McGraw Hill 公司的一份名为《BIM对基础设施的商业价值——利用协作和技术解决美国的基础设施问题》的报告，将建筑项目上应用的 BIM 称为"立式 BIM"，将基础设施项目上应用的 BIM 称为"水平 BIM""土木工程 BIM（CIM）"或"重型 BIM"。

许多组织可能既从事建筑项目也从事非建筑项目，关键的是要理解项目层面的 BIM 实施在这两种情况中的细微差异。例如，在基础设施项目的初始阶段需要收集和理解的信息范围，可能在很大程度上都与房地产开发项目相似，并且基础设施项目的现有条件、邻近资产的限制、地形，以及监管要求等也可能与建筑项目极为相似。因此，在一个基础设施项目的初始阶段，地理信息系统（GIS）资料以及 BIM 的应用可能更加至关重要。

建筑项目与非建筑项目的项目团队结构，以及生命周期各阶段可能也存在差异（在命名惯例和相关工作布置方面），项目层面的 BIM 实施始终与其"以模型为中心"的核心主题及信息、合作及团队整合的重要性保持一致。

1.1.2 BIM 与项目生命周期

实际经验已经充分表明，仅在项目的早期阶段应用 BIM 将会限制发挥其效力，而不会提供企业寻求的投资回报。图 1-1 所示显示的是 BIM 在一个建筑项目的整个生命周期中的应用。重要的是，项目团队中负责交付各种类别、各种规模项目的专业人士应了解"从摇篮到摇篮"的项目周期各阶段的 BIM 过程，理解 BIM 在"新建不动产或者保留的不动产"之间的交叉应用也非常重要。

1.1.3 PKPM 在 BIM 项目生命周期中的作用

从图 1-1 可以看出，整个项目生命周期中每一个阶段差不多都需要某一种软件手段辅助实施。

PKPM 软件种类繁多，主要用来进行建筑模型设计、结构分析、系统设备设计、工程出图、施工运维及工程预算等，也就是包含了项目生命全周期的各个阶段。

可以说，BIM 是一个项目的完整设计与实施理念，而 PKPM 是国内应用最为广泛的一种辅助设计工具。

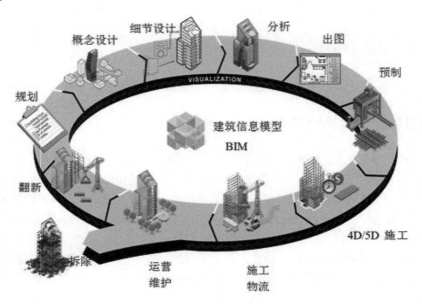

图 1-1

PKPM 具有以下五大特点。

- 使用 PKPM 可以导出各建筑部件的三维设计尺寸和体积数据，为概预算提供资料，资料的准确度同建模的精确度成正比。
- 在精确建模的基础上，用 PKPM 建模生成的平立图完全吻合，图面质量受人的因素影响很小，而对建筑和 CAD 绘图理解不深的设计师画的平立图可能有很多地方不匹配。
- 其他软件解决一个专业的问题,而 PKPM 能解决多个专业问题。PKPM 不仅有建筑、结构、设备，还有协同、远程协同、带材质输入 3ds Max 渲染、云渲染、碰撞分析、绿色建筑分析等功能。
- 强大的联动功能，平、立、剖面、明细表双向关联，一处修改，全面更新，自动避免低级错误。
- PKPM 设计可以节省成本，提高设计变更速度，缩短工程周期。而这些恰恰是一款 BIM 软件应该具有的特点。

1.2 BIM 与绿色建筑

21世纪以来，为应对能源危机、人口增长等问题，绿色、低碳等可持续发展理念逐渐深入人心，而以有效提高建筑物资源利用效率，降低建筑对环境影响为目标的绿色建筑成为全世界关注的重点。

1.2.1 绿色建筑的定义

环境友好型绿色建筑是世界各国建筑发展的战略目标。受限于经济发展水平，以及地理位置和人均资源等条件的差异，各国对绿色建筑的定义不尽相同。

英国皇家测量师学会：有效利用资源、减少污染物排放、提高室内空气及周边环境质量的建筑，即为绿色建筑。

美国国家环境保护局：绿色建筑是在全生命周期内（从选址到设计、建设、运营、维护、改造和拆除）始终以环境友好和资源节约为原则的建筑。

我国《绿色建筑评价标准》：在全生命周期内，最大限度节约资源、保护环境、减少污染，为人们提供健康、适用和高效的使用空间，与自然和谐共生的建筑。

从绿色建筑的定义可以看出：

（1）绿色建筑提倡将节能环保的理念，贯穿于建筑的全生命周期。

（2）绿色建筑主张在提供健康、适用和高效的使用空间的前提条件下节约能源、降低排放，在较低的环境负荷下提供较高的环境质量。

（3）绿色建筑在技术与形式上，需要体现环境保护的相应特点，即合理利用信息化、自动化、新能源、新材料等先进技术。

1.2.2 BIM 与绿色建筑完美结合的优势

1. BIM 与绿色建筑完美结合

BIM 为绿色建筑的可持续发展提供了分析与管理，在推动绿色建筑发展与创新中潜力巨大。

2. 时间维度的一致性

BIM 技术致力于实现全生命周期内不同阶段的集成管理；而绿色建筑的开发、管理涵盖建造、使用、拆除、维修等建筑全生命周期。时间维度对两者的结合提供了便利。

3. 核心功能的互补性

绿色建筑可持续目标的达成，需要全面系统地掌握不同材料、设备的完整信息，在项目全生命周期内协同、优化，从而节约能源，降低排放，BIM 技术为其提供了整体解决方案。

4. 应用平台的开放性

绿色建筑需要借助不同软件来实现建筑物的能耗、采光、通风等分析，并要求与其相关的应用平台具备开放性。BIM 平台具备开放性的特点，允许导入相关软件数据进行一系列可视化操作，为其在绿色建筑中的应用创造条件。如图 1-2 所示为利用 PKPM 绿色节能设计软件创建的绿色建筑模型。

图 1-2

绿色建筑为 BIM 提供了一个发挥其优势的舞台，并为绿色建筑提供了数据和技术上的支持。

（1）节地与室外环境。

- 合理利用 BIM 技术，对建筑周围环境及建筑物空间进行模拟分析，得出最合理的场地规划、交通物流组织、建筑物及大型设备布局等方案。
- 通过日照、通风、噪声等分析与仿真工具，可以有效优化与控制光、噪声、水等污染源。

（2）节能与能源利用。

- 将专业建筑性能分析软件导入 BIM 模型，进行能耗、热工等分析，根据分析结果调整设计参数，达到节能效果。
- 通过 BIM 模型优化设计建筑的形体、朝向、楼距、墙窗比等，提高能源利用率，并减小能耗。

（3）节水与水资源利用。

- 利用虚拟施工，在室外埋地下管道时，避免碰撞或冲突导致的管网漏损。
- 在动态数据库中，清晰了解建筑日用水量，及时找出用水损失的原因。
- 利用 BIM 统计雨水采集数据，确定不同地貌和材质对径流系数的影响，充分利用非传统水源。

（4）节材与材料资源利用。

- 在模型中输入材料信息，对材料从制作、出库到使用的全过程进行动态跟踪，避免浪费。

- 利用数据统计及分析功能，预估材料用量，优化材料分配。
- 借助 BIM 分析并控制材料的性能，使其更接近绿色目标。
- 进行冲突和碰撞检测，避免因遇到冲突而返工，造成材料浪费。

（5）室内环境质量。

- 在 BIM 模型中，通过改变门窗的位置、大小、方向等，检测室内的空气流通状况，并判断是否对空气质量产生影响。
- 通过噪声和采光分析，判断室内隔音效果和光线是否能达到要求。
- 通过调整楼间距或者朝向，改善室内的户外视野。

（6）施工管理。

- 冲突检测：避免不必要的返工，并在一定程度上控制设计文件的变更。
- 模拟施工：优化设备、材料、人员的分配等施工现场的管理，减少因施工流程不当造成的损失。
- 计算工程量：通过结构构件和材料信息，既可以快速计算工程量，也可以对构件进行精确加工。
- 造价管理：在 BIM 进度模型的基础上导入造价软件，可以控制成本和施工进度，统筹安排资源。

（7）运营管理。

- BIM 整合了建筑的所有信息，并在信息传递上具有一致性，满足运营管理阶段对信息的需求。
- 通过 BIM 可以迅速定位建筑出问题的部位，实现快速维修；利用 BIM 对建筑相关设备设施的使用情况及性能进行实时跟踪和监测，做到全方位、无盲区管理。
- 基于 BIM 进行能耗分析，记录并控制能耗。

1.3　PKPM 系列软件简介

　　PKPM 软件是中国建筑科学研究院建筑工程软件研究所研发的一款建筑工程管理软件。

　　PKPM 软件最早只有两个模块：PK（排架框架设计）和 PMCAD（平面辅助设计），因此合称为 PKPM。PKPM 软件发展多年后这两个模块依然存在，但功能大幅增强，同时还加入了功能更为强大的其他模块。

1.3.1　PKPM 软件发展历程

　　PKPM 是一个系列，除了建筑、结构、设备（给排水、采暖、通风空调、电气）设计于一体的集成化 CAD 系统，目前 PKPM 还有建筑概预算系列（钢筋计算、工程量计算、工程计价）、施工系列软件（投标系列、安全计算系列、施工技术系列）、施工企业信息化（目前全国很多特级资质的企业都在用 PKPM 的信息化系统）。

　　PKPM 在国内设计行业占有绝对优势，拥有上万家用户，市场占有率高达 90% 以上，现已成为国内应用最普遍的 CAD 系统。它紧跟行业需求和规范更新，不断推陈出新，开发出能对行业产生巨大影响的软件产品，使拥有国产自主知识产权的软件十几年来一直占据我国结构设计行业应用和技术的主导地位。PKPM 及时满足了我国建筑行业快速发展的需要，显著提高了设计效率和质量，为实现住房和城乡建设部提出的"甩图板"目标做出了重要贡献。

　　中国建筑科学研究院建筑工程软件研究所近年来在建筑节能和绿色建筑领域做了多方面拓展，在节能、节水、节地、节材、保护环境方面发挥着重要作用，其开发的建筑节能类设计、鉴定分析软件已推广覆盖全国大部分地区，是应用最早、最广泛的节能设计软件。2005 年，该软件获华夏科技进步二等奖。在规划、节地方面有三维居住区规划设计软件、三维日照分析软件、场地工程和土方计算软件；在环境方面有园林设计软件、风环境计算模拟软件、环境噪声计算分析系统；还有中国古典建筑设计软件、三维建筑造型大师软件、建筑装修设计软件。

　　概预算软件是承前启后的关键工具，它上可以接力设计软件，下接施工和项目管理。PKPM 概预算软件可以完成工程项目的工程量统计、钢筋统计、造价分析报表等，配备了全国各省地市的建筑、安装、市政、园林、装修、房修、公路、铁路等方面的最新定额库，建立了工程材料信息价网站，并适应各地套价、换算、取费的地方化需求。

　　在建筑工程的工程量统计和钢筋统计方面，软件可以接力 PKPM 设计软件数据自动完成统计计算，还可以转换图纸的 AutoCAD 电子文件，从而大幅节省了用户手工计算工程量的巨大工作量，并使从基础、砼（混凝土）、装修的工程量统计到梁、板、柱、墙等的钢筋统计效率和准确性大幅提高。

　　施工系列软件面向施工全过程中的各种技术、质量、安全和管理问题，提供高效可行的技术解决方案。其主要产品包括项目进度控制的施工计划编制、工程形象进度和建筑部位工料分析等；控制施工现场管理的施工总平面设计、施工组织设计编制、技术资料管理、安全管理、质量验评资料管理等；施工安全设施和其他设施设计方面的深基坑支护设计、模板设计、脚手架设计、塔吊基础和稳定设计、门架支架设计、砼配合比计算、冬季施工设计；工地用水用电计算及常用计算工具集、常用施工方案大样图集图库等。

　　PKPM 系统在提供专业软件的同时，还提供二维、三维图形平台的支持，从而使全部软件具有自主知识版权，为用户节省购买国外图形平台使用权的巨大开销。跟踪 AutoCAD 等国外图形软件的先进技术，并利用 PKPM 广泛的用户群实际应用，在专业软件发展的同时，带动了图形平台的发展，成为国内为数不多的成熟图形平台之一。

PKPM 目前已开发出英国规范、美国规范版本，并进入新加坡、马来西亚、韩国、越南等国家和中国香港、中国台湾地区市场，真正成为了国际化产品，提高了国产软件在国际竞争中的地位和竞争力。

现在，PKPM 已经成为面向建筑工程全生命周期的集建筑、结构、设备、节能、概预算、施工技术、施工管理、企业信息化于一体的大型建筑工程软件系统，以其全方位发展的技术领域确立了在业界独一无二的领先地位。

1.3.2 基于 BIM 的 PKPM 软件集成系统

基于 BIM 的 PKPM 软件集成系统是一款集成构件模型设计、BIM 建筑设计、BIM 结构设计、BIM 机电设计、GBP 绿色建模设计、PC 装配式建模设计和 PS 装配式钢结构设计的多软件系统。如图 1-3 所示为 PKPM BIM 集成系统的启动界面。下面主要介绍 PKPM-BIM 的软件特点。

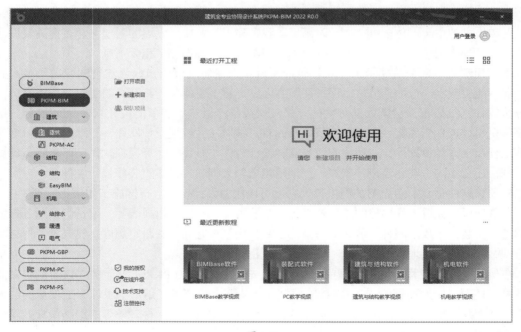

图 1-3

PKPM-BIM 软件集成系统基于国产自主内核平台 BIMBase 开发，拥有 100% 国产化核心技术，可以保证核心信息安全，该系统以信息数据化、数据模型化、模型通用化的 BIM 理念，通过统一的三维数据模型架构建立的建筑工程协同工作信息共享平台，集成建筑、结构、机电多专业应用，为建筑企业提供更符合中国建筑规范和工作流程的 BIM 整体解决方案，如图 1-4 所示。

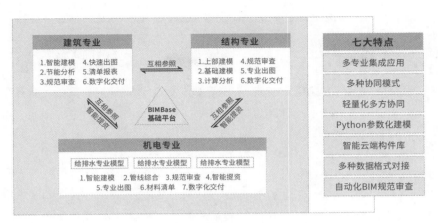

图 1-4

PKPM-BIM 2022 软件的整体特点如图 1-5 所示。

图 1-5

PKPM-BIM 2022 软件功能应用表现如下。

1. 多专业集成应用

基于自主的 BIMBase 平台,提供建筑模型、结构模型、机电模型、绿建模型等全专业模块,如图 1-6 所示。

图 1-6

2. 多种协同模式

PKPM-BIM 2022 提供了多种协同工作模式,实现一体化设计,构件级协同应用,如图 1-7 所示。

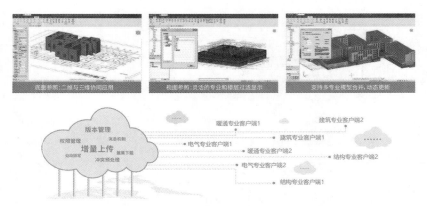

图 1-7

3. 轻量化多方协同

对接自主轻量化云端项目管理平台，支持多专业 BIM 集成，允许多方参与云端协同设计，如图 1-8 所示。

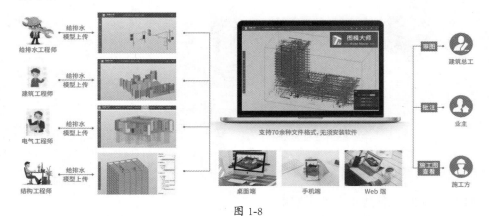

图 1-8

4. Python 参数化建模

内部嵌入 Python 开发工具，扩展复杂造型构件建模，实现精细化表达，如图 1-9 所示。

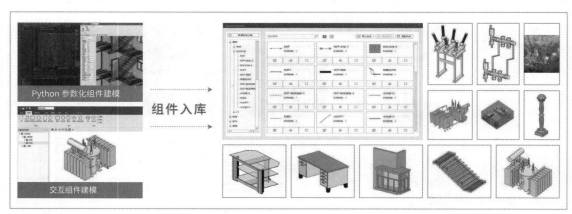

图 1-9

5. 其他特点

PKPM-BIM 2022 软件还包括以下特点。

- 智能云端构件库：搭建智能云端构件库，建立建筑行业构件的统一管理和服务平台。
- 多种数据格式对接：支持多种数据格式，满足前端、后端各种应用场景的数据对接。
- 最大化 BIM 规范审查：各专业内置 BIM 审查工具，实时模型检查，自审及外审，助力报审提资增效。

1.3.3 PKPM GUCAD 4.0 古建软件介绍

PKPM GUCAD 4.0 软件是 PKPM 建筑设计系列软件的一个重要分支，是一款专业的中国古典建筑设计软件，是国内首创世界领先的建筑专业软件，具有良好的应用前景和推广价值。

PKPM GUCAD 4.0 软件将中国古建规则数字化，极大提高了古建设计的效率和准确性，成果已在众多工程中得以显现。

根据大量资料对中式古建进行体系化的研究，总结营造规律，归纳、推导和修正多项公式，如推山、出檐、翼角算法等，如图 1-10 所示。

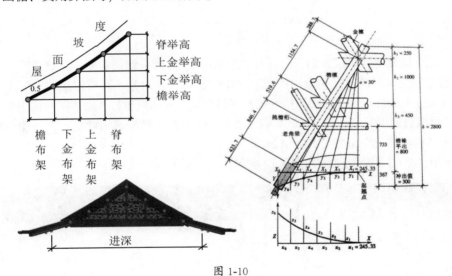

图 1-10

PKPM GUCAD 4.0 软件采集图片、分类整理、美工制作，历时多年累积形成了种类全面的材质图库、图块库。

1.3.4 PKPM 2021 V1.3 结构设计软件介绍

PKPM 2021 V1.3 是一款集结构设计、砌体设计、钢结构设计、装配式建筑结构设计、施工图设计及荷载计算与抗震结构分析于一身的建筑 CAD 系统，其侧重于结构分析与计算，而不是结构建模，这与 PKPM-BIM 2022 中的结构设计理念是不同的。PKPM-BIM 2022 是建立在 BIM 基础上，进行三维建筑结构及机电设计，BIM 能够智能化设计与施工管理。

目前，PKPM 的最新版本为 PKPM 2021 V1.3，官网地址为 https://www.pkpm.cn/。PKPM

官方向用户提供 PKPM 2021 V1.3 软件的下载链接，下载软件并完成安装后，可以在官网注册账号并申请试用软件，如图 1-11 所示。

图 1-11

PKPM 2021 版本号中的"2021"并不是该软件是 2021 年升级的新版本，这个"2021"是指 2021 起开始实施的《混凝土结构通用规范》（GB 55008—2021）《既有建筑鉴定与加固通用规范》（GB 55021—2021）《钢结构通用规范》《组合机构通用规范》《砌体结构通用规范》《建筑与市政工程抗震通用规范》等，也就是取消了原先《混凝土结构通用规范》2010 版的旧规范。之前 PKPM 结构软件一直命名为 PKPM 2010。

PKPM 2021 V1.3 的启动界面如图 1-12 所示。

图 1-12

1.3.5　PKPM-PC 装配式建筑设计软件介绍

随着建筑工业化的发展，装配式建筑在全国范围内正在逐步广泛应用，相应的行业标准《装配式混凝土结构技术规程》JGJ1—2014、国标图集、各地的地方标准图集也都纷纷编制与出版，装配式建筑适应工业化、节能、环保的发展要求，必将是未来建筑领域的发展方向。

为了适应装配式的设计要求，PKPM 编制了装配式建筑设计软件 PKPM-PC，其包含了两部分内容：第一部分结构分析，在 PKPM 传统结构软件中，实现了装配式结构整体分析及相关内力调整、连接设计等功能；第二部分，在 BIM 平台上实现了装配式建筑的精细化设计，包括预制构件库的建立、三维拆分与预拼装、碰撞检查、预制率统计、构件加工详图、材料统计、BIM 数据接力到生产加工设备。

PKPM-PC 为广大设计单位设计装配式建筑提供了简便的设计工具，可以提高设计效率，减少设计错误，推动住宅产业化的进程。

PKPM-PC 全称为"PKPM-BIM 建筑协同设计系统 V2.4"，其不是单纯的建筑设计软件，是一个基于 BIM 的协同设计系统，这个协同设计系统中包含建筑设计、结构设计、机电设计、装配式设计等模块，PKPM-PC 协同设计系统的启动界面如图 1-13 所示。

图 1-13

那么，这个 PKPM-BIM 建筑协同设计系统 V2.4 与 PKPM-BIM 2022 全专业协同设计系统中的 PKPM-PC 有何区别和联系呢？

首先它们都是为装配式建筑设计服务的软件系统，也都基于 BIM 的信息模型，也就是模型的属性可在现场施工过程中随时更改。不同的是，PKPM-BIM 建筑协同设计系统 V2.4 侧重于装配式建筑结构的荷载分析与计算及施工图的绘制，是建筑项目实施的重要数据参考，为最终的项目成功运作提供坚实的基础；而 PKPM-BIM 2022 全专业协同设计系统中的 PKPM-PC 模块，侧重于三维结构建模，是建筑项目的规划设计、方案设计、施工和运维阶段的重要依据。

第 **2** 章 BIMBase 模型设计

BIMBase 是一款专用于建筑构件设计的三维 CAD 模型软件。在 PKPM 的 BIMBase 建模软件中创建的基础模型可以应用到 PKPM-BIM 2022 的其他系列软件中。本章将详细介绍如何利用 BIMBase 的建模功能来创建建筑与结构构件。

2.1　BIMBase 软件概述

BIMBase 建模软件是北京构力科技有限公司精心打造的一款专注于建筑信息模型（BIM）集成、创建、分享、展示、数字化交付的软件。基于国产自主知识产权的图形内核，可以帮助设计师更高效、更安全地完成工作。BIMBase 建模软件结合了 AutoCAD 和 SketchUp 等软件建模的诸多优点，能够同时胜任二维平面的快速绘制和三维空间的精准布局。软件还提供了基于用户熟悉的设计特征的建模方式以及用户属性赋予的功能，强大的组件库功能则帮助用户把制作好的模型复用到不同的场景中。最重要的是，BIMBase 建模软件不仅能够对建筑行业的数字化交付起到支持作用，还能帮助完成电力、市政、轨道、交通等多种基础设施行业数字化升级。

BIMBase 建模软件电力版是基于 BIMBase 建模软件研发的电力行业专用版本，内置 GIM 标准，提供 GIM 集成、质检、编辑、交付等实用功能。

软件具备强大的二次开发能力，能够满足不同行业的个性化需求。提供 Python 脚本参数化建模方式，能够让设计师随心所欲地完成复杂结构造型。该软件不仅可以用于工程设计院的设计之中，也可以用于工科院校的教学之中。简易却又极其强大的功能，能够让初学者快速掌握并运用到生产环境中。

2.1.1　BIMBase 软件的安装与授权

BIMBase 建模软件是一个 BIM 的集成设计软件，包括有多个子模块，其中包括基础建模模块、电力套件模块、参数化建库模块、场地布置设计模块及浏览器模块等。这些 BIMBase 模块可以到 PKPM 官网下载以完成独立安装，如图 2-1 所示。

BIMBase 建模软件的基础建模模块是嵌入在基于 BIM 的 PKPM 2022 集成系统中的，仅安装这个 PKPM 的集成系统软件即可使用。

> **提示：**
>
> 基于 BIM 的 PKPM 2022 集成系统的软件包名称为"PKPM-BIM 2022 R1.3 安装包"，安装完成后的软件名称变为 BIMBase KIT 2022，也可以单独下载 BIMBase 建模软件。本书将着重介绍 BIMBase 建模软件的基础建模模块和场地布置设计模块。

图 2-1

安装基于 BIM 的 PKPM 2022 集成系统软件（PKPM-BIM 2022 R1.3）并双击该软件启动图标，即可进入基于 PKPM 2022 集成系统软件的启动界面，如图 2-2 所示。

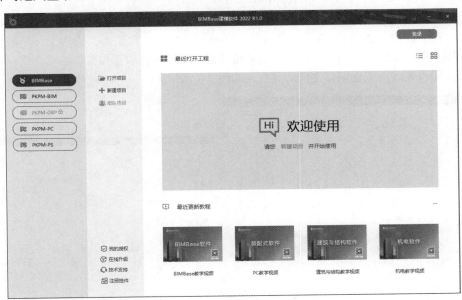

图 2-2

在使用这些 BIM 软件模块之前要取得 PKPM 的官方授权，授权方式分客户端单机授权和网络授权两种，购买正版软件后可获得电子授权码。在集成系统的启动界面中单击"我的授权"文字链接，弹出"PKPM 授权管理"对话框，输入获得的电子授权码即可激活集成软件系统，如图 2-3 所示。

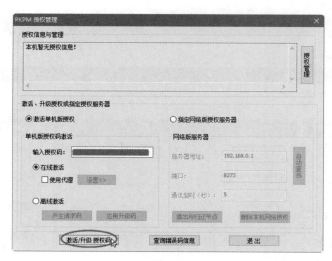

图 2-3

2.1.2 BIMBase 建模软件功能界面

在 PKPM 2022 的软件集成系统中，所有软件模块可以共用一个工程项目，也可以单独建立工程项目展开独立设计。初次使用 PKPM 2022 集成系统时，需要新建工程项目或打开已有的项目文件。

首先，在 PKPM 2022 的集成系统启动界面中单击 BIMbase 按钮 ，再单击"新建项目"按钮，会弹出"新建工程"对话框。在计算机系统的磁盘中建立存放工程文件的文件夹，单击"保存"按钮，即可完成新工程项目文件的建立，如图 2-4 所示。

图 2-4

新建工程项目后，自动进入 BIMBase 工作环境中，如图 2-5 所示为 BIMBase 的工作界面。BIMBase 工作界面的布局形式与主流 CAD 软件的布局完全一致，即采用功能区选项卡的布局形式。

BIMBase 的模型设计集成了 AutoCAD 的平面绘图和 SketchUP 的三维建模的功能，这对于有 AutoCAD 软件使用基础的人来说，学习 BIMBase 是极为容易的。下面着重介绍工作界面中的"视图浏览器"面板、"属性"面板、捕捉以及视图操作与显示的方法。

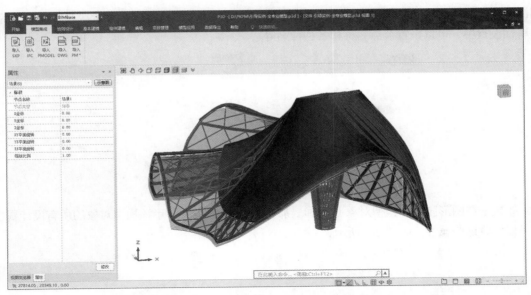

图 2-5

1. "视图浏览器"面板

"视图浏览器"面板和"属性"面板在软件界面的左侧，通过面板底部的"视图浏览器"和"属性"选项卡进行切换显示。

"视图浏览器"面板显示了当前项目中的模型组织结构和层级关系，以树状结构来表达模型内部节点之间的关系，或者称为"模型结构树""模型设计树"。

在"视图浏览器"面板中，顶层是"工程项目"，可称为"父节点"，"工程项目"下是"工程场景"，称为"节点"，而"工程场景"节点下可包含多个场景，这些场景按照建模的先后顺序以"场景1""场景2"……进行命名，这些场景在整个视图浏览器中称为"子节点"，在"场景1"子节点下，就是模型的特征组成结构，可以同时拥有无数个模型特征，如图2-6所示。

要想增加场景、三维模型或普通节点，可以在"视图浏览器"面板中先选中"工程场景"节点，再右击，会弹出"新建"快捷菜单，如图2-7所示。

图 2-6

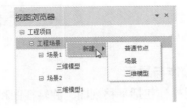

图 2-7

当然，如有必要，还可以在"场景1""场景2"这样的子节点中再添加"场景"这样的子节点。例如大型装配体，允许有单个零件的组装，也允许有系统、子系统的组装。

要删除子节点，选中子节点后右击，在弹出的快捷菜单中选择"删除"选项即可。

2. "属性"面板

在面板底部单击"属性"选项卡切换到"属性"面板。默认情况下，"属性"面板显示的是在"视图浏览器"面板中选中的节点对象以及该节点对象的基本属性，如图 2-8 所示。在节点对象的基本属性设置中，可以设置节点名称和各种标高等。

图 2-8

如果是在图形区选中模型对象（构件），那么"属性"面板会显示该模型对象的所有设计属性，也可以修改这些属性，如图 2-9 所示。

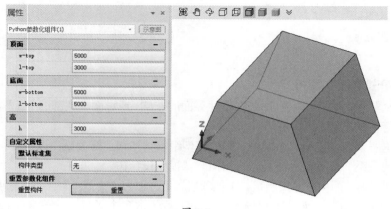

图 2-9

3. 捕捉

BIMBase 的捕捉工具是参照 AutoCAD 软件来编制的，捕捉工具在图形区底部的状态栏中，如图 2-10 所示。

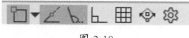

图 2-10

4. 视图操作与显示

视图的常见操作包括平移视图、旋转视图和缩放视图。可以在图形区左上角的视图工具栏中单击"平移视图"按钮 🖐、"三维动态观察"按钮 ↻ 来平移视图或旋转视图，也可以通过键鼠操作来操作视图。

- 平移视图：按住鼠标中键或者单击中键，即可平移视图。
- 旋转视图：按 Ctrl 键 + 鼠标中键，可以旋转视图。
- 缩放视图：滚动鼠标滚轮，可以缩放视图。

视图的显示模式有五种，可以在视图工具栏中单击相应按钮进行控制，如图 2-11 所示。

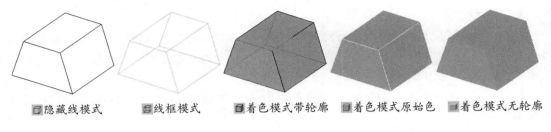

图 2-11

2.2 BIMBase 基础建模与编辑工具

本节简要介绍 BIMBase 的基础建模与编辑工具的使用方法，利用 BIMBase 的基础建模与编辑工具，可以创建建筑结构中的构件，如常见的门窗、楼梯及室内摆设构件等。

2.2.1 模型集成

在 BIMBase 中，用户可以导入外部数据文件到当前工作环境中，作为新模型的一部分，或者将 BIMBase 的模型导出为 PKPM 的其他软件格式。

1. 模型导入

BIMBase 建模软件中能够导入的外部数据文件类型包括 SKP、IFC、PMODEL、DWG 和 PM 等，如图 2-12 所示。

例如导入 SKP 文件，SKP 文件是由 SketchUP 软件输出的模型数据文件。单击"导入 SKP"按钮，弹出"插入链接模型"对话框，如图 2-13 所示，单击该对话框中的"浏览"按钮，将 SKP 文件导入当前工作环境中。

图 2-12

图 2-13

2. 模型数据导出

当利用 BIMBase 建模工具完成模型设计后，可以保存为 BIMBase 软件的 P3D 文件格式，若需要与其他建筑 CAD 软件进行协同设计，可以将模型导出为其他软件格式，如 IFC、FBX、PMODEL、DWG 等，如图 2-14 所示。

图 2-14

3. 链接模型

PKPM BIM 软件是一款集成的协同设计系统，可以单机用户进行设计，也可以将多项目、多任务通过多人同时参与设计的方式进行协同工作。由于本机是笔者一个人在使用，因此无法演示多机协同设计操作的方法。

在功能区"协同设计"选项卡中，用于协同设计的功能暂无法使用，但可以使用链接工具，如图 2-15 所示。

图 2-15

在 BIMBase 中创建模型时，有时需要其他模型作为设计参照，设计参照不允许被修改，这就需要将参照模型链接到当前任务环境中。链接模型与导入模型的区别是，链接的模型是不能被更改的，而导入的模型可以进行修改。

2.2.2 模型的建立与编辑

BIMBase 基本建模工具用于绘制模型的截面图形和简单的基体模型，基本建模工具在"基本建模"选项卡中，如图 2-16 所示。

图 2-16

二维图形是由各种曲线类型组成的，当多个图形组合后，还需要进行编辑修改，才能作为截面使用。这些二维图形编辑工具在"编辑"选项卡中，如图 2-17 所示。

图 2-17

BIMBase 二维图形的绘制完全参照 AutoCAD 设计，执行命令的方式包括单击功能区选项卡中的工具按钮和输入命令行命令。

BIMBase 三维建模是基于二维图形而进行的拉伸和放样操作。由于建筑外观的造型或建筑构件不会总那么复杂，所以利用"推拉"和"放样"工具即可创建较为复杂的建筑外形和构件造型。

鉴于 BIMBase 目前还在不断研发和完善中，其功能应用十分有限，目前应用较多的还是构件的设计，如二维图形图块、园林景观小品、室内家具构件、建筑造型构件等。下面用一个建筑散水构件的设计来演示 BIMBase 的基本建模功能。

上机操作——散水构件设计

01 在 PKPM 软件集成系统的启动界面，新建项目并进入 BIMBase 软件。

02 在"模型集成"选项卡中单击"导入 PMODEL"按钮，弹出"选择导入 PMODEL 文化的路径"对话框，然后导入本例源文件夹中的"别墅.pmodel"文件，在随后弹出的"导入 Pmodel"对话框中设置选项，单击"确定"按钮完成导入，如图 2-18 所示。

图 2-18

03 导入的模型如图 2-19 所示，整个建筑中除散水外全部设计完成。

04 在"编辑"选项卡的"工作平面"面板中单击"创建工作平面"按钮，然后选择建筑底部的一个柱底面作为工作平面，如图 2-20 所示。

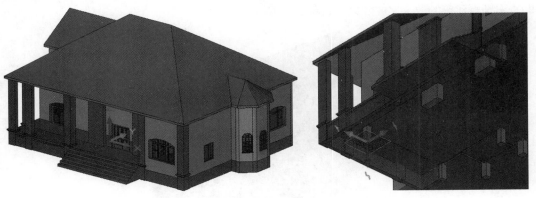

图 2-19　　　　　　　　　　　　　　　　　　图 2-20

05 在"编辑"选项卡的"体块"面板中单击"放样"按钮，调出放样工具栏。选中"等界面沿路径放样"单选按钮，再单击"绘制截面"按钮，弹出"新建截面"对话框，输入截面名，单击"确定"按钮或"临时截面"按钮，进入绘制截面模式，如图 2-21 所示。

技术要点：

单击"确定"按钮，此截面将会保存在系统数据库中，以后再建立相同模型时可以随时调取；单击"临时截面"按钮，绘制的截面仅用于当前模型。

06 在绘制截面模式中，单击"多段线"按钮，然后绘制散水的截面图形，如图 2-22 所示。

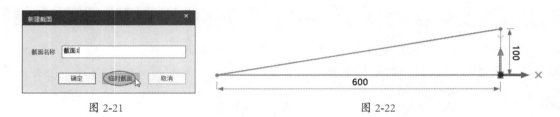

图 2-21

图 2-22

07 在绘制截面模式中单击"构件"面板中的"退出环境"按钮，完成截面的绘制，此时系统会弹出 P3D 对话框，提示是否保存截面，可以保存也可以不保存，如图 2-23 所示。

08 切换视图到"下视图"，沿着别墅建筑底部的梁边界逆时针绘制路径，系统自动创建散水，如图 2-24 所示。

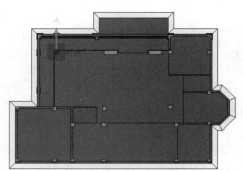

图 2-23

图 2-24

09 查看别墅建筑的散水完成效果，如图 2-25 所示。

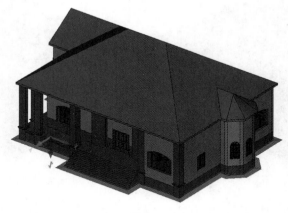

图 2-25

10 单击"保存"按钮，将项目文件保存。

2.3　使用 BIMBase 组件模型

在 BIMBase 中，组件就是组成建筑单体、组合体模型或机电设备的构件，组件类型包括基本模型（非参数化模型）、基于 Python 脚本的参数化模型和基于 Python 脚本的非参数化模型三种。

2.3.1　非参数化的基本模型

基本模型包括常见的基本体(球体、圆柱体、圆锥和立方体)和通过体块工具创建的推拉体(拉伸体)、放样体等，这些基本模型的属性是不能更改的。

非参数化的基本模型可以通过"组件建模"选项卡中的"组件编辑器"工具来创建。

上机操作——创建非参数化的基本模型

01 新建工程项目。

02 在"组件建模"选项卡的"组件库"面板中单击"组件编辑器"按钮，弹出"组件名称"对话框，输入组件名称"沙发"，单击"确定"按钮进入组件编辑模式，如图2-26所示。

03 如果是结构或外形比较复杂的组件，可以在其他软件中进行造型，然后导入当前项目中；如果是简单的模型，可以利用BIMBase的模型工具进行创建。

04 在"模型集成"选项卡中单击"导入PMODEL"按钮，将本例源文件夹中的"沙发.pmodel"文件导入当前项目中，如图2-27所示。

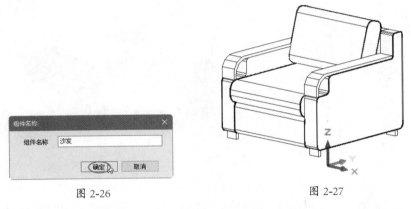

图 2-26　　　　　　　　　　　　　　　　图 2-27

05 导入的沙发模型将作为组件的一部分使用，可以利用"编辑"选项卡中的"复制"命令，复制沙发模型，如图2-28所示。

06 可以继续利用模型创建工具，添加几个方形或圆形凳，如图2-29所示。

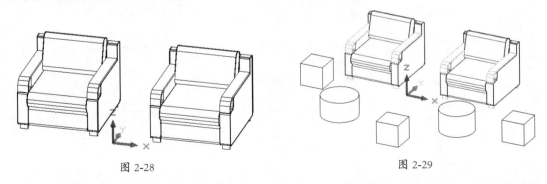

图 2-28　　　　　　　　　　　　　　　　图 2-29

07 在"组件"选项卡中单击"接受"按钮，完成组件的创建并退出组件编辑模式。如果要使用创建的组件，可以在"组件建模"选项卡的"组件库"中单击"工程组件库"按钮，弹出"组件管理器"对话框。选中"沙发"选项后单击"布置"按钮，如图2-30所示。

08 弹出"类型选择"对话框，选中"类型1"选项后再单击"确定"按钮，将组件模型放置在当前项目中，如图2-31所示。右击完成放置。

图2-30   图2-31

09 选中放置的组件，在"属性"面板中并没有显示组件的详细参数，也就是这些组件是不能被修改的，如图2-32所示。

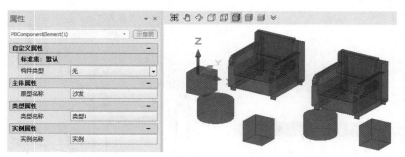

图2-32

10 另外，BIMBase还提供了素材库，素材库的模型也是非参数化的模型。在"组件建模"选项卡的"素材库"面板中单击"素材库"按钮 ，弹出"素材库"面板，如图2-33所示。

图2-33

技术要点:

素材库中包含二维图块、家具模型和建筑构件，不同的建筑项目可以选择不同的素材模型，例如绘制建筑施工图时，可下载二维图块到图纸项目中放置。进行建筑室内布局设计或建筑场地布置设计时，可下载家具模型或建筑构件模型在项目中放置。

11 找到所需的图块或模型后，将光标移动至该图块或模型处，会显示"放置"按钮，单击"放置"按钮，即可将该模型添加到项目中，并放置在合适的位置，可以连续放置多个模型，右击结束放置，如图 2-34 所示。按 Shift 键可调整模型的放置方向。

图 2-34

12 在"素材库"对话框中，可以将选中的素材模型导出，还可以将 dwg、obj、3ds 格式的文件导入素材库，以备后续使用，如图 2-35 所示。

图 2-35

2.3.2 使用基于 Python 脚本的参数化组件

所谓"参数化模型"就是模型本身是基于 Python 编辑器来编写的，其模型属性参数在 BIMBase 中可以修改。这些参数化模型是 PKPM BIMBase 系统自带的，无须用户设计，可以通过"参数化组件库"载入工程项目中使用。下面举例说明参数化模型的载入方法。

上机操作——载入参数化组件

01 在"组件建模"选项卡的"参数化组件库"面板中单击"参数化组件库"按钮，弹出"参数化组件库"面板，如图 2-36 所示。

图 2-36

02 在左上角的专业列表中选择所需专业，这些专业包括电气、给排水、暖通、建筑、结构、施工、场布、园林、装配式建筑等。例如，这里选择"建筑"专业，然后下方的构件表中将列出所有与建筑相关的构件类型，选择某双人床的构件类型，构件缩览图区域将显示此构件的缩览图，如图 2-37 所示。

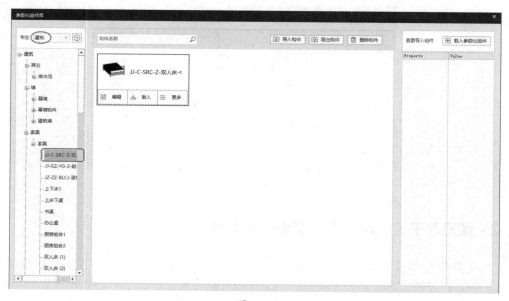

图 2-37

03 在构件缩览图的下方单击"编辑"按钮，可以在弹出的 VS CODE 集成开发环境界面中修改该构件的 Python 脚本，如图 2-38 所示。修改后保存 Python 文件即可。

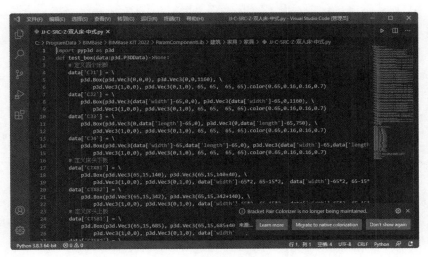

图 2-38

技术要点：

要想成功调用Python脚本程序，需要在"参数化组件库"面板中单击"设置Python路径"按钮 ，然后正确设置Python安装路径及启动程序文件。默认路径为X：\Users\Administrator\AppData\Local\Programs\Python\Python38\pythonw.exe，仅当安装Python后才能设置。

04 在"参数化组件库"对话框的构件缩览图下单击"载入"按钮，可以将该构件载入 BIMBase 剪贴板中，再在对话框的右上角单击"载入参数化组件"按钮，如图 2-39 所示，弹出"载入参数化组件"对话框。

图 2-39

05 在组件缩览图的下方单击"布置"按钮 ，可以将构件放置在当前项目中，如图 2-40 所示。

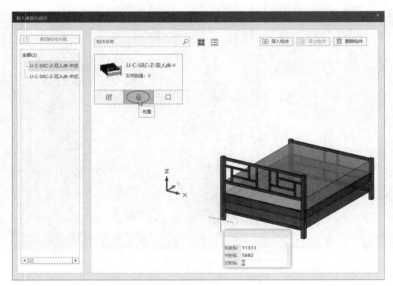

图 2-40

06 构件放置后，可以对构件的属性参数进行修改，如图 2-41 所示。

图 2-41

第3章 PKPM-BIM 结构设计

PKPM-BIM 结构设计是 BIM 建筑信息模型的基础。BIM 结构设计主要是指基于钢筋混凝土及钢梁结构的全框架、半框架结构的设计，本章以一个全框架混凝土结构设计的实例，将 PKPM-BIM 结构设计的相关工具指令和 BIM 设计流程进行全面介绍。

3.1 PKPM-BIM 结构设计概述

建筑结构是房屋建筑的骨架，该骨架由若干基本构件通过一定的连接方式构成整体，能安全可靠地承受并传递各种荷载和间接作用。

注：

"作用"是指能使结构或构件产生效应（内力、变形、裂缝等）的各种原因的总称。作用可分为直接作用和间接作用。

- 直接作用：即习惯上所说的荷载，指施加在结构上的集中力或分布力系，如结构自重、家具及人群荷载、风荷载等。
- 间接作用：指使房屋结构产生效应，但不直接以力的形式出现的作用，如温度变化、材料收缩、地基变形、地震等。

图 3-1 所示为某单层钢筋混凝土厂房的结构组成示意图。

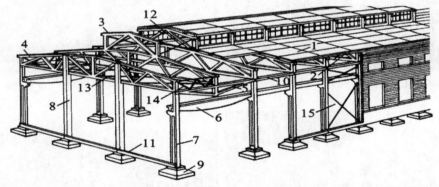

1- 屋面板；2- 天沟板；3- 天窗架；4- 屋架；5- 托架；6- 吊车梁；7- 排架柱；8- 抗风柱；9- 基础；10- 连系架；11- 基础梁；12- 天窗架垂直支撑；13- 屋架下弦横向水平支撑；14- 屋架端部垂直支撑；15- 柱间支撑

图 3-1

3.1.1 建筑结构类型

在房屋建筑中，组成结构的构件包括板、梁、屋架、柱、墙、基础等。

1. 按材料划分

按材料划分，包括钢筋混凝土结构、钢结构、砌体结构、木结构及塑料结构等，如图3-2所示。

钢筋混凝土结构　　　　　　钢结构　　　　　　木结构

塑料结构　　　　　砌体结构

图 3-2

2. 按结构形式划分

按结构形式划分，可分为墙体结构、框架结构、深梁结构、筒体结构、拱结构、网架结构、空间薄壁结构（包括折板）、钢索结构、舱体结构等，如图3-3所示。

墙体结构　　　　框架结构　　　　深梁结构　　　　筒体结构

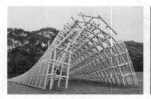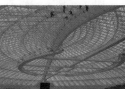

拱结构　　　　网架结构　　　薄壁（膜）结构　　　钢索结构

图 3-3

3. 按体型划分

建筑结构按体型划分，包括单层结构、多层结构（一般2~7层）、高层结构（一般8层以上）及大跨度结构（跨度约为40~50m以上）等，如图3-4所示。

单层结构　　　　　多层结构　　　　　高层结构　　　　　大跨度结构

图 3-4

3.1.2　建筑结构设计流程

1．准备设计资料

（1）建筑工程的性质及建筑物的安全等级。

（2）工程地质条件。

（3）地震设防烈度。

（4）基本雪压。

（5）基本风压及地面粗糙度类型。

（6）使用荷载的标准值及其分布。

（7）环境温度变化状况。

2．确定结构体系方案

根据拟建建筑物的功能要求，选用经济合理的结构体系。结构体系包括水平承重体系、竖向承重体系和基础体系。水平承重体系有梁板体系和无梁体系，屋盖结构也有各种不同类型；竖向承重结构体系有框架、排架、刚架、剪力墙、简体等多种体系；基础有柱下独立基础、条形基础、伐板基础、箱形基础、桩基础之分。

结构选型的基本原则如下。

- 满足使用要求。
- 受力性能好。
- 施工简便。
- 经济合理。

3．确定结构布置

确定结构形式后，要进行结构布置，即考虑梁、板、柱或墙、基础如何布置的问题。结构布置的基本原则如下。

- 在满足使用要求的前提下，沿结构的平面和竖向应尽可能简单、规则、均匀、对称，避免突变。
- 荷载传递路径明确，结构计算简图简单并易于确定。
- 结构的整体性好，受力可靠。
- 方便施工。
- 经济合理。

（1）变形缝的设置。

如果房屋的长度过长，当气温变化时，将使结构内部产生很大的温度应力，严重的可使墙面、屋面和构件拉裂，影响正常使用。为了减小结构中的温度应力，可以设置温度缝，将过长的结构划分成几个长度较小的独立伸缩区段。温度缝应从基础顶面开始，将两个温度区段的上部结构构件完全分开，并留有一定的宽度缝隙。温度区段的长度取决于结构类型和温度变化情况，建筑物伸缩缝的最大间距见表 3-1。

表 3-1　建筑伸缩缝的最大间距

结　构　类　别				间　距 /m
混凝土结构	排架	装配式	室内或土中	100
			露天	70
	框架	装配式	室内或土中	75
			露天	50
		现浇式	室内或土中	55
			露天	35
	剪力墙	装配式	室内或土中	65
			露天	40
		现浇式	室内或土中	45
			露天	30
砌体结构	整体式或装配整体式混凝土屋盖			50
				40
	装配式无檩体系混凝土屋盖	屋面有保温、隔热层		60
		屋面无保温、隔热层		50
	装配式有檩体系混凝土屋盖	屋面有保温、隔热层		75
		屋面无保温、隔热层		60
	黏土瓦或石棉水泥瓦屋盖、木屋盖、石屋盖			100
钢结构	采暖厂房和采暖地区的厂房			220
	热车间及采暖地区的非采暖厂房			180

当地基为均匀分布的软土，而房屋长度又较长时，或者地基土层分布不均匀、土质差别较大时，又或者房屋结构复杂或高差较大时，都有可能产生过大的不均匀沉降，从而在结构中产生附加内力。不均匀沉降过大时，会导致房屋开裂，甚至会危及结构的安全。为了消除不均匀沉降对房屋造成的危害，可以采用设沉降缝的办法。沉降缝应从屋盖、墙体、楼盖到基础全部分开，以保证缝的两边能独立沉降。

为了避免因建筑物不同部位因质量或刚度的不同，在地震发生时具有不同的振动频率而相互碰撞导致破坏，在建筑物的适当部位应设置防震缝。防震缝的宽度应遵循《抗震规范》的相应规定。

当房屋需要同时设置伸缩缝、沉降缝、防震缝时，应尽可能将三缝合一。

（2）单层厂房。

根据其生产和使用要求，选用合理的柱网尺寸。

（3）砌体结构。

墙体的布置，尤其是承重墙体的布置是砌体结构布置的重要内容。

（4）框架结构。

柱网的尺寸，楼盖的结构布置。

4．确定构件的截面形式、初估截面尺寸

对于砌体结构，初估墙体的厚度和壁柱的截面尺寸。对于框架结构，需初步确定梁、柱的截面尺寸。

5．清理荷载

根据前文介绍的内容和荷载规范的规定，确定各项荷载的标准值及其分布情况。

6．选取计算单元、确定计算简图

不同类型的结构，应根据结构本身的实际情况，选取具有代表性的计算单元，然后根据计算单元抽象出既能反映结构的实际情况，又方便计算的计算简图。

由长度大于3倍截面高度的构件所组成的结构，可以按杆系结构进行分析。

杆系结构的计算图形宜按下列方法确定：杆件的轴线宜取截面几何中心的连线；现浇钢筋混凝土结构和装配整体式结构的梁柱节点、柱和基础连接处等可作为刚接；梁板与其支承构件非整体浇筑时，可作为铰接；杆件的计算跨度或计算高度宜按其两端支承长度的中心距或净距确定，并根据支承节点的连接刚度或支承反力的位置加以修正；杆件间连接部分的刚度远大于杆件中间截面的刚度时，可作为刚域插入计算图形。

钢筋混凝土杆系结构中杆件的截面刚度应按以下规定确定：截面惯性矩可按均质的混凝土全截面计算，混凝土的弹性模量应按混凝土结构规范采用；T形截面杆件的截面惯性矩宜考虑翼缘的有效宽度进行计算，也可以由截面矩形部分面积的惯性矩进行修正后确定；不同受力状态杆件的截面刚度，宜考虑混凝土开裂、徐变等因素的影响予以折减。

7．进行各种荷载作用下的内力和变形分析

计算各种荷载作用下，构件的控制截面的内力。结构分析时，宜根据结构类型、构件布置、材料性能和受力特点等选择下列方法。

- 线弹性分析方法：可以用于混凝土结构、钢结构的承载能力极限状态，以及正常使用极限状态的荷载效应的分析。
- 考虑塑性内力重分布的分析方法：房屋建筑中的钢筋混凝土连续梁和连续单向板，宜采用考虑塑性内力重分布的分析方法，其内力值可以由弯矩调幅法确定。
- 塑性极限分析方法：又称"极限平衡法"，此法在我国主要用于周边有梁或墙支承的双向板设计。

8．内力组合

确定控制截面的最不利内力，以用于截面设计。

9．构件及连接的设计

为保证组成结构的各构件能作为一个整体抵抗外荷载的作用，连接的设计也同样重要。

10．构造及绘制施工图

最后就是建模及结构施工图的绘制。

3.1.3　结构柱、结构梁及现浇楼板的构造要求

结构柱、结构梁及现浇楼板的构造要求如下。

（1）异形柱框架的构造按 06SG333-1 标准图集，梁钢筋锚入柱内的构造按《构造详图》施工。

（2）悬挑梁的配筋构造按《构造详图》施工，凡未注明的构造要求均按 11G103-1 标准图集施工。

（3）现浇板内未注明的分布筋均为 6@200。

（4）结构平面图中板负筋长度是指梁、柱边至钢筋端部的长度，下料时应加上梁宽度。

（5）双向板的钢筋，短向筋放在外层，长向筋放在内层。

（6）楼板开孔：300mm ≤洞口边长＜ 1000mm 时，应设钢筋加固，如图 3-5 所示；当边长小于 300mm 时可不加固，板筋应绕孔边通过。

（7）屋面检修孔孔壁图中未单独画出时，按图 3-6 所示施工。

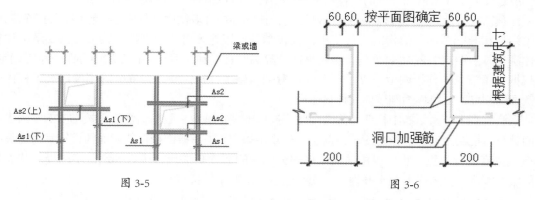

图 3-5　　　　　　　　　　　　　　　　　图 3-6

（8）现浇板内埋设机电暗管时，管外径不得大于板厚的 1/3，暗管应位于板的中部。交叉管线应妥善处理，并使管壁至板上下边缘净距应不小于 25mm。

（9）现浇楼板施工时应采取措施确保负筋的有效高度，严禁踩压负筋；砼应振捣密实并加强养护，覆盖保湿养护层时间不少于 14 天；浇注楼板时如需留缝应按施工缝的要求设置，防止楼板开裂。楼板和墙体上的预留孔、预埋件应按照图纸要求预留、预埋；安装完毕后孔洞应封堵密实，防止渗漏。

（10）钢筋砼构造柱的施工按 12G63-1 图集构造，柱纵筋应预埋在梁内并外伸 500mm，如图 3-7 所示。

（11）现浇板的底筋和支座负筋伸入支座的锚固长度按图 3-8 所示施工。

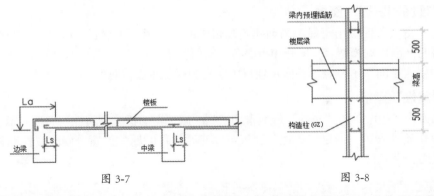

图 3-7　　　　　　　　　　　　　　　　图 3-8

（12）构造柱的砼后浇，柱顶与梁底交界处预留 30mm 空隙，空隙用 M5 水泥砂浆填充密实。

3.1.4　PKPM-BIM 结构设计环境

PKPM-BIM 结构设计模块是本章要介绍的重点专业模块，在 PKPM 2022 的集成系统启动界面中单击"结构"专业下的"结构"按钮，然后单击"新建项目"按钮，创建一个新的工程项目，可以进入 BIM 结构设计环境中。图 3-9 所示为 BIM 结构设计环境界面。

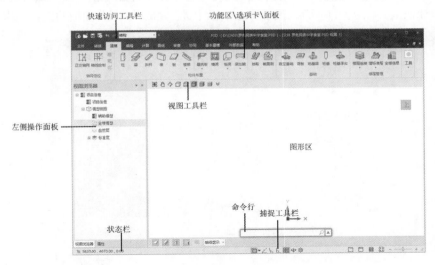

图 3-9

技术要点：

要切换到专业模块，也可以在任何一个专业设计环境界面中，在顶部的快速访问工具栏的专业列表中，选择专业并切换到其他专业设计环境。

在结构设计环境界面中，模型视图的操控方法与在 BIMBase 建模设计环境中的视图操控方法完全相同。在结构设计专业的环境界面中也包含了所有 BIMBase 建模设计功能，这些基本建模工具在功能区的"基本建模"选项卡和"外部数据"选项卡中。

在图形区左侧的操作面板区域包含"视图浏览器"面板和"属性"面板。

1. "视图浏览器"面板

"视图浏览器"面板用于显示当前建筑项目中所有视图、明细表（清单）、图纸、构件、组合、链接的外部数据模型等，展开和折叠各分支时，将显示下一层项目。例如，展开"视图"节点下的"楼层平面"子节点，将显示项目中所有的楼层平面信息。

2. "属性"面板

在左侧操作面板中单击"属性"选项卡切换到"属性"面板。"属性"面板显示了构件的几何属性及材料属性参数，通过"属性"面板可以修改组件的属性设置，修改属性后将自动应用到组件模型中。

> **提示：**
>
> "构件"一词原本来自装配式建筑，是指建筑结构中的混凝土预制件。"组件"则是针对装配体而言的，当然建筑也属于大型装配体，所以组装成建筑的各单元或构件就称为"组件"，组件包含了构件。组件可以是单个构件，也可以由多个构件组成。

由于"属性"面板是常用面板，建议将其置于图形区的右侧，以方便使用。方法是：在"属性"面板中右击，然后在弹出的快捷菜单中选择"浮动"选项，如图3-10所示。接着按住鼠标中键将浮动的"属性"面板向图形区中央拖曳，此时会显示多个停靠标识，将"属性"面板拖曳到右侧的停靠标识上，如图3-11所示。最后释放鼠标中键，完成"属性"面板的重新停靠，如图3-12所示。

图 3-10

图 3-11

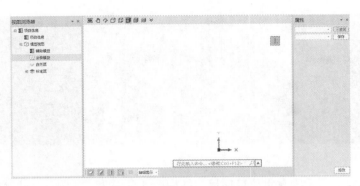

图 3-12

3.2 BIM 框架结构设计案例项目介绍

本建筑项目名称为"罗免民族中学食堂"。

本项目位于昆明市富民县罗免镇，建筑热工设计分区为温和地区中区。

建筑总面积：965.13m²。

建筑层数：地上 2 层，地下 0 层，总高 11.4m。

建筑围护结构构造形式：本建筑为两层框架剪力墙结构。无透明屋顶及架空、外挑楼板。

建筑主朝向及外窗遮阳形式：西偏南 26.9°，外窗遮阳形式为玻璃自遮阳。

基础形式：柱下独立基础。

图 3-13 所示为房屋组成结构图。

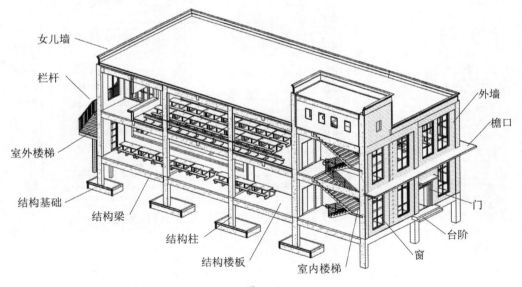

图 3-13

图 3-14 所示为食堂建筑的三维效果。

图 3-14

图 3-15 和图 3-16 所示为食堂建筑项目的结构设计总说明。本例食堂建筑模型在 BIM 中建模时，需要参考策划阶段所创建的图纸，若发现问题可及时修改图纸或 BIM。

本案例 BIM 结构设计流程如下。

- 创建楼层。
- 创建轴网系统。
- 地下层基础与地梁结构设计。
- 地上一层、二层及屋顶层结构设计。
- 结构楼梯设计。
- 结构施工图设计。

结构设计总说明1

图 3-15

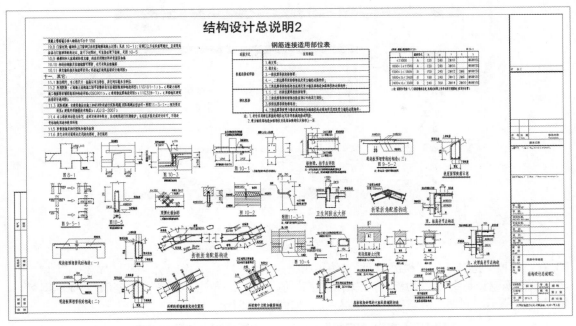

图 3-16

3.3　地下层结构设计

本例食堂大楼的地下层结构设计是指 ±0.000 标高之下的建筑结构设计，其内容包括独立基础设计、框架柱设计（地下层部分）和地梁结构设计。

在 PKPM 中，地下层结构设计的顺序是：建立轴网→建立标高（楼层组装）→地下层柱梁设计→基础设计。

按照现场施工的作业顺序来说，理应在轴网和标高设计后立即进行基础设计，可是在 PKPM 中，基础是以地下层结构柱作为参照进行布置的，所以这里的结构设计顺序就发生了变化。

3.3.1　标高设计

进行结构设计之前，需要先建立建筑轴网系统和楼层标高。可以先建立一层（标准层）的模型，然后进行楼层组装，组装为一幢完整的建筑。

01 在 PKPM 2022 的集成系统启动界面中单击"结构"专业下的"结构"按钮 ⚙ 结构 ，再单击"新建项目"按钮，创建一个名为"罗免民族中学食堂 - 结构"的工程项目，随后进入 BIM 结构设计环境，如图 3-17 所示。

02 在视图浏览器中，建立的各楼层信息都将在"自然层"和"标准层"视图节点中保存。由于本例建筑各层的结构基本相同（只有室内部分房间布局不同），所以按照标准层来建模。在视图浏览器中双击"标准层 1"视图节点，切换到该楼层平面视图中。

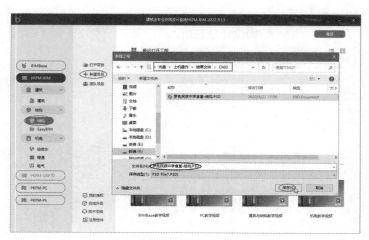

图 3-17

03 在"建模"选项卡的"楼层管理"面板中单击"增标准层"按钮，弹出"新建标准层"对话框，选择"标准层1"作为参考，"输入层高"值为4200，单击"确定"按钮新建"标准层2"，如图 3-18 所示。同理，再新建"标准层3"，如图 3-19 所示。

图 3-18

图 3-19

04 在"建模"选项卡的"楼层管理"面板中单击"楼层组装"按钮，弹出"楼层组装"对话框，如图 3-20 所示。

图 3-20

05 在"楼层组装"对话框中分别输入"层高""层名称"和"层底标高"等参数，然后单击"插入"按钮插入基础层，如图 3-21 所示。

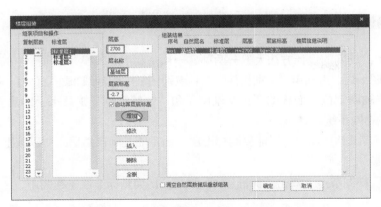

图 3-21

技术要点：

"底层标高"的单位是m，"层高"的单位默认为mm。

06 设置标准层2，选择"复制层数"为2，单击"增加"按钮，建立两个自然层，其中一个层名为1F，另一个修改为2F，如图3-22所示。

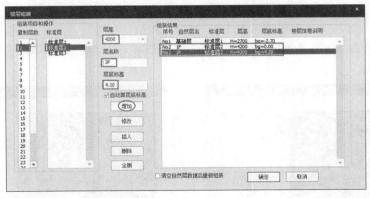

图 3-22

07 选择标准层3，设置"层高""层名称"和"层底标高"后，单击"增加"按钮，如图3-23所示。最后单击"确定"按钮完成楼层组装。

08 楼层组装后，可以看到视图浏览器中"自然层"视图节点下生成了多个自然层，如图3-24所示。

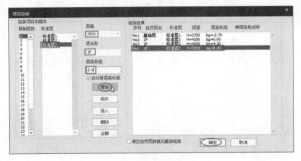

图 3-23

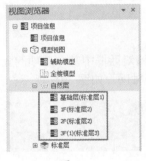

图 3-24

3.3.2 轴网设计

在 PKPM 中，轴网的设计方法大致分两种。一种是利用"转换"选项卡中的"导入 DWG"工具导入 CAD 图纸后，再利用"识别构件"工具识别图纸中的轴线来建立；另一种就是利用"建模"选项卡中"轴网定位"面板的"正交轴网"和"轴线绘制"工具来手动建立。这里采用第二种方法来建立轴网系统。

在 PKPM 结构设计环境中，只能复制标准层，而不能复制自然层，所以接下来将在标准层 1 中建立结构模型。

01 在"标准层"视图节点下双击"标准层 1"视图，切换到标准层 1 视图中。

技术要点：

事实上，无论选择哪一个楼层来绘制轴网，这个轴网系统始终将创建在基础层的层底标高上。

02 参照本例源文件夹中的"结构 - 地梁平面布置及平法施工图 .dwg"图纸，在"轴网定位"面板中单击"正交轴网"按钮 ，弹出"绘制轴网"对话框。

03 在该对话框的"右进深"文本框（准备绘制字母轴线）中单击以激活该选项，间隔输入轴线之间的间距值，或者在"常数"列表中依次选择 5400、6900 和 5400，将其加入"间距"列表中，如图 3-25 所示。

04 在"上开间"文本框中单击以激活该选项（准备绘制数字轴线），间隔输入轴间距，或者在"常数"列表中依次选择 6900、6900、6900、7200，将这些常用值添加到"间距"列表中，如图 3-26 所示。

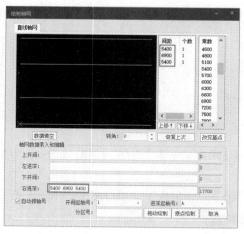

图 3-25

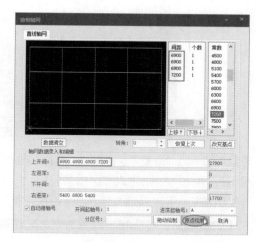

图 3-26

05 保留对话框中其余选项的默认设置，单击"原点绘制"按钮，关闭对话框。随后在原点处自动生成轴网，如图 3-27 所示。

技术要点：

如果是单层建筑，轴网可以采用"拖动绘制"或"原点绘制"，但是多层、高层或超高层建筑，轴网就必须基于原点绘制，这样可以保证每一层的图纸完全重合，也保证每一层的建筑能够精准创建。

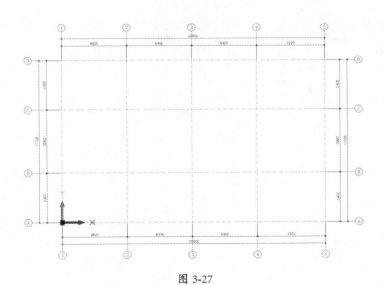

图 3-27

06 接下来手工绘制轴网系统中的分轴号及其轴线。在"轴网定位"面板中单击"轴线绘制"按钮，弹出"单根轴线绘制"对话框。在该对话框中设置选项及参数，并将光标放置于 A 号轴线上，此时可以在坐标文本框中输入起点的坐标值（通过按 Tab 键切换输入），如图 3-28 所示。

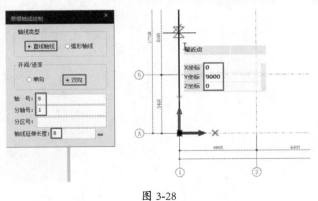

图 3-28

07 输入起点的坐标后按 Enter 键确认，然后水平绘制轴线，轴线端点在 E 号轴线上，结果如图 3-29所示。

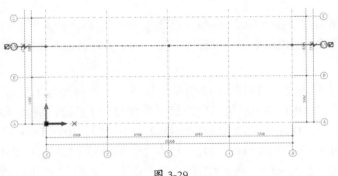

图 3-29

08 同理，再手动绘制出其余轴线，这些轴线无须添加分轴号，结果如图 3-30 所示。

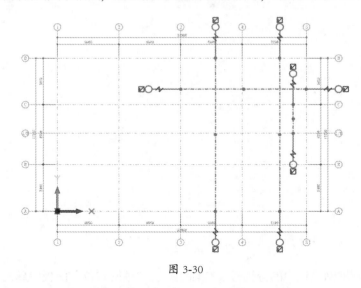

图 3-30

09 在"属性"面板中将上一步绘制的轴线编号隐藏，如图 3-31 所示。

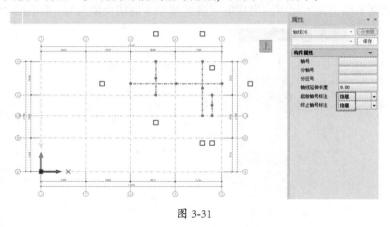

图 3-31

3.3.3 地梁与基础柱设计

地梁（也称地圈梁）是在 ±0.000 标高（也就是 1F 楼层标高）上建立的，由于建筑物的使用性质非办公或住宅楼，所以地下层不设使用空间，独立基础上也不会建立拉梁。

1. 地梁设计

地梁平面布置及平法施工图如图 3-32 所示。从地梁平面布置及平法施工图中的梁平法标注可知，地梁的编号为 DL1~DL9，地梁中的悬空梁编号为 L1~L5。各地梁编号、条数（或跨数）和截面尺寸为：DL1（3）250×600、DL2（3）250×500、DL3（3）250×500、DL4（3）250×600、DL5（2）250×600、DL6（3）250×600、DL7（4）250×600、DL8（4）250×500 和 DL9（4）250×600。各悬空梁编号、条数（或跨数）和截面尺寸为：L1（1）250×400、L2（2）250×400、L3（1）200×400 和 L4（4）250×400。

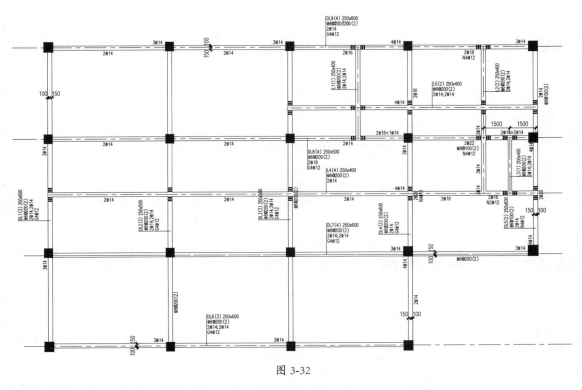

图 3-32

01 在视图浏览器中双击"标准层 1"视图节点，切换到标准层 1 平面视图中。

技术要点：

结构梁始终创建在所选楼层的层顶标高上，而不是层底标高上。

02 在"建模"选项卡的"构件布置"面板中单击"梁"按钮，弹出"梁布置"面板。

03 在"梁布置"面板中单击"添加截面"按钮，弹出"截面参数"对话框。在该对话框中设置新结构梁的截面参数，完成后单击"确认"按钮，如图 3-33 所示。

04 同理，继续新建名为 250×500mm-DL 和 250×400mm-L 的结构梁类型，如图 3-34 所示。

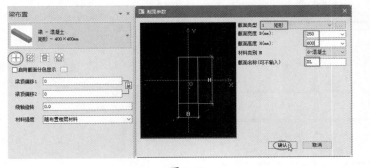

图 3-33

图 3-34

05 在类型列表中选择新建的 250×600mm-DL 结构梁，利用"框选"方法添加此类结构梁，如图 3-35 所示。

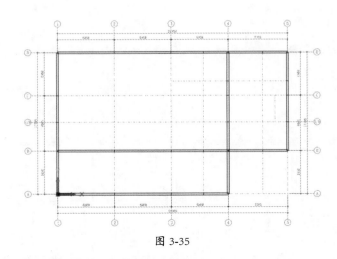

图 3-35

06 绘制 250×500mm-DL 结构梁，结果如图 3-36 所示。

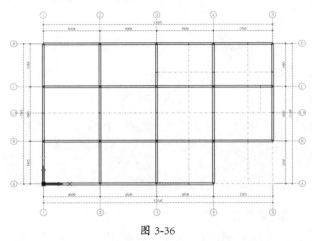

图 3-36

07 绘制 250×400mm-L 结构梁，结果如图 3-37 所示。绘制完成后按 Esc 键结束。

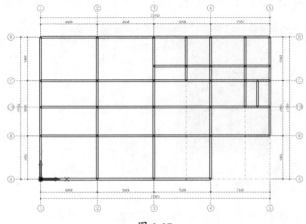

图 3-37

08 根据"结构 - 地梁平面布置及平法施工图 .dwg"图纸中图纸标题下方的第一条说明可知：未注地梁梁顶标高为−0.300m（即−300mm）。选中所有结构梁（右击一条梁，在弹出的快捷菜单中选择"选择同类实体"选项），然后在"属性"面板中修改"梁顶偏移 1（mm）"和"梁顶偏移 2（mm）"值均为−300mm，单击"修改"按钮完成修改，如图 3-38 所示。

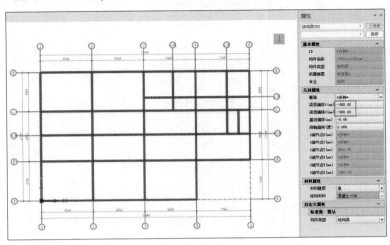

图 3-38

2. 基础柱设计

接下来设计地下层的框架柱（也称基础柱）。

01 切换到"标准层 1"平面视图中。

02 图 3-39 所示为"框架柱平法施工图"和"平法柱表"，可知建筑总体的结构柱有 21 根，编号分别为 KZ-1~KZ21，发现有些结构柱虽然编号不同，但几何尺寸却是相同的。因此需要在 PKPM 中创建三种结构柱类型，用于地下层框架结构柱的放置。

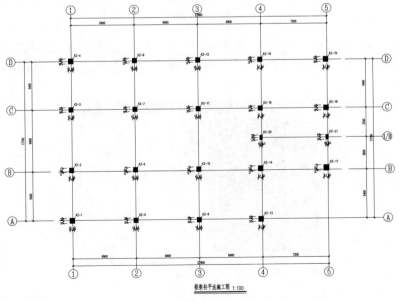

图 3-39

柱号	标 高	bxh(bixhi)(圆柱直径D)	b1	b2	h1	h2	全部纵筋	角筋	b边一侧中部筋	h边一侧中部筋	箍筋类型号	箍 筋	节点核芯
KZ-1	基础顶~4.200	500x550	300	200	300	250	12Φ25				1.(4x4)	Φ8@100	
	4.200~8.400	500x550	300	200	300	250		4Φ22	2Φ20	2Φ22	1.(4x4)	Φ8@100	
KZ-2	基础顶~4.200	450x500	300	150	100	400		4Φ25	2Φ25	2Φ25	1.(3x4)	Φ8@100/200	
	4.200~8.400	450x500	300	150	100	400		4Φ25	1Φ20	2Φ20	1.(3x4)	Φ8@100/200	
KZ-3	基础顶~4.200	450x500	300	150	250	250		4Φ22	3Φ22	2Φ22	1.(3x4)	Φ12@100/200	
	4.200~8.400	450x500	300	150	250	250		4Φ22	1Φ20	2Φ22	1.(3x3)	Φ8@100/150	
KZ-4	基础顶~4.200	500x550	300	200	250	300	12Φ25				1.(4x4)	Φ8@100	
	4.200~8.400	500x550	300	200	250	300	12Φ22				1.(4x4)	Φ8@100	
KZ-5	基础顶~4.200	450x500	225	225	300	200		4Φ25	2Φ22	2Φ25	1.(4x4)	Φ8@100/200	
	4.200~8.400	450x500	225	225	300	200		4Φ20	1Φ20	2Φ20	1.(3x4)	Φ8@100/150	
KZ-6	基础顶~4.200	450x500	225	225	100	400	12Φ22				1.(4x4)	Φ8@100/200	
	4.200~8.400	450x500	225	225	100	400		4Φ18	1Φ18	2Φ18	1.(3x4)	Φ8@100/150	
KZ-7	基础顶~4.200	450x500	225	225	250	250		4Φ25	1Φ25	2Φ20	1.(3x4)	Φ8@100/200	
	4.200~8.400	450x500	225	225	250	250		4Φ20	1Φ20	2Φ20	1.(3x4)	Φ8@100/150	
KZ-8	基础顶~4.200	450x500	225	225	200	300		4Φ22	2Φ22	3Φ22	1.(4x3)	Φ8@100/200	
	4.200~8.400	450x500	225	225	200	300		4Φ22	1Φ22	3Φ22	1.(4x3)	Φ8@100/150	
KZ-9	基础顶~4.200	450x500	225	225	300	200		4Φ22	2Φ22	3Φ22	1.(4x3)	Φ8@100/200	
	4.200~8.400	450x500	225	225	300	200		4Φ18	1Φ18	2Φ18	1.(3x4)	Φ8@100/150	
KZ-10	基础顶~4.200	450x500	225	225	100	400		4Φ25	1Φ22	2Φ20	1.(3x4)	Φ8@100/200	
	4.200~8.400	450x500	225	225	100	400		4Φ20	1Φ20	2Φ20	1.(3x4)	Φ8@100/150	
KZ-11	基础顶~4.200	450x500	225	225	250	250		4Φ20	2Φ20	3Φ20	1.(4x3)	Φ8@100/200	
	4.200~8.400	450x500	225	225	250	250		4Φ18	1Φ18	2Φ18	1.(3x4)	Φ8@100/150	
KZ-12	基础顶~4.200	450x500	225	225	200	300		4Φ22	2Φ20	3Φ22	1.(3x4)	Φ8@100/200	
	4.200~8.400	450x500	225	225	200	300		4Φ18	1Φ18	2Φ18	1.(3x4)	Φ8@100/150	
KZ-13	基础顶~4.200	500x550	400	100	300	300		4Φ25	2Φ20	2Φ20	1.(4x4)	Φ8@100	
	4.200~8.400	500x550	400	100	300	300		4Φ22	2Φ20	2Φ20	1.(4x4)	Φ8@100	
KZ-14	基础顶~4.200	500x550	400	100	100	450		4Φ25	2Φ20	2Φ25	1.(4x4)	Φ8@100	
	4.200~8.400	500x550	400	100	100	450		4Φ25	2Φ25	2Φ20	1.(4x4)	Φ8@100	
	8.400~11.400	450x500	350	100	100	400		4Φ20	2Φ20	3Φ20	1.(3x4)		
KZ-15	基础顶~4.200	450x500	350	100	250	250		4Φ20	2Φ20	3Φ20	1.(4x3)	Φ8@100/200	
	4.200~8.400	450x500	350	100	250	250		4Φ20	2Φ20	2Φ20	1.(3x4)	Φ8@100/150	
KZ-16	基础顶~4.200	450x500	350	100	200	300		4Φ20	2Φ20	3Φ25	1.(4x3)	Φ8@100/200	
	4.200~8.400	450x500	350	100	200	300		4Φ20	1Φ20	2Φ20	1.(3x4)	Φ8@100/150	
KZ-17	基础顶~4.200	550x600	450	100	100	500		4Φ25	2Φ25	3Φ25	1.(4x4)	Φ8@100	
	4.200~8.400	550x600	450	100	100	500		4Φ25	3Φ25	2Φ20	1.(3x4)	Φ10@100	
	8.400~11.400	450x500	350	100	100	400		4Φ25	1Φ20	2Φ20	1.(3x4)	Φ8@100	
KZ-18	基础顶~4.200	500x550	400	100	275	275		4Φ25	3Φ25	3Φ25	1.(3x3)	Φ8@100/200	
	4.200~8.400	500x550	400	100	275	275		4Φ22	2Φ22	2Φ22	1.(4x4)	Φ8@100/150	
KZ-19	基础顶~4.200	500x550	400	100	250	300		4Φ25	2Φ25	2Φ22	1.(4x4)	Φ8@100	
	4.200~8.400	500x550	400	100	250	300		4Φ22	2Φ20	2Φ22	1.(4x4)	Φ8@100	
KZ-20	8.850~12.250	300x500	200	100	250	250		4Φ22	1Φ20	3Φ22	1.(3x3)	Φ8@100	
KZ-21	8.850~12.250	300x500	200	100	250	250		4Φ22	1Φ20	3Φ22	1.(3x3)	Φ8@100	

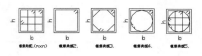

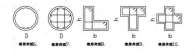

图 3-39（续）

03 在"建模"选项卡的"构件布置"面板中单击"柱"按钮，弹出"柱布置"面板。单击"添加截面"按钮 ，在弹出的"截面参数"对话框中设置新截面参数，单击"确认"按钮完成创建，如图 3-40 所示。

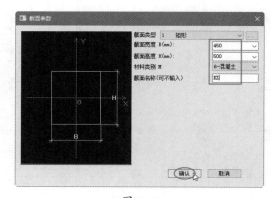

图 3-40

04 接下来分别将"柱 - 混凝土 矩形 500×550""柱 - 混凝土 矩形 450×500"和"柱 - 混凝土 矩形 550×600"三种尺寸的结构柱，按照图纸和平法柱表中的说明，逐一放置在对应的位置上。放置结构柱时，也会出现柱与图纸中的柱图形不重合的问题，利用"编辑"选项卡中"修改"面板的"通用对齐"工具进行柱对齐操作，或者选中结构柱，再在"属性"面板中修改 Y 轴偏移值和 X 轴偏移值。放置结果如图 3-41 所示。

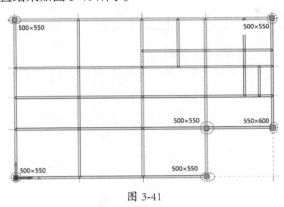

图 3-41

05 创建"柱 - 混凝土 矩形 300×500"的结构柱类型并放置于轴网中，如图 3-42 所示。按 Esc 键结束结构柱的放置。

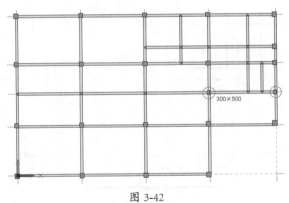

图 3-42

06 完成结构柱族的放置操作后，按 Ctrl+ 中键旋转视图，查看结构柱的放置情况，如图 3-43 所示。

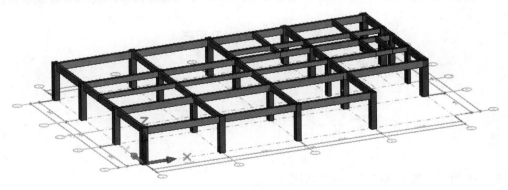

图 3-43

3.3.4 独立基础设计

独立基础的结构形式为坡形单柱独立基础，其基础底板的详细结构及配筋尺寸如图 3-44 所示。

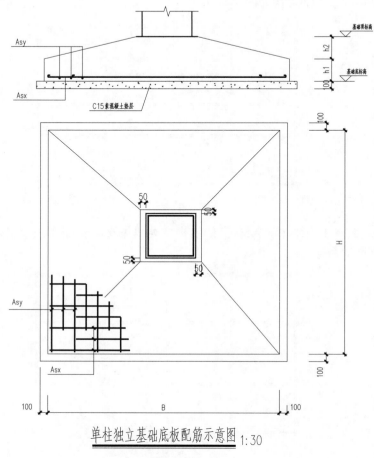

单柱独立基础底板配筋示意图 1:30

图 3-44

在建模时，需要结合其他图纸进行识读，了解具体结构。独立基础的几何尺寸及配筋如表 3-1 所示。

表 3-1　几何尺寸及配筋

基础编号	基底标高(m)	基础高度 h1(mm)	基础高度 h2(mm)	BXH (mm)	Asx	Asy
JC-1		250	150	2000x2000	Φ10@190	Φ10@190
JC-2		250	250	2400x2400	Φ10@150	Φ10@150
JC-3	基础底标高	250	250	3100x3100	Φ14@180	Φ12@125
JC-4		250	250	3100x3100	Φ12@140	Φ12@120
JC-5		250	250	2500x2500	Φ10@150	Φ10@150

图 3-45 所示为独立基础的平面布置图。

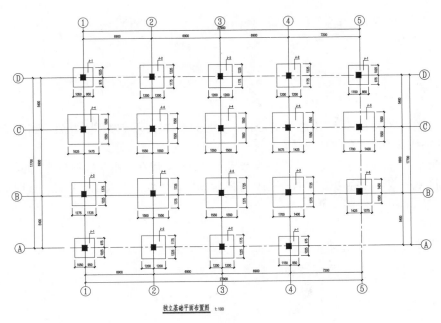

独立基础平面布置图　1:100

图 3-45

01 切换到"自然层"节点下的"基础层（标准层1）"平面视图。

技术要点：

地下基础只能在自然层中布置，不能在标准层中布置。

02 在"建模"选项卡的"基础"面板中单击"独立基础"按钮 ，调出"独立基础布置"面板。单击"添加截面"按钮 ，在弹出的"柱下独立基础信息（mm）"对话框中设置基础参数，单击"确定"按钮完成 JC-1 基础类型的添加，如图 3-46 所示。

03 再添加 JC-2 基础类型，设置的基础参数如图 3-47 所示。

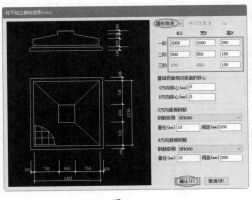

图 3-46

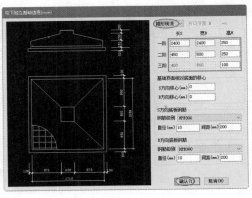

图 3-47

04 同理，按此操作依次添加 JC-3、JC-4 和 JC-5 的独立基础类型，它们的基础参数如图 3-48 所示。

图 3-48

05 接下来在类型列表中选择"锥形现浇-2000×2000"的 JC-1 基础类型，并放置到图纸中注有 J-1 基础图形的轴线交点上，如图 3-49 所示。

06 如果发现基础顶的二阶形状与结构柱的形状不对应，可以在"独立基础布置"面板中单击"修改当前截面"按钮⚏，在弹出的"柱下独立基础信息"对话框中修改二阶参数，此时调换"长 S"和"宽 B"的值即可，如图 3-50 所示。

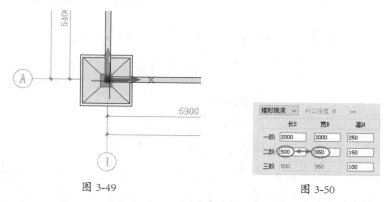

图 3-49

图 3-50

07 同理，将其他基础按照编号进行放置，最终放置完成的独立基础如图 3-51 所示。

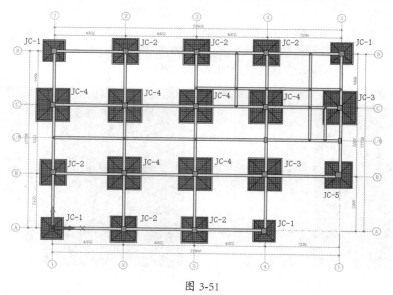

图 3-51

08 旋转视图，查看独立基础放置情况，如图 3-52 所示。如果需要修改基础的标高，可以在其属性面板中修改"基础标高"的值即可。

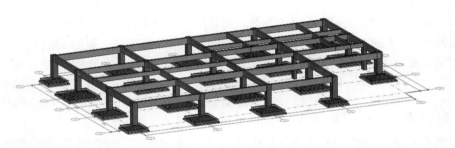

图 3-52

3.4 地上一层、二层及屋顶结构设计

地下基础层的结构梁、板和柱与地上一层、二层的结构大体相同，因此可以将其复制到 1F 和 2F 标高上，即可完成标准层的结构设计。

1F 楼层即地坪层，是建立在地梁之上的楼板层，此楼板层可以做建筑楼板，因为地下层无使用空间，填土后现场浇筑无钢筋的建筑地板（俗称"三合板"，是碎石渣、水泥和水的混合物）。但为了后期模板制作与施工模拟的需要，此处以结构楼板代替。

01 切换到"标准层1"平面视图。在"建模"选项卡的"构件布置"面板中单击"板"按钮 ⬛，弹出"板布置"面板。保留默认板类型和选项设置，在图形区中框选所有结构梁，系统自动生成楼板，如图 3-53 所示。

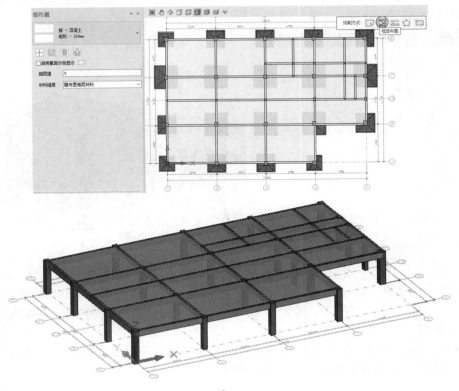

图 3-53

02 复制标准层1中（也是基础层）的结构柱、结构梁和结构楼板到1F和2F中。

03 在"编辑"选项卡的"层间编辑"面板中单击"楼层复制"按钮 ，弹出"楼层复制"对话框。

04 在该对话框左侧列表中取消选中"全部类型"复选框，然后在下方选中"梁""板"和"柱"三个复选框，在"源楼层"下拉列表中选择"标准层1"，在"楼层选择"选项组中的"未选楼层"列表中选择"标准层2"，单击 → 按钮添加到右侧"已选楼层"列表中，最后单击"确定"按钮完成楼层复制，如图3-54所示。

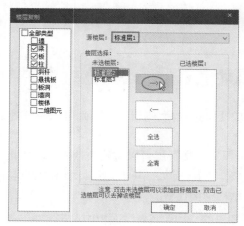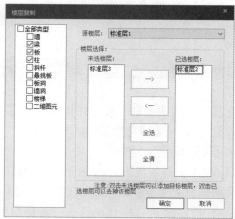

图 3-54

05 单击"确定"按钮，完成标准层的复制。在视图浏览器中双击"全楼模型"视图节点，可以查看楼层组装后的三维效果，如图3-55所示。

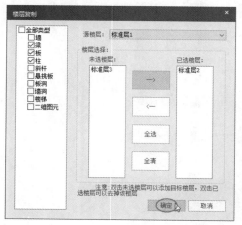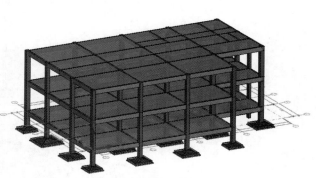

图 3-55

06 楼梯间部分的楼层，可以通过复制标准层1中的部分结构来创建。切换到"标准层2"平面视图中。在"编辑"选项卡的"层间编辑"面板中单击"局部复制"按钮 ，在图形区中选择要复制的结构构件，如图3-56所示。

07 在弹出的"楼层局部复制"对话框中选择"标准层3"，将其添加到右侧的"已选楼层"列表中，最后单击"确定"按钮完成构件的局部复制，如图3-57所示。

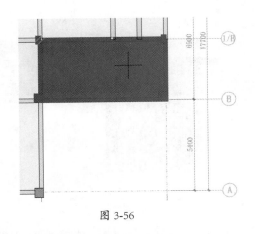

图 3-56

图 3-57

08 查看全楼模型效果，如图 3-58 所示。

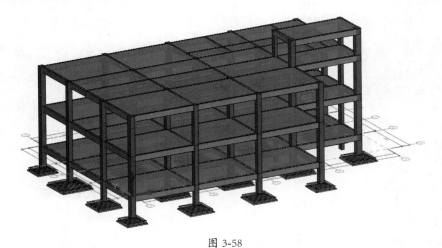

图 3-58

3.5　结构楼梯设计

本例食堂建筑的楼梯分室内楼梯（1# 楼梯）和室外楼梯（2# 楼梯）。

3.5.1　室内结构楼梯设计

室内结构楼梯既是学生用餐的楼层上下通道，也是消防通道，在设计楼梯时需要添加支撑楼梯平台的结构梁。

01 切换到"标准层 2"平面视图。在"建模"选项卡的"构件布置"面板中单击"梁"按钮 ，弹出"梁布置"面板。

02 利用"基本建模"选项卡中的"矩形线"工具，在 1# 楼梯间绘制一个长 5190mm、宽度为任意值的矩形，此矩形用作结构梁放置的参考，如图 3-59 所示。

03 单击"添加截面"按钮 ，在弹出的"截面参数"对话框中输入梁截面参数，单击"确认"

按钮后完成梁截面的添加，如图 3-60 所示。

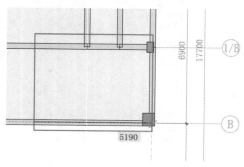

图 3-59

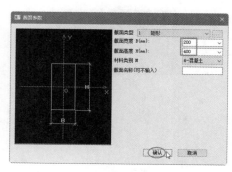

图 3-60

04 在图形区顶部的"梁顶部工具栏"中，单击"两点单次"按钮 ✎ ，然后将梁添加到楼梯间，如图 3-61 所示，删除用作参考的矩形。

05 删除原有的楼梯间楼板，利用"板"工具重新绘制楼板，如图 3-62 所示。

技术要点：

虽然仅在标准层2中修改楼梯间，但标准层2产生了两个自然层，即2F和3F自然层，所以这两个楼层的楼梯间都同时产生了变更。

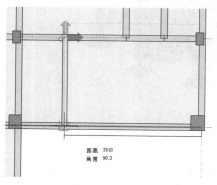

图 3-61

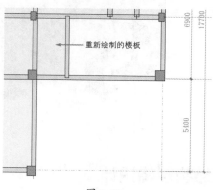

图 3-62

06 设计结构楼梯。切换到"标准层 2"平面视图，在"建模"选项卡的"构件布置"面板中单击"楼梯"按钮 ▨ ，按信息提示在楼梯间选择封闭区域，随后弹出"楼梯绘制模式选择"对话框，单击"标准模式"按钮，如图 3-63 所示。

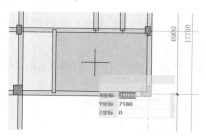

图 3-63

07 在随后弹出的"楼梯布置"对话框中设置楼梯参数，设置完成后单击"确定"按钮，如图3-64所示。

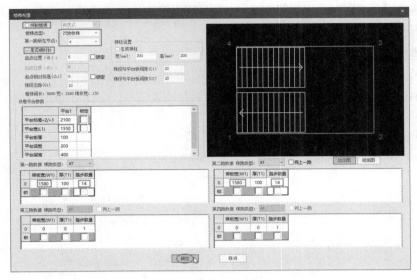

图 3-64

08 系统自动生成楼梯并查看三维效果图，如图3-65所示。

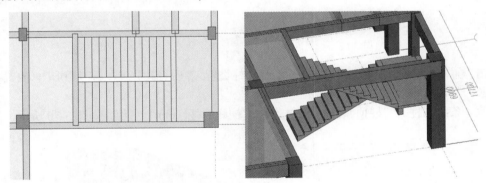

图 3-65

09 查看全楼模型，可见1F、2F自然层同时创建了楼梯，如图3-66所示。

图 3-66

3.5.2 室外结构楼梯设计

室外结构楼梯是一层到二层用餐的唯一通道，因此楼梯设计要满足大、踏步平缓的特点。外部结构楼梯由两个楼梯平台和两个梯段组成。

1. 创建楼梯平台

01 切换到"标准层2"平面视图。在"建模"选项卡中单击"梁"按钮，在"梁布置"面板的类型列表中选择DL 250×600的结构梁类型，然后在轴线编号C和D之间绘制结构梁，如图3-67所示。

02 利用"矩形线"工具绘制两个矩形，如图3-68所示。

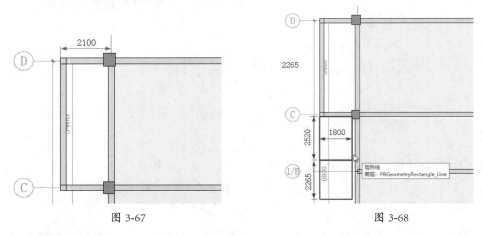

图 3-67   图 3-68

03 单击"柱"按钮，创建KZ 250×250的新结构柱类型，然后将其放置在参考矩形内（放置4个），如图3-69所示。

04 修改4条结构柱的"柱顶偏移（mm）"和"柱底偏移（mm）"值，如图3-70所示。

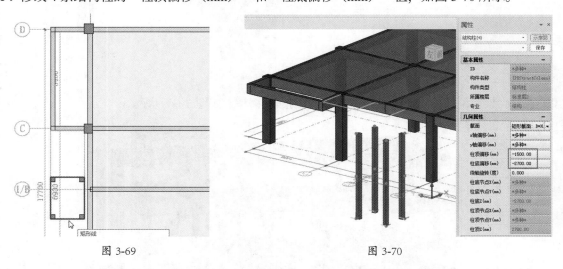

图 3-69   图 3-70

05 单击"梁"按钮，选择L 250×400结构梁类型来绘制图3-71所示的楼梯平台结构梁。

06 修改这4条结构梁的梁顶偏移值，如图3-72所示。

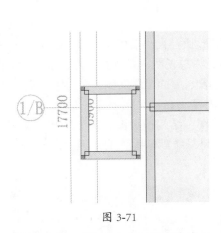

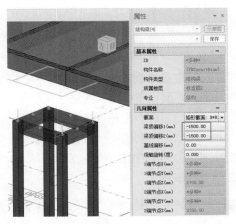

图 3-71　　　　　　　　　　　　　　　　图 3-72

07 单击"板"按钮 ▱，创建两个平台上的结构楼板，如图 3-73 所示。

08 由于标准层 2 有两个自然层，所以切换到"全楼模型"视图中，需要将 2F 自然层的室外的结构梁和结构柱删除，如图 3-74 所示。

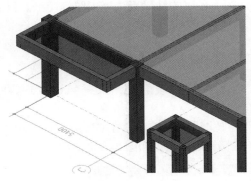

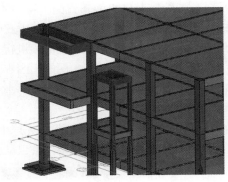

图 3-73　　　　　　　　　　　　　　　　图 3-74

2. 梯段设计

在 PKPM 的结构设计环境中，结构楼梯的梯段不能独立创建，需要到建筑设计环境中创建，关于室外楼梯梯段的设计将在下一章详细介绍。本例学校食堂的建筑结构设计部分全部完成，效果如图 3-75 所示。

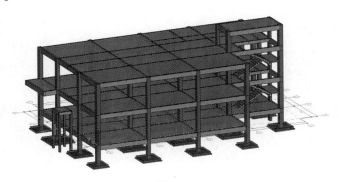

图 3-75

3.6 结构施工图设计

结构施工图是关于承重构件的布置、使用的材料、形状、大小及内部构造的工程图样，是承重构件及其他受力构件施工的依据。结构施工图包含结构总说明、基础布置图、承台配筋图、地梁布置图、各层柱布置图、各层柱布筋图、各层梁布筋图、屋面梁配筋图、楼梯屋面梁配筋图、各层板配筋图、屋面板配筋图、楼梯大样及节点大样等内容。

PKPM-BIM 中仅能生成结构平面图，包括墙柱定位图、结构模板图、板配筋图、梁配筋图和柱配筋图等。自动生成的配筋图是不能进行修改的，是系统默认配置的，但可以转为 dwg 图纸格式再进行编辑。

技术要点：

值得注意的是，在PKPM中用户不能手动修改梁配筋、板配筋及柱配筋图，需要安装PKPM 2010 V6.1结构设计和分析软件，通过计算和结构分析之后，PKPM-BIM系统才能为结构模型进行配筋。本书将在后面章节中重点介绍目前最新版本的PKPM结构设计软件PKPM 2021 V1.3，其软件界面、功能指令和操作方法都与PKPM 2010 V6.1相同，所以将在PKPM结构设计软件中详细介绍结构施工图的绘制流程。

另外，要绘制基础平面布置图、楼梯施工设计图、各层的柱梁平法施工图等图纸，只能在 EasyBim（建筑工程结构数字化智能设计云平台）中进行，但必须获得该模块的授权，目前还没有试用版，所以这部分的图纸绘制不便进行介绍。

下面简要介绍结构平面施工图的出图步骤。

01 在"图纸"选项卡的"图纸生成"面板中单击"结构平面图"按钮，弹出"结构施工图生成"对话框。

02 在"结构施工图生成"对话框中首先选中"墙柱定位图"类型选项，在"楼层"列中选中"全选"复选框，再单击"生成"按钮，会自动生成 4 张墙柱定位图，如图 3-76 所示。

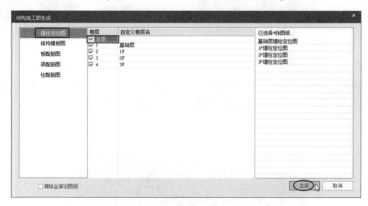

图 3-76

03 随后系统自动跳转到墙柱定位图图纸模式。默认显示的是第一张图纸"基础层墙柱定位图"，如图 3-77 所示。

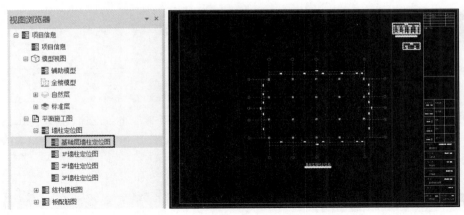

图 3-77

04 同理，继续在"结构施工图生成"对话框中选择其他图纸类型，以此生成结构模板图、板配图、梁配筋图和柱配筋图等，如图 3-78 所示。

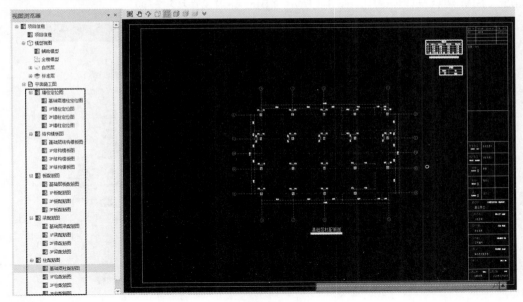

图 3-78

第 *4* 章　PKPM-BIM 建筑设计

PKPM-BIM 建筑设计是指建筑内外装饰设计、建筑构件及景观小品设计、建筑施工图设计等。本章延续上一章的实战案例，在结构模型基础上完成 BIM 建筑设计内容，将 PKPM-BIM 建筑设计的相关工具指令和 BIM 建筑设计流程进行详细讲解。

4.1　PKPM-BIM 建筑设计环境

建筑设计模块是 BIM 的核心模块，在 PKPM 2022 的集成系统启动界面中单击 PKPM-BIM|"建筑"专业下的"建筑"按钮 🏠 建筑 ，然后单击"新建项目"按钮，创建一个新的工程项目，随即进入 BIM 建筑设计环境中。图 4-1 所示为 BIM 建筑设计环境界面。

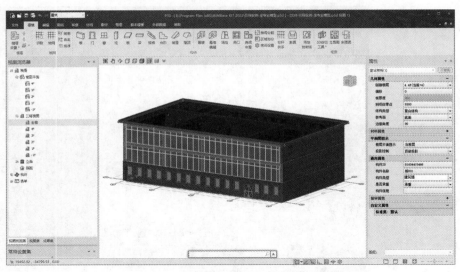

图 4-1

建筑设计环境界面布局与结构设计界面的布局是完全相同的，建筑设计流程也是相同的。在接下来的 BIM 建筑设计案例中，介绍建筑设计相关工具指令的应用方法。

PKPM-BIM 的建筑设计流程如下。

- 创建建筑项目。
- 创建一层建筑主体。
- 创建一层中的房间和建筑楼梯。
- 创建二层及以上楼层主体。
- 创建或布置建筑室内装饰构件。
- 建筑施工图设计。

4.2　BIM 建筑设计案例项目介绍

本章的 BIM 建筑设计案例延续了上一章的 BIM 结构设计，以结构设计模型为参照，完成建筑设计阶段的这部分工作。

图 4-2 所示为罗免民族中学食堂的 BIM 建筑信息模型的三维效果。图 4-3 所示为罗免民族中学食堂的建筑南立面图和建筑北立面图。

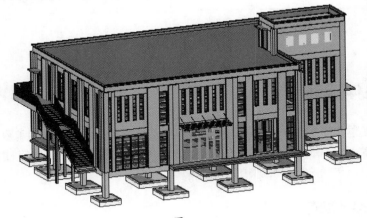

图 4-2

南立面图

北立面图

图 4-3

图 4-4 所示为罗免民族中学食堂的建筑西立面图和建筑东立面图。

图 4-4

4.3　创建主体建筑

在混凝土框架结构建筑中，建筑柱的组成材料中没有钢筋，通常不作为承重柱使用，建筑柱主要由砌体、砂浆及墙面砖材质构成。如果建筑结构类型为砌体结构，建筑柱仍然可以作为承重柱使用。主体建筑包括一层、二层和顶层建筑。

4.3.1　BIM 设计准备

在创建建筑项目时，可以直接打开之前创建的结构设计项目继续完成新的设计，也可以重新创建建筑项目，在建筑项目中链接结构设计模型作为建筑设计参照。如果需要独立完成 BIM 建筑设计部分，那么就需要重新创建新的建筑项目，下面介绍操作流程。

BIM 的设计准备工作包括建筑项目的创建、楼层设置与创建、轴网系统的创建等。

01 在 PKPM 2022 的集成系统启动界面中单击 PKPM-BIM|"建筑"专业下的"建筑"按钮 建筑，然后单击"新建项目"按钮，创建一个名为"罗免民族中学食堂 - 建筑"的新工程项目，随即进入 BIM 建筑设计环境中。

02 在"建筑"选项卡的"楼层"面板中单击"楼层设置"按钮，弹出"楼层管理"对话框。参照南立面图重新设置楼层标高，单击"增加"按钮增加一层，并设置"楼层层高"值为3300.00 和 300.00，设置完成后单击"确定"按钮，如图 4-5 所示。

图 4-5

03 在"协同"选项卡的"链接模型"面板中单击"链接 P3D"按钮，弹出"插入链接模型"对话框。通过单击"浏览"按钮将"罗免民族中学食堂 - 结构 .P3D"结构模型插入，单击"确定"

按钮完成结构模型的链接，如图 4-6 所示。

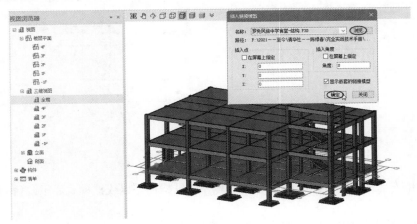

图 4-6

建筑设计的轴网系统与链接模型中的轴网系统是完全相同的，没有必要重新建立轴网系统。

4.3.2　创建一层建筑

第一层建筑包括建筑柱、建筑墙体、建筑楼板、门窗及楼梯等构件。

1. 绘制建筑柱

01 在视图浏览器中，双击 1F 楼层平面视图。在"协同"选项卡的"参照模型"面板中单击"底图参照"按钮，弹出"底图参照管理"对话框。

02 单击"导入底图"按钮，从本例源文件夹中打开"一层建筑平面图 .dwg"图纸，导入后单击"参照底图"按钮，将图纸显示在 1F 楼层平面视图中，如图 4-7 所示。

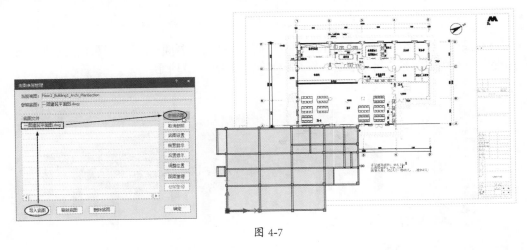

图 4-7

03 在"底图参照管理"对话框中单击"调整位置"按钮，然后在图纸中选取一点（1 号轴线与 A 号轴线的交点）作为移动起点，选取结构模型的坐标系原点作为移动终点，随后自动重合起点和终点，调整后的位置如图 4-8 所示。最后单击"确定"按钮完成底图的导入操作。

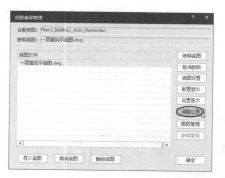
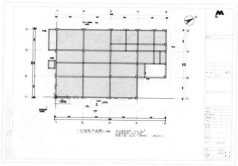

图 4-8

04 在图形区的左上角单击"线框模式"按钮 ，使结构模型以线框模式显示，目的是能够看清底图。

05 通过测量图纸中的建筑柱，得到建筑柱的尺寸是 600×600（本书没有标注单位的默认为 mm）。在"建模"选项卡的"构件"面板中单击"柱"按钮 ，弹出"布置柱"面板。在该面板的"几何属性"选项组的"截面库"列表中选择"自定义"选项，然后单击"矩形截面： B*H=400*400"按钮，在弹出的"截面参数"对话框中修改柱截面参数，如图 4-9 所示。

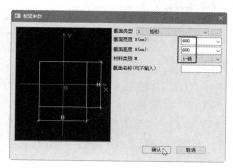

图 4-9

06 在"材料属性"选项组中设置"建筑材料"为"砖 - 装饰"，"表面材质"为"石材 - 红色花岗岩"，再在图形区中参照底图将建筑柱放置在标注位置上，如图 4-10 所示。

图 4-10

2. 绘制建筑墙体

01 在"协同"选项卡的"链接模型"面板中单击"链接管理"按钮 ，弹出"链接模型管理"

对话框。在"显示"列中取消"显示"复选框的勾选，以关闭链接模型的显示，如图 4-11 所示。

02 在"建模"选项卡的"构件"面板中单击"墙"按钮，在弹出的"布置墙"面板的"几何属性"选项组中设置"参考线位置"为"外表面"，在"材料属性"选项组中设置"建筑材料"为"砌块墙"，"表面材质"为"石材 - 红色花岗岩"，如图 4-12 所示。

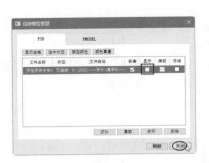

图 4-11

图 4-12

03 保留默认的"连续绘墙"绘制方式，在图形区中逆时针沿外墙边线和门窗外边线绘制建筑墙体，绘制完成的结果如图 4-13 所示。

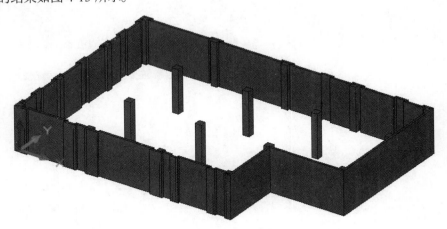

图 4-13

04 接着绘制内墙，内墙厚度与外墙一致，但墙体的"表面材质"要改为"粉刷 - 白色优质"，如图 4-14 所示。

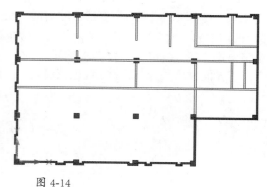

图 4-14

3. 布置门

门窗的布置可参考本例源文件夹中的"建筑立面图.dwg"图纸。没有门窗表，自行使用标注工具测量同类型门窗尺寸。在 PKPM 中，先布置门，再布置窗，由外到内进行布置。有些门窗类型是"门联窗"，例如前大门。下面介绍布置门窗的方法及步骤。

01 门窗洞无须单独创建，放置门窗后系统会自动创建门窗洞。在"建模"选项卡的"构件"面板中单击"门"按钮 🗔，弹出"布置门"面板。

02 在"布置门"面板的"门设置"选项组中设置门框材质和门面板材质，然后在"几何属性"选项组中单击"单开门"按钮，如图 4-15 所示，弹出"门窗分隔样式（双击选用）"对话框。

03 先选择"门联窗"类型，然后设置门联窗参数，设置完成后单击"确定"按钮，如图 4-16 所示。

> **技术要点：**
>
> 设置门联窗尺寸前需要安装AutoCAD 2022软件并打开"建筑立面图.dwg"图纸，然后使用尺寸标注工具标注各种门和窗的尺寸。

图 4-15

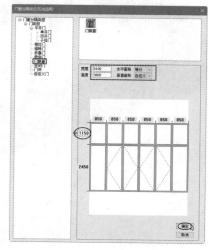

图 4-16

04 参照底图在建筑南侧布置大门，如图 4-17 所示。布置门的方法是：先确定位置点，单击后再拖曳鼠标确定开门方向，再次单击即可完成布置。

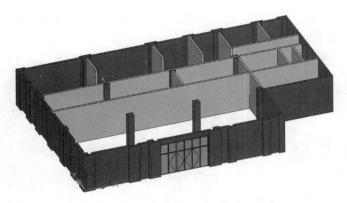

图 4-17

05 同理，将第 2 个门联窗布置在建筑南侧的墙体中，如图 4-18 所示。

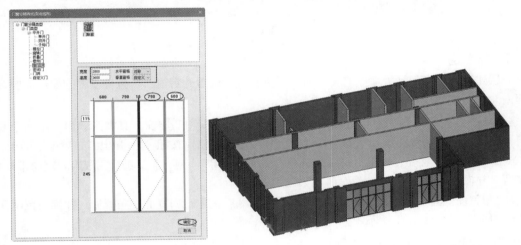

图 4-18

06 接下来布置周边墙体中的双开门（两种规格：高 2100、宽 1200 和高 2100、宽 1500），布置完成的结果如图 4-19 所示。

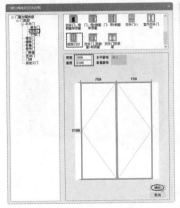
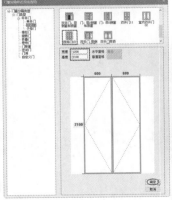
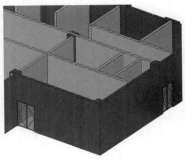

图 4-19

07 最后布置内墙中的双开门（高2100、宽1500）和单开门（高2100、宽1000和高2100、宽800），结果如图4-20所示。

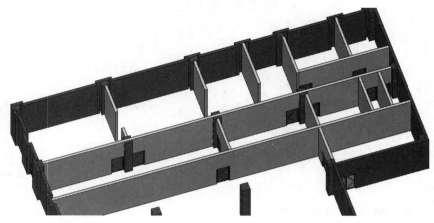

图 4-20

4. 布置窗

一层建筑中的窗包括外墙中的窗和室内"备餐台"位置的厨窗。布置外墙中的窗，需要按照东西南北立面来逐一布置。

01 在南立面（大门一侧）中有两种类型的窗：单扇固定窗和四扇窗，其中四扇窗可用两个双扇窗组合替代。在"建模"选项卡的"构件"面板中单击"窗"按钮⊞，弹出"布置窗"面板。

02 单击"单扇窗"按钮，弹出"门窗分隔样式（双击选用）"对话框。选择"双扇固定窗带横档"窗类型，并设置窗参数，单击"确定"按钮完成设置。

03 在"布置窗"面板中设置"窗台高度"值为0，然后在建筑南立面中布置窗，并列布置两次，组合成四扇窗，如图4-21所示。

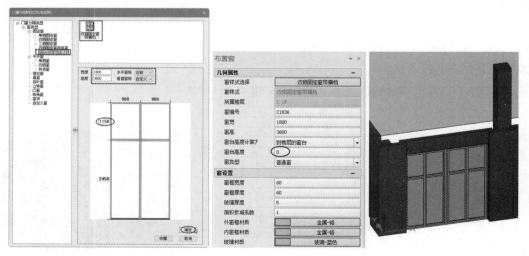

图 4-21

04 接下来布置四个单扇固定窗，设置"窗台高度"值为900，窗的参数设置与门布置结果如图4-22所示。

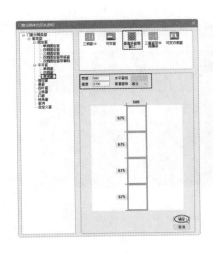
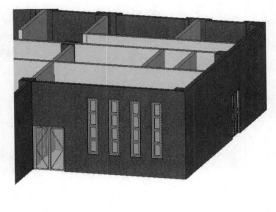

图 4-22

05 再布置相同类型的单窗（两种规格：高 3600、宽 900 和高 3600、宽 800），"窗台高度"值为 0，布置结果如图 4-23 所示。

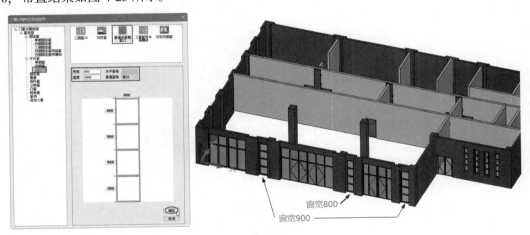

图 4-23

06 接着布置北立面的窗。北立面墙体中所有窗的高度统一为 2700，窗台高度为 900，如图 4-24 所示。

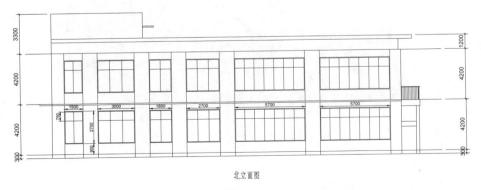

北立面图

图 4-24

07 依照北立面图，设置窗类型和窗参数，完成窗的布置，如图 4-25 所示。

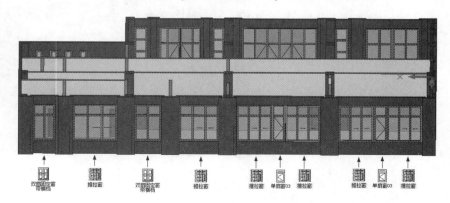

图 4-25

08 布置西立面的窗，西立面的窗布置示意图如图 4-26 所示。

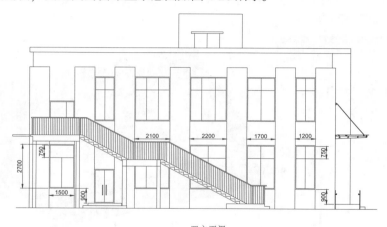

西立面图

图 4-26

09 依照西立面的窗布置示意图，设置窗类型和窗参数，完成窗的布置，如图 4-27 所示。

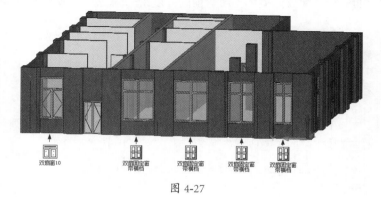

图 4-27

10 最后布置东立面的窗，如图 4-28 所示。

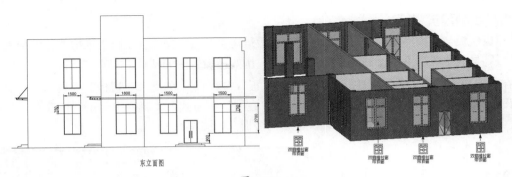

东立面图

图 4-28

11 布置室内"备餐台"的窗，选用"三扇推拉窗带顶窗"类型，设置"高度"值为 2700、"宽度"值为 2500，"窗台高度"值为 900，靠近备餐台位置的这面墙长度超过 12600mm，所以要连续布置 5 次"三扇推拉窗带顶窗"，如图 4-29 所示。

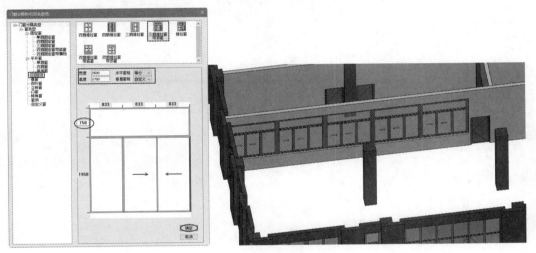

图 4-29

12 最后布置"白案蒸煮间"的窗，选用"三扇推拉窗带顶窗"类型，设置"高度"值为 2700、"宽度"值为 2400，"窗台高度"值为 900，布置的结果如图 4-30 所示。

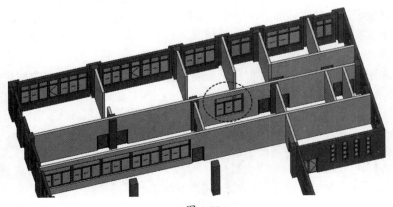

图 4-30

5. 绘制建筑楼板

建筑楼板与结构楼板的区别在于，结构楼板是建筑开发商交给业主时毛坯房的室内地板，建筑楼板则是业主收房后进行室内装修后的楼板，例如铺设瓷砖的楼板、实木木地板等。

01 在"建模"选项卡的"构件"面板中单击"板"按钮 ◿，弹出"布置板"面板。

02 设置板厚度、建筑材料、表面材质等属性，在"绘制方式"工具栏中单击"框选布板"按钮 ▦，然后框选整个楼层的建筑墙体以快速布置楼板，如图4-31所示。

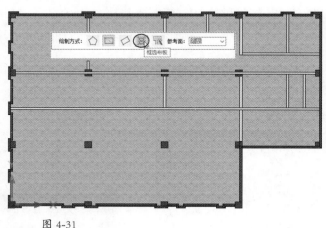

图 4-31

技术要点：

为了避免框选的墙体有不连续或不封闭的情况，可以采用"多边形" ⬠ 绘制方式来绘制封闭多边形并创建楼板。

4.3.3 创建二层和顶层建筑

二层的建筑主体和一层相似，为了节省操作步骤以提高设计效率，可以复制一层中的构件到二层中，复制后删除不需要的门窗及墙体，重新布置新的门窗和内墙即可。

1. 创建二层建筑

01 在"建模"选项卡的"楼层"面板中单击"复制楼层"按钮 ▤，弹出"楼层复制"对话框。

02 取消选中"全部类型"复选框，仅选中"墙""板""柱""门"和"窗"类型复选框，将这些类型构件复制到2F中，如图4-32所示。

03 参照建筑立面图中建筑二层的门窗布置示意图，删除或重新布置外墙的门与窗。东、西和南立面中的门窗布置结果如图4-33所示。北立面中，一层和二层的窗布置是相同的。重新布置二层的门窗时，可以利用"底图参照"工具将"二层建筑平面图.dwg"导入，作为门窗布置参考。

技术要点：

在布置南立面中复制第二层最右侧的两行单窗（500×500）时，不要采用复制的方法来复制窗，可设置第一行的单窗窗台高度为2100mm，第二行的窗台高度为3100mm即可。

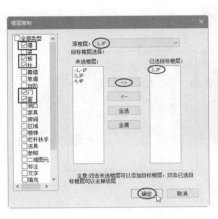

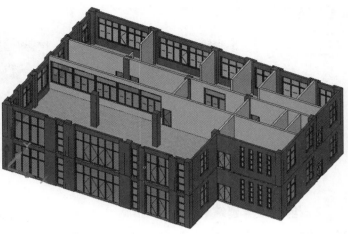

图 4-32

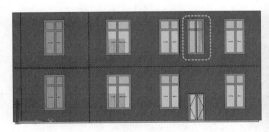

东立面

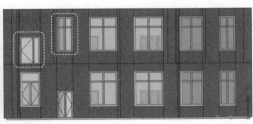

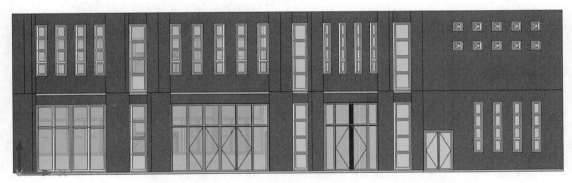

南立面

图 4-33

04 删除 2F 层中所有的内部墙体和门窗构件。

05 重新绘制内部墙体（墙厚为 120mm）创建备餐间，如图 4-34 所示。

06 在绘制的内部墙体中添加门（宽为 1500mm、高为 2700mm）和窗（宽为 1500mm、高为 2700mm），如图 4-35 所示。

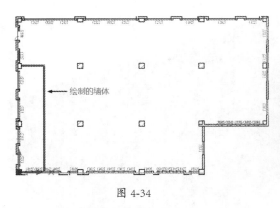

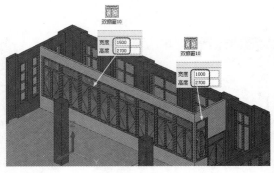

图 4-34   图 4-35

2. 创建顶层建筑

01 在"建模"选项卡的"楼层"面板中单击"复制楼层"按钮 ，将 2F 中的建筑楼板复制到 3F 中，如图 4-36 所示。

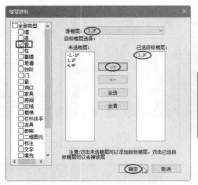

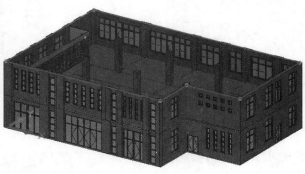

图 4-36

02 在视图浏览器中双击 3F 楼层平面视图。通过"协同"选项卡中的"底图参照"工具，将本例源文件夹中的"屋顶平面图 .dwg"图纸导入当前项目。

03 在"建模"选项卡的"构件"面板中单击"墙"按钮 ，设置"墙厚"值为 200，建筑材料和表面材质与二层和一层的建筑墙体相同，然后绘制屋顶楼梯间位置的墙体，如图 4-37 所示。

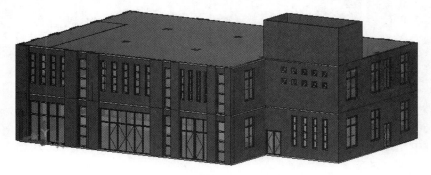

图 4-37

04 单击"板"按钮 ，在弹出的"布置板"面板中选择链接楼层为 4F，绘制屋顶的建筑楼板，如图 4-38 所示。

05 为屋顶层的外墙布置门窗，如图 4-39 所示。

图 4-38

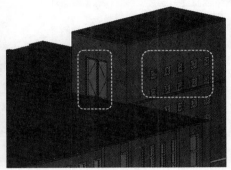

图 4-39

4.4 创建建筑构件与室内布置

本例食堂建筑的建筑构件还有雨棚、女儿墙、楼梯、台阶及坡道等。

4.4.1 雨棚和女儿墙设计

雨棚构件是用来遮阳挡雨的保护件，防止雨水冲刷墙壁，并从窗户的缝隙中渗入室内；女儿墙是楼顶层的安全防护墙，还起到装饰外观的作用。

1. 雨棚设计

食堂建筑的雨棚有两种：斜拉雨棚构件和钢筋混凝土构件。PKPM-BIM 中缺少必要的建筑构件，可以通过另一款 BIM 建筑软件 Revit，将建筑模型导出为 PMODEL 格式文件，然后在 PKPM 中建立组件。

01 在"外部数据"选项卡的"组件"面板中单击"组件编辑器"按钮，在弹出的"组件名称"对话框中输入"组件名称"为"雨棚"，单击"确定"按钮，进入组件编辑模式，如图 4-40 所示。

02 在组件编辑模式中，单击"模型集成"选项卡中的"导入 PMODEL"按钮，导入本例源文件夹中的"食堂 .pmodel"文件，如图 4-41 所示。

图 4-40

图 4-41

03 在随后弹出的"导入Pmodel"对话框中仅选中F2楼层中的"常规模型"复选框，单击"确定"按钮完成模型的导入，如图4-42所示。

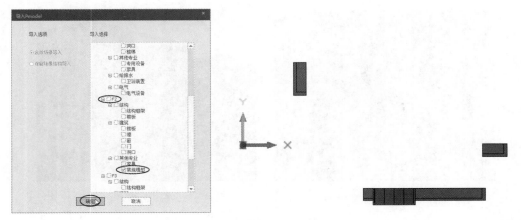

图 4-42

04 在导入的模型中，有些元素可以选中后按 Delete 键删除，仅保留雨棚模型。利用"编辑"选项卡中的"移动"工具 ✛，将雨棚模型移动到原点处，以便在建筑设计环境中放置雨棚构件，如图4-43所示。

05 在"组件"选项卡中单击"接受"按钮 ⚙，完成组件的创建。返回建筑设计环境，在"外部数据"选项卡的"组件库"面板中单击"工程组件库"按钮 📖，弹出"组件管理器"对话框，可见创建的"雨棚"组件，如图4-44所示。

图 4-43   图 4-44

06 切换到前视图（也是三维视图），选中"雨棚"组件并单击"布置"按钮，弹出"类型选择"对话框，选择该对话框中的"类型1"选项，单击"确定"按钮后，将组件放置在前大门的上方，如图4-45所示。

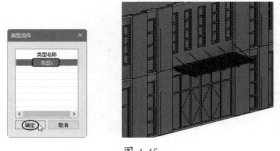

图 4-45

07 接下来绘制混凝土雨棚，也称为"遮阳板"。切换到2F楼层平面视图，在"建模"选项卡的"构件"面板中单击"板"按钮 ⬜，弹出"布置板"面板。

08 设置"板厚度"值为100，在"绘制方式"工具栏中选择"多边形"方式，然后绘制"宽度"值为1000的遮阳板，如图4-46所示。

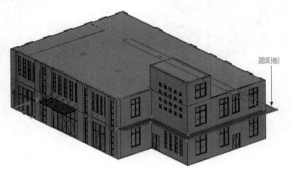

图 4-46

09 最后绘制顶楼楼梯间出口门的遮阳板，遮阳板宽为900mm，长为2000mm，距离内墙边为700mm，其他参数按照如图4-47所示设置。

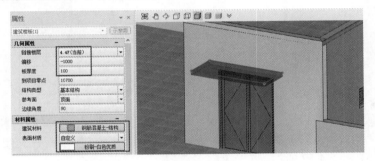

图 4-47

2. 女儿墙设计

女儿墙的墙体结构是钢筋混凝土结构。在建筑设计环境中绘制女儿墙时注意材料的选择。

01 切换到三维视图节点下"全楼"视图的"上"视图方向。在"建模"选项卡的"构件"面板中单击"墙"按钮 ⬜，在"布置墙"面板中设置墙的属性，然后采用"连续绘墙"的方式绘制女儿墙，如图4-48所示。

图 4-48

02 修改部分女儿墙墙体（与楼梯间相邻的两堵女儿墙）的"顶部偏移"值，如图 4-49 所示。

图 4-49

03 接下来在女儿墙上绘制遮阳板。切换到 3F 楼层平面视图，先利用"图纸"选项卡中的"线条"工具绘制长度分别为 200 和 1100 的辅助直线，用于绘制板时的走线参照，如图 4-50 所示。

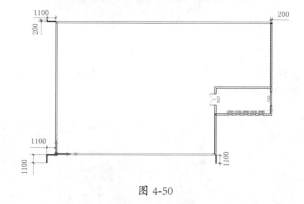

图 4-50

04 在"建模"选项卡的"构件"面板中单击"板"按钮，弹出"布置板"面板。

05 在"布置板"面板中设置板的几何属性，然后以"多边形方式"绘制封闭区域，随后自动生成板，如图 4-51 和图 4-52 所示。

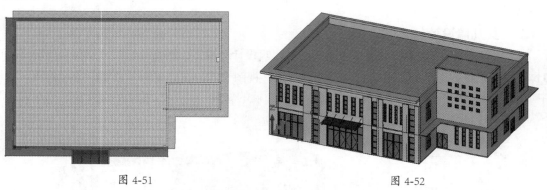

图 4-51　　　　　　　　　　　　　　　　　图 4-52

4.4.2　楼梯、台阶与坡道设计

食堂建筑的楼梯包括室内楼梯和室外楼梯，1# 室内楼梯为结构楼梯，已经在结构设计中完成，2# 室外楼梯也是结构楼梯，在结构设计环境中完成了结构楼梯的平台部分，平台之间的梯段需要在建筑设计环境中进行设计，因为 PKPM-BIM 软件目前还没有室外楼梯的设计工具。

1. 2# 室外楼梯梯段设计

01 在"协同"选项卡的"链接模型"面板中单击"链接管理"按钮，弹出"链接模型管理"对话框，在该对话框中选中"显示"列的复选框，显示隐藏的结构模型，如图 4-53 所示。

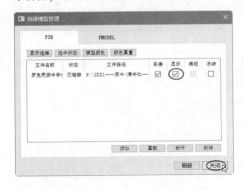

图 4-53

02 在"建模"选项卡的"构件"面板中单击"楼梯"按钮，弹出"布置楼梯"面板。设置楼梯的几何属性和扶手属性，在"楼梯类型"工具栏中选择"直跑楼梯"选项，然后选取 2F 楼层的楼梯平台（也是阳台）的一个角点定义梯段的起点，水平向右拖动光标，单击以确定方向后，最后右击完成梯段的放置，如图 4-54 所示。

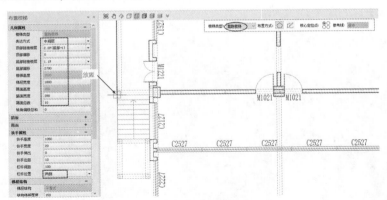

图 4-54

03 创建的梯段需要在全楼三维视图中才可见，如图 4-55 所示。因为创建的梯段既不在 2F 中也不在 1F 楼层中。

图 4-55

04 继续创建第二个梯段，如图 4-56 所示。

图 4-56

05 接下来绘制阳台栏杆。为了使阳台栏杆与梯段上的扶手保持一致，可以将梯段中的扶手选中后，在弹出的"属性"面板中设置"扶手属性"选项组中的"栏杆位置"选项为"无"，即可删除梯段上的扶手，如图 4-57 所示。

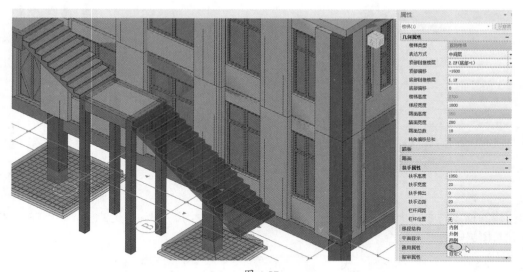

图 4-57

06 在"建模"选项卡的"构件"面板中单击"栏杆扶手"按钮，弹出"布置栏杆扶手"面板。设置栏杆的截面样式为"圆"，其余选项保留默认，在 2F 阳台上沿着楼板的边线（在结构梁中间）和楼梯平台上的板边线，一直延伸到梯段的末端，可连续绘制扶手，也可逐段绘制，结果如图 4-58 所示。

07 同理，补齐内侧的楼梯扶手，如图 4-59 所示。

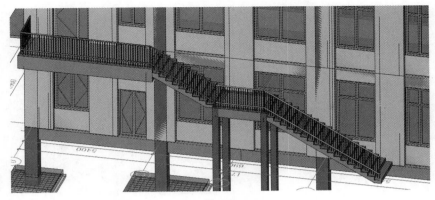

图 4-58

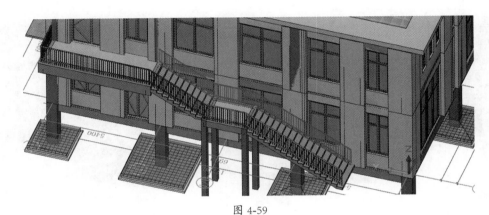

图 4-59

2. 台阶设计

由于建筑楼层的 1F 标高 ±0.000 要比实际的地面标高高 300mm，因此需要在建筑门口处设计台阶，才能让居住者安全地从室内下到达室外地面。300mm 的高度差可设置两层台阶。台阶与楼梯不同，台阶是无钢筋的梯步，可以是砌体或其他混合物，楼梯则是钢筋混凝土结构。

01 在"建模"选项卡的"构件"面板中单击"台阶"按钮 ，弹出"布置台阶"面板。

02 设置台阶的几何属性，然后将台阶放置于建筑南侧的大门处，将光标靠近外墙边线拾取起点和终点以放置台阶，结果如图 4-60 所示。

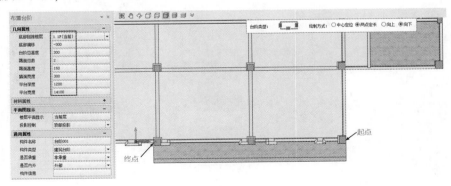

图 4-60

03 接着在建筑南侧的楼梯间出口位置放置台阶，如图 4-61 所示。

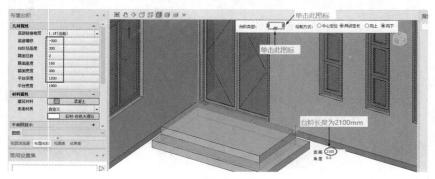

图 4-61

04 同理，最后在建筑东侧和西侧放置出口位置的台阶，西侧为两面台阶，台阶长度为 3600mm。东侧为单面台阶，其长度为 3000mm。放置完成的结果如图 4-62 所示。

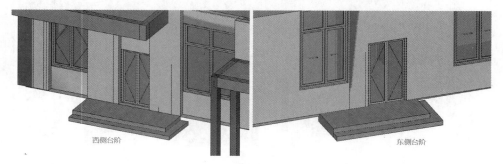

图 4-62

3. 坡道设计

无障碍坡道通常是为残疾人坐轮椅而准备的专用通道。坡道的放置与台阶相同，下面介绍操作步骤。

01 在"建模"选项卡的"构件"面板中单击"坡道"按钮 ✎，弹出"布置坡道"面板。

02 在"布置坡道"面板中设置几何属性，然后在台阶上选取一个点作为坡道的起点，再在墙边上拾取一点以确定坡道方向与墙面平行，如图 4-63 所示。

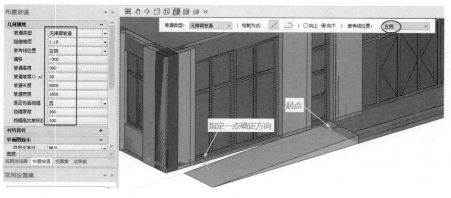

图 4-63

03 为坡道添加扶手。在"建模"选项卡的"构件"面板中单击"栏杆扶手"按钮▦，弹出"布置栏杆扶手"面板。设置栏杆的"截面样式"为"圆"，然后在坡道首尾各选取一点来放置扶手，如图 4-64 所示。

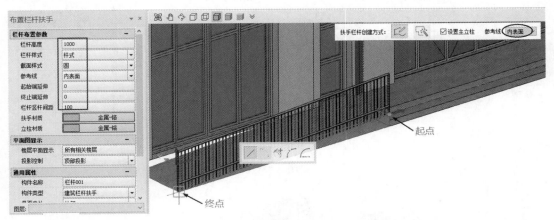

图 4-64

4.4.3　室内布置设计

室内布置设计，其实就是按照建筑各房间的实际用途，将家具家电及其他软装装饰件摆放在室内。本例食堂用途是在校师生的用餐，所以仅摆放座椅即可。

01 切换视图到 1F 楼层平面。

02 在"建模"选项卡的"构件"面板中单击"家具"按钮▢，系统启动素材库。

03 在"素材库"对话框中，选择一种桌椅组合，然后将光标停留在该家具预览图上，会显示"放置"按钮，单击"放置"按钮，如图 4-65 所示。

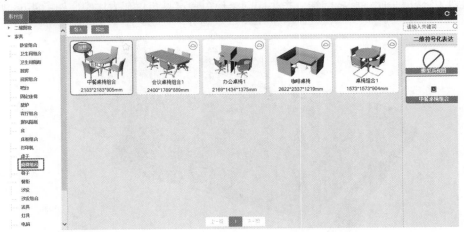

图 4-65

04 随后将所选的家具布置在 1F 楼层的大厅，可以连续布置多个家具，布置结果如图 4-66 所示。

05 切换到三维视图查看模型效果，如图 4-67 所示。

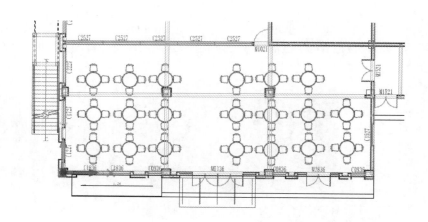

图 4-66

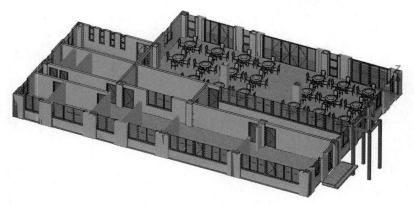

图 4-67

06 切换到 2F 楼层平面视图。同理，将相同的桌椅组合家具布置在大厅中，如图 4-68 所示。

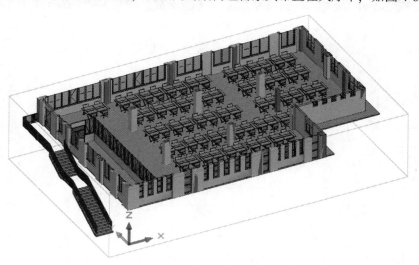

图 4-68

07 至此，完成了食堂大楼的建筑设计，最终完成的建筑和结构设计效果如图4-69所示，最后保存工程项目。

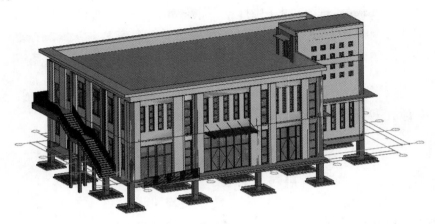

图 4-69

4.5 建筑施工图设计

BIM建筑施工图的设计比较简单，系统自动化程度很高，几乎都是一键生成图纸。

4.5.1 建筑平面图设计

建筑平面图的内容包括图纸目录、图纸幅面、图签、建筑平面视图等。下面仅介绍一张建筑平面图的绘制方法，其他建筑平面图按此操作即可。

01 在视图浏览器中切换到1F楼层平面视图。

02 在"图纸"选项卡的"图纸"面板中单击"构件清单"按钮，弹出"清单"对话框。在清单列表中选择清单类型，系统会自动生成该类型清单，然后单击"确定"按钮，如图4-70所示。

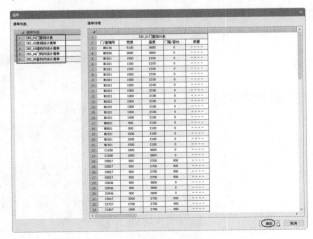

图 4-70

03 生成的清单将在视图浏览器的"清单"节点下完全显示。在"图纸"选项卡的"图签"面板中单击"图签导入"按钮，弹出"图签管理"对话框。

04 单击"导入"按钮，从本例源文件夹中打开"图签.dwg"文件，如图 4-71 所示。

图 4-71

05 在"图纸"面板中单击"生成图纸"按钮，弹出"生成图纸"面板。在该面板中设置图纸的相关选项，单击"创建"按钮后自动生成图纸，如图 4-72 所示。

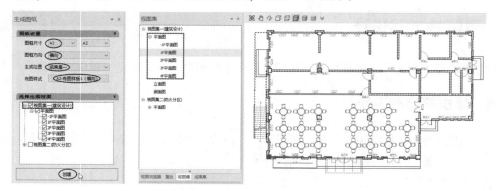

图 4-72

06 在"图纸"面板中单击"导出图纸"按钮，弹出"导出图纸"对话框，选中所有图纸，再选中"导出 DWG"单选按钮，单击"导出"按钮即可完成图纸的导出，通过 AutoCAD 软件打开导出的图纸，如图 4-73 所示。

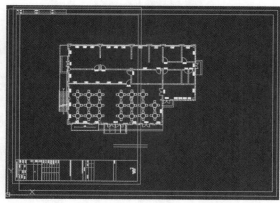

图 4-73

07 将 PKPM 的布图模板删除，调整插入的图签（实际是图幅和图签），得到最终的施工图图纸，如图 4-74 所示。在 AutoCAD 中可以为图纸添加尺寸、轴线、风玫瑰等。

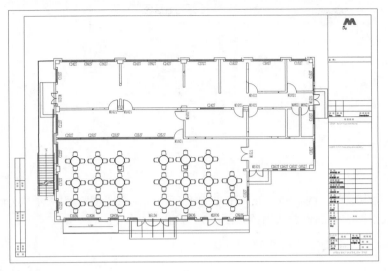

图 4-74

4.5.2　建筑立面图设计

在本例的 BIM 食堂建筑中，由于 2# 室外楼梯是结构和建筑的结合产物，为了在建筑平面图中全面展示所有构件，需要在建筑设计环境中利用相关工具重新创建室外楼梯的原结构模型部分。

01 利用"建模"选项卡中的"柱""梁"和"板"工具，补齐 2# 楼梯的平台和柱，如图 4-75 所示。

图 4-75

02 在视图浏览器中切换到 2F 楼层平面视图。在"建模"选项卡的"视图"面板中单击"立面图"按钮，弹出"布置立面视图"面板。

03 按住鼠标左键，框选 2F 楼层平面视图中的所有建筑构件，如图 4-76 所示。

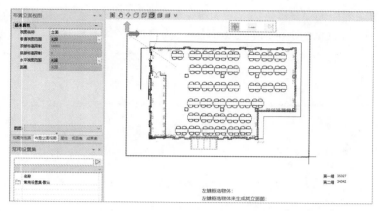

图 4-76

04 随后系统自动生成东、西、南、北四个立面图，可以在视图浏览器中的"立面"节点下找到四个立面图，双击南立面图查看效果，如图 4-77 所示。

图 4-77

05 接下来可以生成并导出图纸，按照建筑平面图的创建步骤进行操作。图 4-78 所示为导出的南立面施工图。至此，完成了食堂大楼的 BIM 设计。

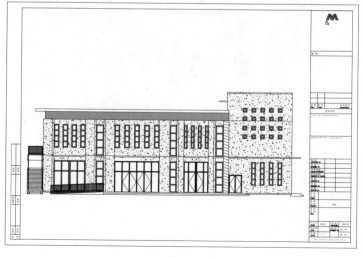

图 4-78

第5章 PKPM-BIM 机电设计

在 BIM 建筑项目中，MEP 设计（MEP 为 Mechanical（暖通）、Elcctrical（电气）和 Plumbing（给排水）的统称）是建筑设计中重要的环节，通常由给排水设计、暖通设计和电气设计专业人员按照建筑平面图进行专业管线布置，也叫"建筑机电设计"。PKPM-BIM 机电软件模块包括给排水专业设计、暖通专业设计和电气专业设计。本章将以实例的形式，详解 PKPM-BIM 机电设计的全流程。

5.1 暖通设计

暖通专业会细分为采暖、供热、通风、空调、除尘和锅炉几个方向。由于国内各地区温差大，南方和北方的暖通设计会有所区别：南方地区主要是通风和空调，北方地区除了通风、空调，还有采暖和供热。

就南方区域来说，最常见的就是通风系统和中央空调系统，如图 5-1 和图 5-2 所示。

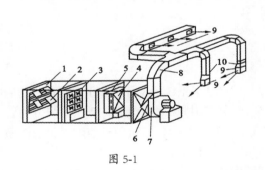

图 5-1

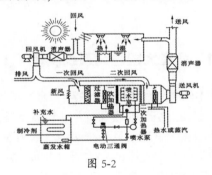

图 5-2

PKPM-BIM 机电模块是基于 BIM 结构或建筑模型的机电设计专业模块，PKPM-BIM 机电模块软件也集成在 PKPM-BIM 系统中。

在 PKPM-BIM 集成系统界面中选中"机电"专业，展开机电专业下的三个分专业，包括给排水、暖通和电气。选择其中的一个分专业——"暖通"，再单击"新建项目"按钮，设置工程文件保存的路径后，进入 PKPM-BIM 暖通设计界面，如图 5-3 所示。

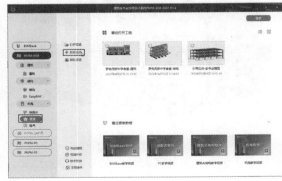

图 5-3

图 5-4 所示为 PKPM-BIM 暖通专业设计界面，暖通设计工具主要分布在"工程设置""建模""编辑""计算""通用工具""管线综合""提资"及"图纸"等选项卡中。

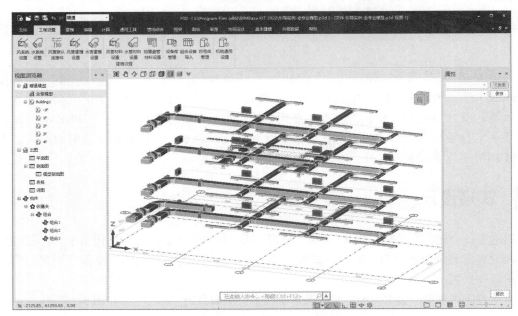

图 5-4

5.1.1　食堂大楼通风系统设计

在本例中，我们将学习在学校食堂项目中进行建筑通风系统的设计。食堂建筑项目的通风系统是一套独立空气处理系统——新风系统，由送风系统和排风系统组成。新风系统分为管道式新风系统和无管道新风系统两种。本例为管道式新风系统，由新风机和管道配件组成，通过新风机净化室外空气并导入室内，同时通过管道将室内空气排出。

本例的食堂大楼模型已经创建完成，包括建筑设计和结构设计部分，如图 5-5 所示。

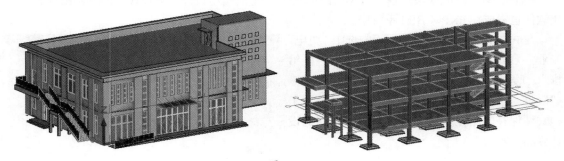

图 5-5

图 5-6 所示为食堂大楼一层的建筑平面图，也是暖通设计的参考图纸。

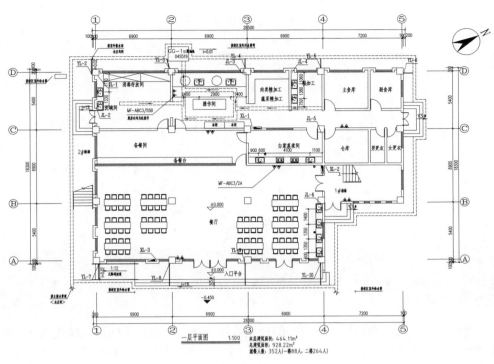

图 5-6

食堂大楼的暖通设计的主要参数如下。

（1）室外计算参数。

大气压力：冬季 1021.7hPa，夏季 1000.2hPa；夏季空调计算干球温度：26.4℃；

夏季空调计算湿球温度：33.5℃；夏季通风计算温度：29.7℃；

夏季室外平均风速：2.1m/s；冬季空调计算干球温度：−9.9℃；

冬季空调计算相对湿度：44%；冬季通风计算温度：−3.6℃；

冬季室外平均风速：2.6m/s；冬季采暖室外计算温度：−7.6℃。

（2）围护结构热工计算参数（传热系数）。

外墙 $K=0.45W/m^2\cdot K$。

注：

"外墙K"中的K表示传热系数值，单位中的K表示为温差，也可以表示为℃。

屋面 $K=0.43W/m^2\cdot K$。

外窗 $K=2.3W/m^2\cdot K$。

架空或外挑檐板 $K=0.35\ W/m^2\cdot K$。

地下室外墙 $K=0.50W/m^2\cdot K$。

与非采暖空调房间隔墙 $K=0.93W/m^2\cdot K$。

与非采暖空调房间楼板 $K=1.19W/m^2\cdot K$。

（3）室内计算参数（详见表 5-1）。

表 5-1　室内计算参数

项目\地点	夏季		冬季		排风量或新风换气次数
	温度 ℃	相对湿度	温度 ℃	相对湿度	
办公、更衣室	26	<60%	18	--	
餐厅、包间	26	<60%	18	--	
售卖窗口	26	--	16	--	
大制作间、热加工间	--	--	10	--	50次/h
粗细加工间等	--	--	16	--	20次/h
饮料、副食库房	--	--	8	--	10次/h
米面库房	--		5		
变配电室	37~40	--	>5	--	按发热量计算
卫生间	--	--	16	--	10次/h
浴室	--	--	25	--	10次/h
燃气表间	--	--	--	--	12次/h
洗消间	--	--	16	--	15次/h

注:

1.大制作间、热加工间等有燃气区域事故排风按12次/h计算; 2.大制作间、热加工间/粗细加工间等区域补风量按排风量的80%计算。

　　整个食堂大楼建筑只有两层, 一层中的通风系统包括"白案蒸煮间"区域通风(送风)和厨房其他区域(消毒间、操作间、肉类精细加工、主副食库、仓库、洗碗间等)通风(排风)。二层由于不设厨房工作区域, 故不设计通风系统, 但有中央空调系统设计。

　　通风系统详细设计依据如下。

　　(1)后厨区各大制作间、热加工间设置全面通风、局部通风系统和事故排风系统, 平时总排风量按 50 次/h 计算, 其中全面排风量占 35%, 局部通风量占 65%; 厨房补风量为总排风量的80%, 保证厨房区处于负压区, 厨房补风量的 65% 直接送至排烟罩边; 厨房补风量的 35% 经加热处理后再送入厨房内。厨房补风系统均设置过滤器。

　　厨房排油烟风机设置在屋面, 厨房油烟由排油烟竖井引至屋顶, 排油烟风机前端设置静电式油烟净化装置, 经处理后排放。厨房排油烟罩要求采用运水烟罩。排室内排油烟水平风管设置 2%以上的坡, 坡向排风罩。厨房全面排风风机兼事故排风机, 事故排风量按照 12 次/h 计算, 事故排风机采用防爆风机。

　　(2)后厨区粗细加工间等设置机械送风排风系统, 补风量按排风量的 80% 计算。

　　(3)通风系统送风口型式采用双层活动百叶风口, 排风口采用单层百叶活动风口。

1. 新风(送风)系统设计

　　通风包括从室内排出污浊的空气和向室内补充新鲜空气两部分, 前者称为"排风", 后者称为"送风""新风"或"进风"。为实现排风或送风所采用的一系列设备、装置的总体称为"通风系统"。

　　本例食堂大楼的送风系统由新风井、新风机组、送风管、双层百叶窗风口、风管阀门等设备组成。设计顺序(或安装顺序)为: 送风管 → 新风井 → 新风机组 → 风管阀门 → 双层百叶窗风口。新风井由砌体构成, 设计过程本节不做介绍。新风机组放置于屋顶, 接新风井。

01 在 PKPM-BIM 集成系统界面中选择"机电"专业下的"暖通"分专业, 单击"新建项目"按钮, 设置文件保存路径, 随后进入暖通设计环境, 如图 5-7 所示。

02 在软件窗口顶部的模块设计专业列表中选择"建筑"选项，切换到建筑设计环境。单击"建模"选项卡的"楼层"面板中的"楼层设置"按钮，重新定义建筑标高及层高，如图 5-8 所示。

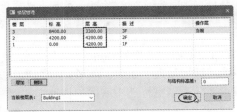

图 5-7　　　　　　　　　　　　　　　　图 5-8

03 在软件窗口顶部的模块设计专业列表中选择"暖通"选项，切换至暖通设计环境。在"协同设计"选项卡的"链接模型"面板中单击"链接 P3D"按钮，将上一章创建的"罗免民族中学食堂 -建筑 .P3D"模型链接到当前项目中，如图 5-9 所示。

04 在"协同设计"选项卡的"参照模型"面板中单击"底图参照"按钮，将本例源文件夹中的"一层通风系统平面布置图 .dwg"图纸文件导入项目中，如图 5-10 所示。

图 5-9　　　　　　　　　　　　　　　　图 5-10

05 利用"底图参照管理"对话框中的"调整位置"工具，对齐图纸中的轴线与链接模型楼层平面图中的轴线，结果如图 5-11 所示。

06 在"建模"选项卡的"楼层"面板中单击"楼层关联"按钮，弹出"楼层关联"对话框。单击"自动匹配"按钮，系统会自动匹配暖通设计环境中的楼层配置和链接模型中的楼层配置，如图 5-12 所示。

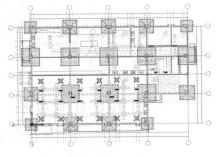

图 5-11　　　　　　　　　　　　　　　　图 5-12

07 单击"读取楼层"按钮📚，弹出提示对话框，单击"是"按钮，系统会自动将链接模型中多余的 4F 楼层删除，并弹出"楼层管理"对话框，单击"确定"按钮完成楼层读取，如图 5-13 所示。

技术要点：

其实"楼层关联"这一步可以省略，除非在此环境中的楼层标高与链接模型中的楼层标高不一致，这一步必须操作。

08 在视图浏览器中切换到 Building 1 视图节点下的 1F 视图。利用"协同设计"选项卡的"链接模型"面板中的"链接管理"工具，将链接模型暂时关闭。如果底图参照也一并隐藏了，可以打开"底图参照管理"对话框，选中底图文件并单击"参照底图"按钮后，重新显示底图参照。

09 在"建模"选项卡的"风管"面板中单击"风管布置"按钮▱，弹出"风管布置"对话框。在该对话框中设置风管的基本选项及参数，如图 5-14 所示。

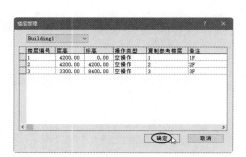

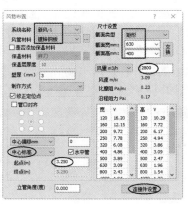

图 5-13 图 5-14

10 单击"连接件设置"按钮，设置风管连接件的形状，如图 5-15 所示。在图纸中标注有"新风井"的位置开始绘制，绘制两段新风风管，如图 5-16 所示。风管绘制后右击结束绘制，但不要关闭对话框。

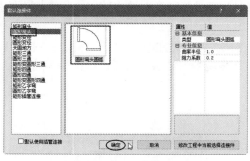

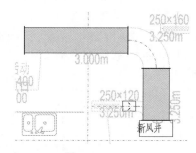

图 5-15 图 5-16

11 在"风管布置"对话框中设置风管参数，并绘制宽度为 250mm、高度为 120mm、风量为 320m³/h，中心偏移量为 3.25m 的第 3 段新风风管，如图 5-17 所示。

12 在"建模"选项卡的"风管"面板中单击"弯头"按钮▱，在弹出的"弯头"对话框中选择"内圆弧外圆弧"类型，选中"任意"单选按钮后，将弯头放置于第 2 段风管端口，如图 5-18 所示。

图 5-17

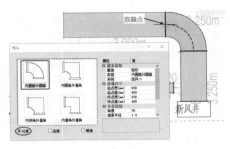

图 5-18

13 同理，再放置一个弯头到第 3 段风管端口上，如图 5-19 所示，右击完成弯头的放置。

14 在"建模"选项卡的"附件"面板中单击"风阀"按钮，弹出"布置附件"对话框。在"附件名称"列表右侧单击 >> 按钮，如图 5-20 所示。

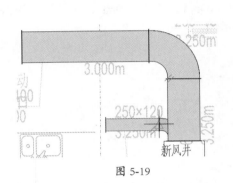

图 5-19

图 5-20

15 在弹出的"设备库"对话框中选择适合矩形风管的风阀，设置后单击"确定"按钮，如图 5-21 所示。

16 将风阀附件放置于第 3 段风管上，如图 5-22 所示。

图 5-21

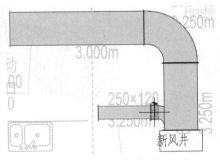

图 5-22

17 在"设备"面板中单击"风口"按钮，弹出"风口"对话框。在该对话框中选中"自定义封口"单选按钮，然后单击 >> 按钮从系统设备库中选择"双层百叶新风"类型，并设置风口的具体参数，包括长为 600mm、宽为 100mm、高为 300mm、设计流量为 320，选中"管上布置"单选按钮，其他选项保持默认，最后将双层百叶风口放置在小新风管上，如图 5-23 所示。

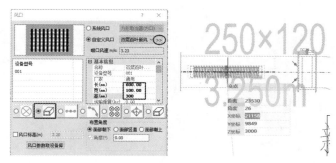

图 5-23

技术要点：

为避免风口布置到图纸上，在选取放置参照时需要选取风管的边缘，不要选取底图中的曲线。

18 同理，更改风口参数（长为 600mm、宽为 400mm、高为 100mm、设计流量为 2800）后，再将新风风口放置在大新风管上，如图 5-24 所示。

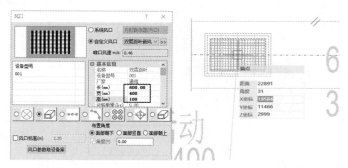

图 5-24

设计完成的新风系统如图 5-25 所示。

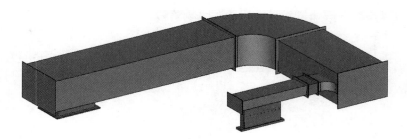

图 5-25

2. 排风系统设计

本例食堂大楼的排风系统主要由风机、排风风管、风管接头和单层活动百叶风口组成。当风管与风管创建连接时，会自动创建风管接头。

01 切换视图至首层空调风管平面图。在"风管"面板中单击"风管绘制"按钮 ⬜，在"排风井"位置开始绘制宽度为 1000mm、高度为 400mm、风量为 7500m³/h、中心偏移量为 3.25m 的风管，如图 5-26 所示。

02 接着绘制宽度为 800mm、高度为 400mm、风量为 4900m³/h、中心偏移量为 3.25m 的风管，如图 5-27 所示。

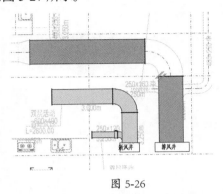

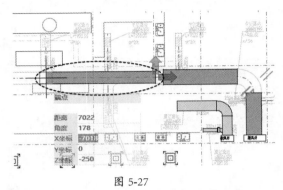

图 5-26   图 5-27

03 绘制宽度为 630mm、高度为 250mm、风量为 4900m³/h、中心偏移量为 3.25m 的风管，如图 5-28 所示。

04 绘制宽度为 630mm、高度为 400mm、风量为 1700m³/h、中心偏移量为 3.25m 的风管，如图 5-28 所示。

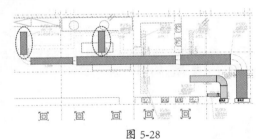

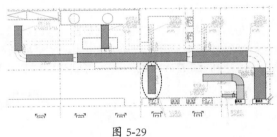

图 5-28   图 5-29

05 绘制宽度为 400mm、高度为 250mm，风量为 1700m³/h、中心偏移量为 3.25m 的风管，如图 5-30 所示。

06 绘制宽度为 250mm、高度为 160mm，风量为 400m³/h、中心偏移量为 3.25m 的风管，如图 5-31 所示。

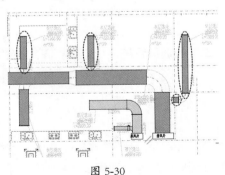

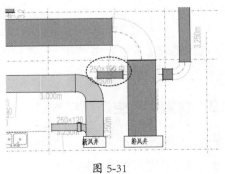

图 5-30   图 5-31

07 利用"弯头"工具，为断开的风管逐一添加弯头，如图 5-32 所示。

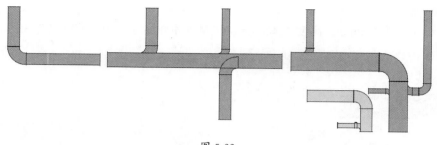

图 5-32

08 单击"变径"按钮 ，选择"连接"方式，添加变径接头，如图 5-33 所示。

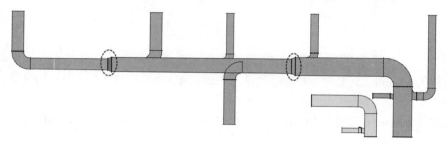

图 5-33

09 接布置排风风口。在排风系统中，排风风口均为"单层百叶风口"类型。在"设备"面板中单击"风口"按钮 ，在弹出的"风口"对话框中选择"单层百叶排风"风口类型，设置风口参数（参照底图进行设置）后，将该类型风口布置在对应的位置上，如图 5-34 所示。

图 5-34

至此，完成了食堂大楼建筑一层的通风系统设计。二层的通风系统设计完全相同，这里不再赘述。

5.1.2 食堂大楼空调系统设计

建筑空调系统的基本组成形式可以分为三大组成部分，分别是冷热源设备（主机）、空调末端设备、附件及管道系统。但空调系统在 100 多年的发展历史中，不断探索、不断创新，利用自然界给予人类的丰富能源形式，在这三大组成部分的基础上，发展出了多种多样的空调系统形式。

目前较常见的中央空调形式如下。

- 风冷热泵机组＋空调末端形式。
- 水冷制冷机组＋冷却塔＋热水锅炉（或其他热源）＋空调末端形式。
- 溴化锂机组＋冷却塔＋热源＋空调末端形式。
- 水源热泵机组＋空调末端形式。
- 风冷管道式空调系统形式。
- 多联机空调系统形式。

本例食堂大楼的一、二层中均有设计空调系统。鉴于篇幅限制，这里仅介绍食堂一层的空调系统设计，二楼的空调系统是相同的。食堂一层的中央空调系统由风系统和水系统组成。

1. 风系统设计

中央空调系统的风系统部分也叫"风机盘管系统"，由风机盘管、风管和送风口组成。

01 在"协同设计"选项卡的"参照模型"面板中单击"底图参照"按钮，将本例源文件夹中的"一层暖通平面布置图.dwg"图纸导入当前项目中并调整底图位置，如图5-35所示。图纸中，上半部分为通风系统，前面已经设计完成了。下半部分为食堂大楼的中央空调组成部分。

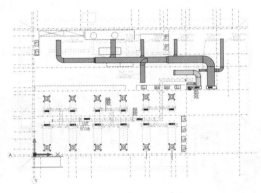

图 5-35

02 在"建模"选项卡的"设备"面板中单击"风盘"按钮，在弹出的"风机盘管布置"对话框中单击 >> 按钮，从"设备库"对话框中选择"卧式明装风机盘管（右）"选项，单击"确定"按钮完成选择，如图5-36所示。

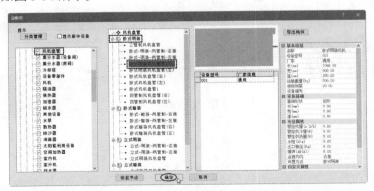

图 5-36

03 返回"风机盘管布置"对话框，保留该对话框中的参数及选项默认设置，参照底图将选定的风盘零件放置在对应位置，如图 5-37 所示。

04 继续放置其余风机盘管，结果如图 5-38 所示。放置风盘时，注意底图中风盘图形的方向，反方向的风机盘管需要选择"卧式明装风机盘管（左）"类型进行放置。

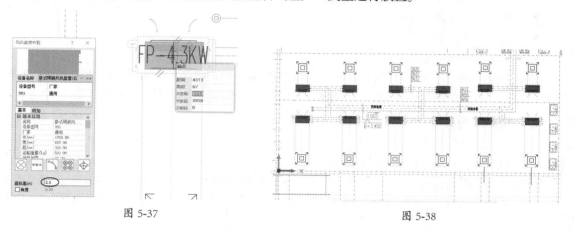

图 5-37   图 5-38

05 选中其中一台风机盘管，此时构件中会显示一些箭头符号，表示可以对其进行拖曳操作以创建管道。单击某个箭头起始位置的 + 号，可拖曳出该处的水管，如图 5-39 所示。

图 5-39

06 拖曳水管到另一个风机盘管上，注意水管的属性要保持一致，即拉出的冷却水回水管必须对应到另一风盘上的冷却水回水管，如图 5-40 所示。

拉出的冷却水回水管

图 5-40

技术要点：

拉出一条水管后，按Esc键结束操作，然后继续拉出其他水管。

07 同理，完成其他风机盘管上的水管连接，如图 5-41 所示。

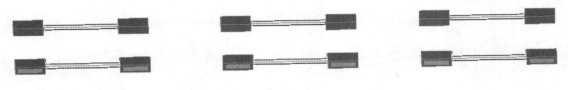

图 5-41

08 选中其中一台风机盘管，拖曳拉出风口（也叫送风口）风管，在拉出风管的同时，会弹出"风管布置"对话框，在该对话框中设置风管参数，如图 5-42 所示。同理，在其余风机盘管中也拉出风管（提示：长风管的长度为 3200mm，短风管的长度为 1700mm）。

09 在"建模"选项卡的"设备"面板中单击"风口"按钮，在弹出的"风口"对话框中选择"单层百叶防火风口 1"类型，设置长和宽均为 600mm，风口标高为 2.5m，然后将其布置到风管中，如图 5-43 所示。同理，继续完成其余风管上的风口放置操作。

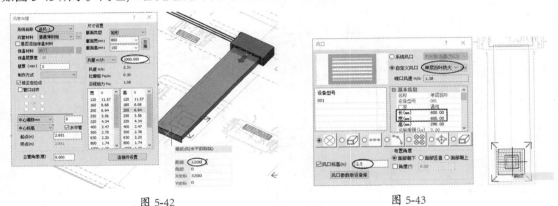

图 5-42　　　　　　　　　　　　　　图 5-43

放置完成的风机盘管、水管、风管及风口，如图 5-44 所示。

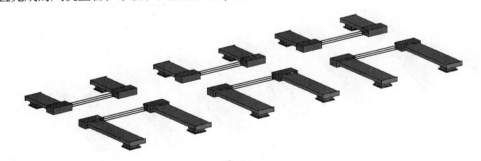

图 5-44

2. 水系统设计

水系统包括通往地下的水井、冷凝水管道、冷水（或冷却水）回水管道、冷水供水管道等。

01 参照"一层空调系统平面布置图"图纸，在"建模"选项卡的"水管"面板中单击"水管绘制"按钮，弹出"水管单管绘制"对话框。设置"系统名称"为"空调冷却水回水"，然后绘制冷却水回水管（分管），如图 5-45 所示。

02 在"水管单管绘制"对话框中设置系统名称为"空调冷却水供水",然后绘制冷却水供水管（分管），如图 5-46 所示。

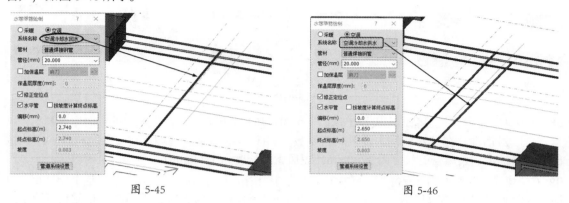

图 5-45　　　　　　　　　　　　　　　　　　　　图 5-46

03 绘制空调冷凝水水管（分管），如图 5-47 所示。

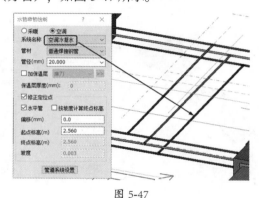

图 5-47

04 采用同样的操作，绘制其余两处的水管连接，如图 5-48 所示。

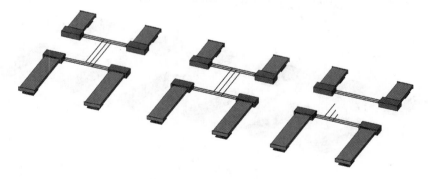

图 5-48

技术要点：

如果在绘制水管后自动生成的管接头为四通，可以删除四通，然后在"水管"面板中单击"水管连接"按钮，在弹出的对话框中选择"三通"类型，然后选择要连接的三根管道，即可完成管接头的创建，如图5-49所示。

图 5-49

05 参照底图，依次绘制出冷却水回水主管、冷却水供水主管和冷凝水主管，管道的标高设为2.4m，如图 5-50 所示。

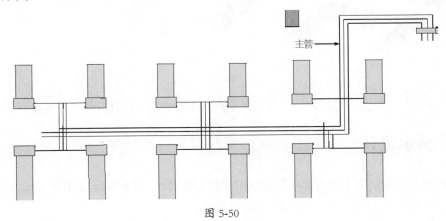

图 5-50

06 在"建模"选项卡的"水管"面板中单击"自动连接"按钮 ，然后选取同类型的主管与分管进行自动连接，如图 5-51 所示。同理，完成其余主管和分管的连接。

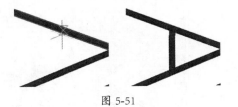

图 5-51

07 有一处位置的主管和分管连接需要先绘制出分管的水平管道，然后再与主管进行连接，如图 5-52 所示。

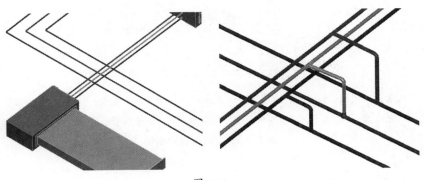

图 5-52

08 至此，完成了一层建筑的空调系统设计，最终结果如图5-53所示。二层的空调系统设计按此方法自行完成，不再赘述。

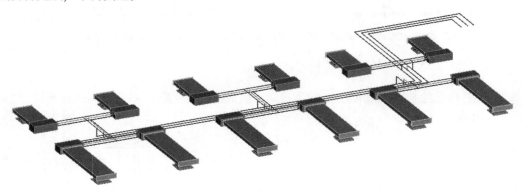

图 5-53

09 单击"保存"按钮▣，将项目命名为"罗兔民族中学食堂 - 机电设计"后进行保存。

5.2 给排水设计

建筑给水系统是供应小区范围内和建筑内部的生活用水、生产用水和消防用水的一系列工程设施的组合。如图5-54所示为常见的建筑给水系统。

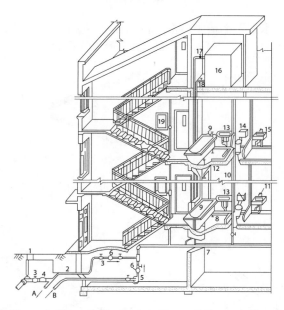

1- 阀门井；2- 引入管；3- 闸阀；4- 水表；5- 水泵；6- 止回阀；7- 干管；8- 支管；9- 浴盆；10- 立管；11- 水龙头；12- 淋浴器；13- 洗脸盆；14- 大便器；15- 洗涤盆；16- 水箱；17- 进水管；18- 出水管；19- 消火栓；A- 进入贮水池；B- 来自贮水池

图 5-54

本例食堂大楼的给排水设计包括给排水系统（给水系统与排水系统）设计和消防系统设计。

5.2.1　食堂大楼给排水系统设计

食堂大楼的建筑给排水系统包括室内及室外给排水系统。如图 5-55 所示为食堂大楼中厨房的给排水系统工作原理图。

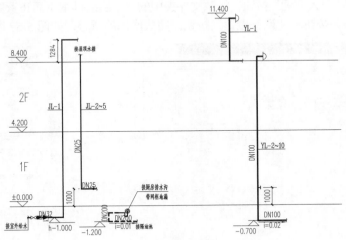

厨房的给排水系统

图 5-55

1.　图纸整理与项目准备

通常情况下，可以结合已有图纸参考建模，同时通过 AutoCAD 打开一层给排水设计图进行参照，以保证设计的合理性，如图 5-56 所示。同时建模时还要阅读给排水设计说明（附"模型 - 给排水"图纸）。鉴于篇幅限制，这里仍然以一层的给排水系统设计为例进行演示。

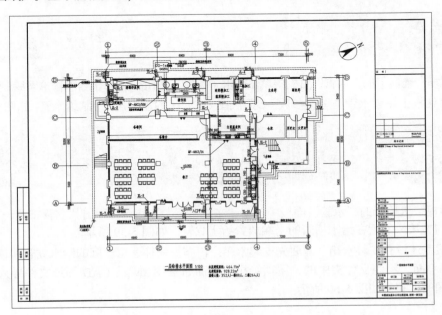

图 5-56

01 通过 PKPM 集成系统，重新打开"罗免民族中学食堂 - 机电设计 .p3d"工程项目文件。

02 在专业列表中选择"给排水"，随后进入给排水专业设计环境。在视图浏览器中切换到 Building 1 视图节点下的 1F 视图。

03 在"协同设计"选项卡的"参照模型"面板中单击"底图参照"按钮 ，弹出"底图参照管理"对话框。单击"导入底图"按钮，将源文件夹中的"一层给排水平面布置图 .dwg"导入进来，再单击"参照底图"按钮和"调整位置"按钮，完成底图的调整，如图 5-57 所示。

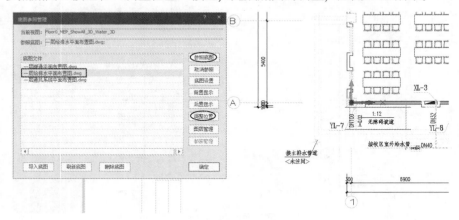

图 5-57

2. 食堂大楼给水系统设计

给水就是从室外引入室内的生活用水，如厨房用水、卫生间用水。从厨房区域的给排水系统图中得知，给水是从校区外的给水管网接入的，通过闸阀、减压阀和倒流防止阀后直接输送到 3F 顶楼上的屋顶水箱。再从水箱引出至各层的洗碗间、操作间、肉类精加工、白案蒸煮间等，从楼顶水箱引出的立管在图纸中标记为 JL-1~ JL-6。

> **提示：**
>
> 给水管的管线在图纸中以绿色标注。

01 在"建模"选项卡的"水管"面板中单击"水管绘制"按钮 ，弹出"水管单管绘制"对话框。

02 在该对话框中设置水管类型和参数，参照底图（在底图的左上角）绘制给水管，如图 5-58 所示。

> **技术要点：**
>
> 室外接入室内的这部分管道，由于是从地下直通顶楼的，有压力要求，所以只能是抗压能力强的镀锌钢管。如果无压力要求，可以选用PVC管。

03 在"建模"选项卡的"水管"面板中单击"布立水管"按钮 ，弹出"立管布置："对话框。设置立管的参数，然后在给水横管的末端放置给水立管，如图 5-59 所示。

04 3F 楼层上还没有安装水箱，需要先安装水箱，再布置通往各层房间的给水立管和横管。切换到 3F 楼层平面，将源文件夹中的"屋顶给排水平面布置图 .dwg"CAD 图纸文件导入进来，并调整好底图的位置，如图 5-60 所示。

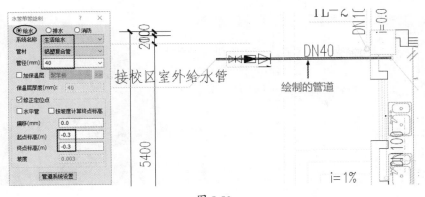

图 5-58

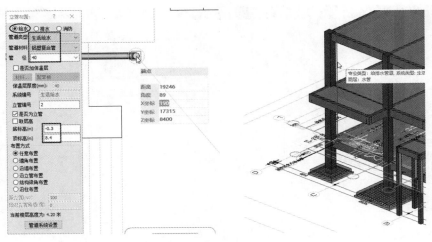

图 5-59

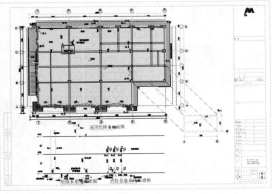

图 5-60

05 在"建模"选项卡的"设备"面板中单击"水箱"|"自定义水箱"按钮，弹出"自定义水箱"对话框。设置水箱参数后，再将其放置于屋顶给排水平面图中的水箱标记位置，如图 5-61 所示。

06 在"设备"面板中单击"通用"按钮，弹出"设备布置"对话框。在"设备名称"右侧的按钮，弹出"设备库"对话框，选择"消毒器"设备，如图 5-62 所示。

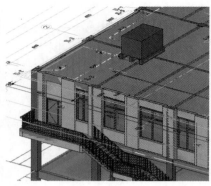

图 5-61

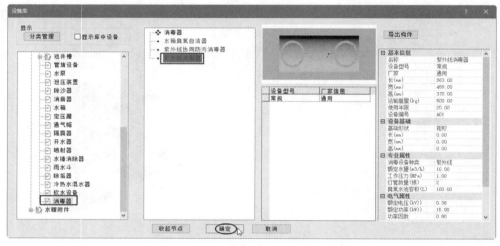

图 5-62

07 将消毒器设备放置在水箱前，如图 5-63 所示。

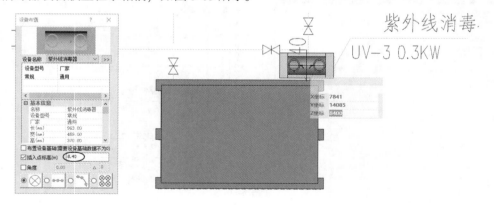

图 5-63

08 选中消毒器设备时会显示箭头。单击箭头末端的 + 符号，竖直向上拖曳拉出给水管道（拉出300mm），同时在弹出的"水管单管绘制"对话框中设置管道直径，接着往水箱内部拉出水平管道，如图 5-64 所示。

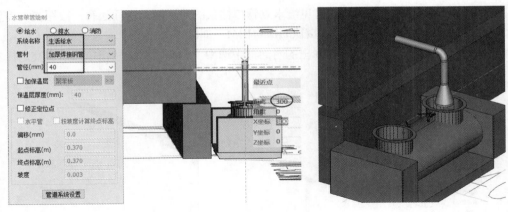

图 5-64

09 同理，将消毒器的出水管道拉出，拉出时参照底图中的线路进行布置，如图 5-65 所示。楼顶上的其余给水管道利用"水管绘制"工具进行绘制，如图 5-66 所示

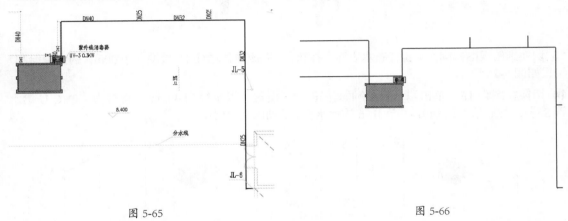

图 5-65　　　　　　　　　　　　　　　　　　图 5-66

10 从室外给水管接往楼顶的这根进水管道，标高设置为 0.67m，比水箱的出水管道要高。最后单击"附件"面板中的"水阀"按钮，添加 3 个止回阀（水阀），如图 5-67 所示。

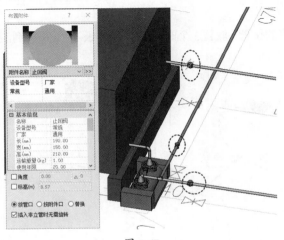

图 5-67

11 切换到"全楼模型"视图平面，可见给水立管与楼顶的给水横管之间还有一段距离，需要修改立管的终点标高为 9.070m，使其与楼顶的横管相交，如图 5-68 所示。

12 再单击"水管连接"按钮 ，在弹出的对话框中选中"弯头"单选按钮，然后窗交选择立管和横管进行连接，如图 5-69 所示。

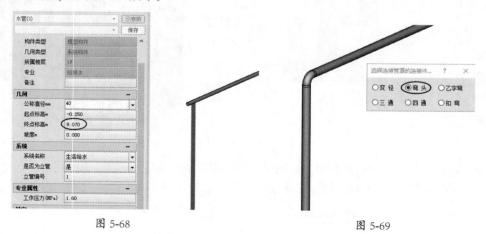

图 5-68   图 5-69

13 切换到俯视图方向，单击"布水立管"按钮 ，完成楼顶通往 1F 楼层（−0.00m）的立管绘制，结果如图 5-70 所示。

14 切换视图为 1F。单击"水管绘制"按钮 ，设置水管直径为 40mm，管材为"PVC-U 给水管 S5"，然后依次绘制 JL-1 至 JL-6 的给水横管，如图 5-71 所示。

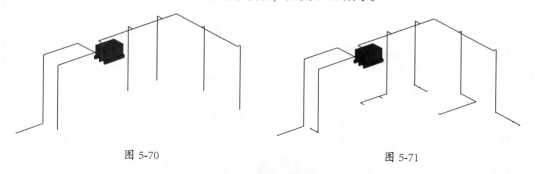

图 5-70   图 5-71

15 最后在接室外给水管的位置，放置 3 个阀门，包括闸阀、减压阀和倒流防止器，如图 5-72 所示。

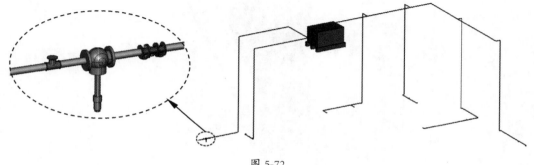

图 5-72

3. 食堂大楼排水系统设计

食堂大楼的排水系统由室内排污管道（底图中棕色显示的虚线部分）、室内排水沟（建筑内以浅蓝色显示的虚线部分）、室外散水沟（室外建筑周边的黄色虚线）和雨水回收系统（建筑外以浅蓝色显示的虚线部分）组成。

雨水回收是通过回水管道连接各层的楼面、阳台和室外散水沟来实现的，雨季将雨水收集后通过中水管道排放至室外散水沟，最后接校区室外污水管网排出。

排水是通过厨房地漏排出。厨房排水系统是由排水沟（方形槽）和排水管组成。

排水系统的设计流程如下。

01 切换到 1F 视图。

02 在"建模"选项卡的"设备"面板中单击"排水沟"按钮，弹出"排水沟"对话框。设置排水沟参数后，参照底图绘制排水沟，如图 5-73 所示。

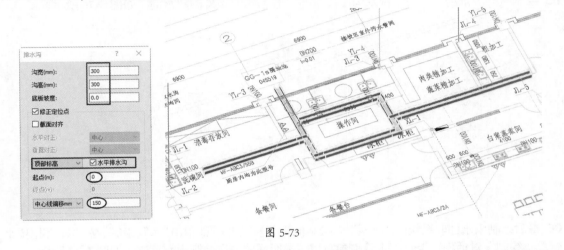

图 5-73

03 绘制室外隔油池，这里用集水坑代替。在"设备"面板中单击"集水坑"按钮，设置集水坑参数后放置集水坑在排水沟的前端，如图 5-74 所示。

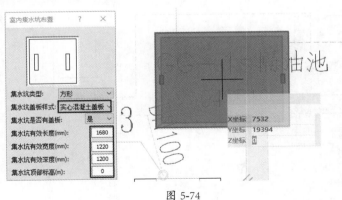

图 5-74

04 绘制室内排污管道。单击"水管绘制"按钮，弹出"水管单管绘制"对话框，设置排污管道参数后，参照底图依次绘制室内的排污管道，如图 5-75 所示。

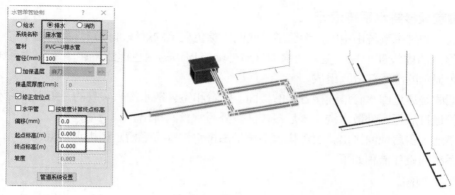

图 5-75

05 绘制室外散水沟。单击"排水沟"按钮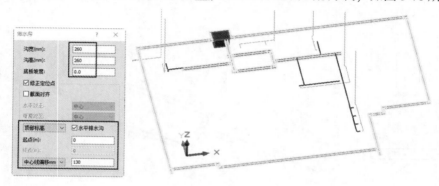，然后绘制室外的散水沟，如图 5-76 所示。

图 5-76

06 最后绘制雨水回收系统的雨水管，先绘制横管，再绘制立管。单击"水管绘制"按钮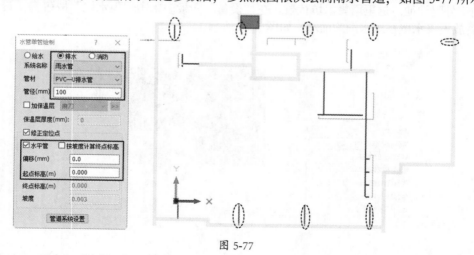，弹出"水管单管绘制"对话框。设置雨水管道参数后，参照底图依次绘制雨水管道，如图 5-77 所示。

图 5-77

07 单击"布立水管"按钮，弹出"立管布置："对话框。设置雨水管道（立管）参数后，参照底图依次布置雨水立管管道，如图 5-78 所示。

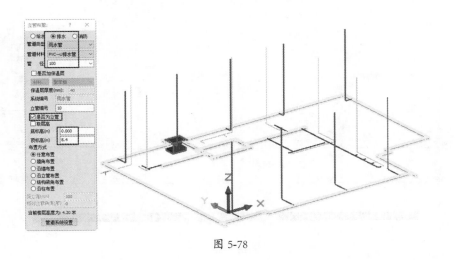

图 5-78

5.2.2　食堂大楼消防系统设计

食堂大楼的消防系统采用的是消防软管卷盘式灭火系统。消防卷盘系统由阀门、输入管路和消火栓箱（包括轮辐、支承架、摇臂、软管及喷枪等部件）组成，以水作灭火剂，能迅速展开软管喷射灭火剂的灭火器具。一般安装在室内消火栓箱内，是新型的室内固定消防装置。如图 5-79 所示为本例消防卷盘系统原理图。

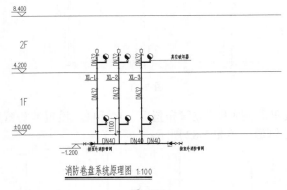

消防卷盘系统原理图 1:100

图 5-79

从设计原理图可知，食堂一楼与二楼各 3 个卷盘，整个消防灭火用水是从楼外的管道接入的。消防管道线路中安装有截止阀、闸阀、倒流防止器、消防卷盘等管道附件。

01 切换到 1F 视图。先绘制消防管道的室外主管，直径为 DN40（40mm），通往室内的分管直径为 DN32，室内的消防立管直径也是 DN32。

> **提示：**
> 消防卷盘系统的平面布置也在一层给排水平面布置图中。

02 单击"水管绘制"按钮，弹出"水管单管绘制"对话框。设置消防管道参数后，参照底图绘制消防主管道。绘制主管后，添加阀门设备（闸阀和倒流防止器），如图 5-80 所示。

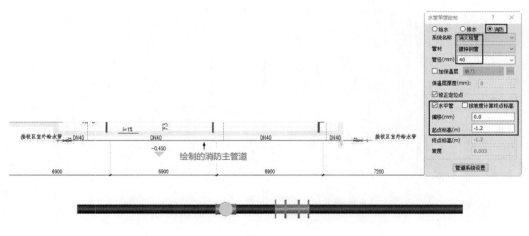

图 5-80

03 重新执行"水管绘制"命令后，绘制直径为 32mm 的分管，如图 5-81 所示。

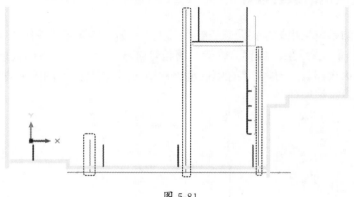

图 5-81

04 单击"布立水管"按钮，弹出"立管布置："对话框。设置消防管道（立管）参数后，参照底图依次布置消防立管管道，如图 5-82 所示。

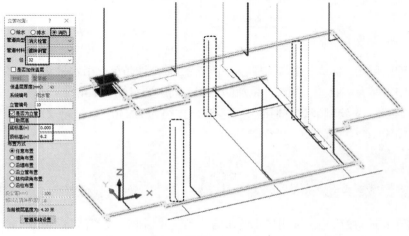

图 5-82

05 在"建模"选项卡的"消火栓"面板中单击"组合栓箱"按钮，在弹出的对话框中选择"组合消火栓1"类型，设置标高后将消火栓箱放置于底图所标的位置上，如图 5-83 所示。

06 同理，完成一层、二层（二层标高为 5.3m）中的消火栓箱的放置，结果如图 5-84 所示。

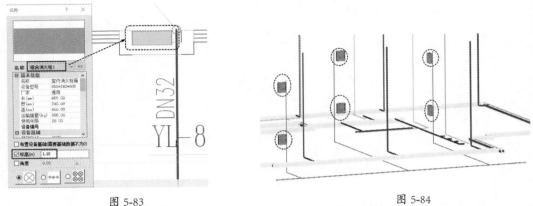

图 5-83　　　　　　　　　　　　　　　　　　　图 5-84

07 选中其中一个消火栓箱，箱中的水阀会出现一个箭头，单击＋号往下拖曳出管道，随后弹出"水管单管绘制"对话框，在该对话框中设置管道直径为 32mm，然后将管道与消防立管进行自动连接，如图 5-85 所示。

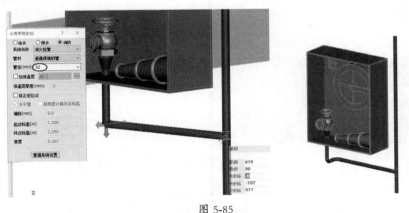

图 5-85

08 同理，完成其余消防栓箱与消防立管的连接。

5.3　电气设计

本例食堂大楼的强电设计主要是指照明系统设计。照明系统设计流程是：先按照照明系统线路立面图中的线路标高载入相应的照明设备元件，然后绘制线路、线管及电缆桥架等。

值得注意的是，很多线路在实际照明系统安装过程中，线路基本上是走暗线，也就是暗装，但为了表达清晰的电路，同时，暗装的设备需要选择墙体，在电气项目中没有建筑模型，仅是链接的模型，所以还不能采用暗装的设备，因此本例中将完全采用明装的形式，直接选取墙面即可。食堂大楼的照明线路连接系统图如图 5-86 所示。

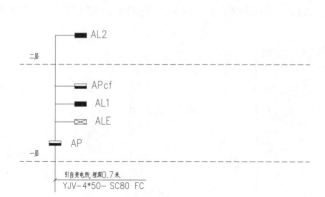

图 5-86

表 5-1 所示为常用电气图例符号。

表 5-1　常用电气图例符号

类别	图例	名称	备注	类别	图例	名称	备注
变压器		双绕组变压器	形式1	电力电路的开关和保护器件		开关的一般符号(动断触点)	
			形式2			隔离开关	
		三绕组变压器	形式1			接触器（在非动作位置触点断开）	
			形式2			熔断器一般符号	
		电流互感器	形式1			熔断器式开关	
		脉冲变压器	形式2			熔断器式隔离开关	
	─○○─ TV		形式1			断路器	形式1
	TV	电压互感器	形式2				形式2
组件及部件		屏、台、箱柜一般符号				开关一般符号	
		动力配电箱				单极开关	

类别	图例	名称	备注	类别	图例	名称	备注
组件及部件		照明配电箱		电力电路的开关和保护器件		单极开关（暗装）	
		事故照明配电箱				双极开关	
		电源自动切换箱				双极开关（暗装）	
	MDF	总配线架				三极开关	
	IDF	中间配线架				三极开关（暗装）	
		壁龛交接箱				单极限时开关	
		室内分线盒				SPD 浪涌保护器	
		室外分线盒		插座		单相插座	
		分线盒的一般符号				单相插座（暗装）	
		插座箱（板）				单相插座（密闭防水）	
		消火栓				单相插座（防爆）	
		手动火灾报警按钮				带保护接点单相插座	
		火灾报警电话机（对讲电话机）				带接地插孔的单相插座（暗装）	
		火灾报警控制器				带接地插孔的单相插座（密闭防水）	
控制、记忆信号电路的器件		感光火灾探测器				带接地插孔的单相插座（防爆）	
		气体火灾探测器（点式）				带接地插孔的三相插座	

类别	图例	名称	备注	类别	图例	名称	备注
控制、记忆信号电路的器件	CT	缆式线型定温探测器		插座		带接地插孔的三相插座（暗装）	
		感温探测器				TP—电话	电信插座的一般符号可用于文字或符号区别
		感烟探测器				FX—传真	
		水流指示器				M—传声器	
传输通道、波导、天线与关联元器件		天线一般符号				FM—调频	
		电线、电缆、母线、传输通路的一般符号				TV—电视	
		表示 3 根导线与 N 根导线的一般符号	3 根导线	灯具		顶棚灯	
			3 根导线			花灯	
			N 根导线			弯灯	
	F	电话线路				球型灯	
	V	视频线路				荧光灯的一般符号	单管
	B	广播线路					二管
		接地装置	有接地极				三管
			无接地极		5		五管
		放大器一般符号			EN	密闭灯	
		分配器，两路，一般符号					
		三路分配器					

类别	图例	名称	备注	类别	图例	名称	备注
传输通道、波导、天线与关联元器件	⊏▭	匹配终端		灯具	⊢EX⊣	防爆灯	
	⋉	四路分配器			⊠	事故照明灯	
测量设备、试验设备	Ⓥ	指示式电压表		信号器件	◁	扬声器	
	cosφ	功率因数表			◁	传声器	
	Wh	有功电能表（瓦时计）			⌂	电铃	
	Ⓐ	指示式电流表			EEL	应急疏散指示标志灯	
	⌀	调光器			EL	应急疏散照明灯	

　　本节以食堂大楼一层的强电设计进行详解。如图 5-87 所示为一层照明系统线路及设备布置图。

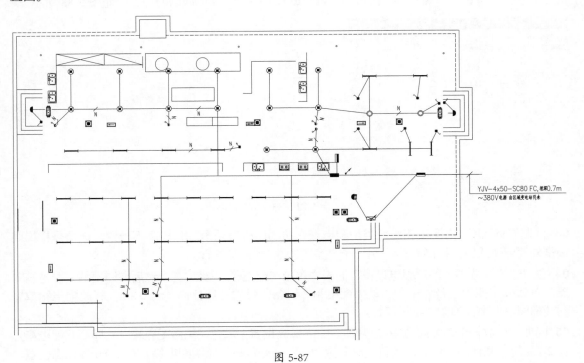

图 5-87

上面照明系统图中电气符号图例表示如下。

- ▨ AL2、AL1：照明配电箱（盘）。
- ▬ AP：动力配电箱（盘）。
- ⊠ ALE：事故照明配电箱（盘）。
- ▷ ：SPD 浪涌保护器。
- ⊡TV：电视机。
- ⊞：组合开关箱。
- ⦿防水防尘灯、▣应急照明灯、◯防爆灯、╲暗装双极开关、╲防爆双极开关、╲暗装三极开关、◖吸顶灯、◖吸顶灯 + 声光延时开关、□E 出口指示灯、╱接线端子、◁═▷双向疏散指示灯、═▶单向疏散指示灯、▬▬▬单管日光灯。

提示：

电气符号图例与PKPM设备库中的灯具名称不一定相同，所以在设备库中选择灯具时尽量选择名称相同或相近的灯具进行安装。

---

1. 布置配电箱

01 重新打开"罗兔民族中学食堂 - 机电设计 .p3d"工程文件。在专业列表中选择"电气"选项，随后进入电气专业设计环境。在视图浏览器中切换视图为 Building 1 视图节点下的 1F 视图。

02 在"协同设计"选项卡的"参照模型"面板中单击"底图参照"按钮🖼，弹出"底图参照管理"对话框。单击"导入底图"按钮，将"电气设计"源文件夹中的"一层电气照明系统布置图 .dwg"文件导入，再单击"参照底图"按钮和"调整位置"按钮，完成底图的调整，如图 5-88 所示。

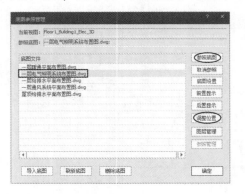
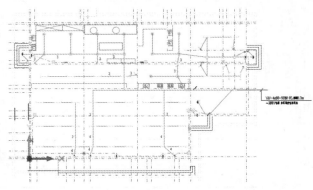

图 5-88

03 首先放置 AP 电力配电箱。此类型配电箱在照明图中有两个，且标高不一致。一个是楼梯间接室外变电所线路，标高 0.8m；另一个是室内的 3.2m 标高位置。

04 在"建模"选项卡的"强电设备"面板中单击"配电箱"按钮🖼，然后在弹出的"配电箱布置"对话框中找到设备库中的"动力配电箱"设备，设置"底标高"为 0.8m，将此配电箱放置到楼梯间墙壁上，如图 5-89 所示。

05 同理，再放一个动力配电箱在楼梯间 3.2m 标高位置，放置"家居配电箱"（即照明配电箱）在 2.7m 的"底标高"位置，放置"应急照明箱"（替代事故照明配电箱）在 1.9m 的标高位置。

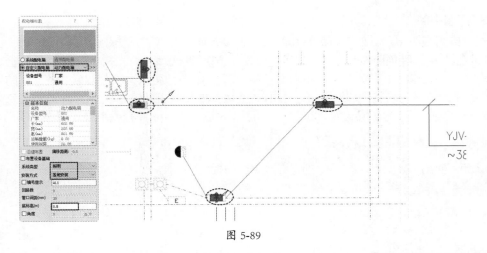

图 5-89

06 在"建模"选项卡的"设备连接"面板中单击"设备 - 配电"按钮，弹出"配电箱智能连接"对话框。首先设置选项及参数，然后选取第一个动力配电箱和家居配电箱进行自动连接，如图 5-90 所示。

07 连接家居配电箱和第二个动力配电箱，如图 5-91 所示。

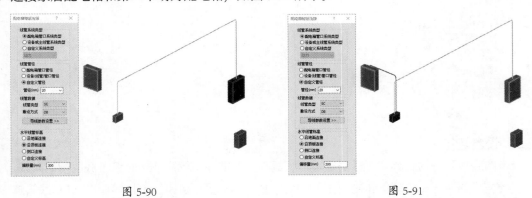

图 5-90　　　　　　　　　　　　　　　　　　　图 5-91

08 连接第一个动力配电箱和应急照明箱，如图 5-92 所示。

图 5-92

2.　布置灯具

01 疏散指示灯包括出口指示灯、单向疏散指示灯和双向疏散指示灯。单击"强电设备"面板中的"灯具"按钮💡，从弹出的"灯具布置"对话框中选择"安全出口"灯具，设置标高为 2.2m，

然后参照底图中的 ⬚E⬚ 进行布置，共布置 4 个安全出口灯，如图 5-93 所示。

02 同理，按照底图布置其他疏散灯具和开关，在设备库中查找防水防尘灯（吸顶）◉、消防应急灯自带电源◉、吸顶防爆灯◎、圆形吸顶灯 、圆形吸顶灯＋声光控单联单控开关▣（分两个设备）、⬛⬛⬛单管荧光灯、防水型暗装单联开关 、防水型暗装双联开关 、防爆双联单控开关 、防水型暗装三联开关 、86HS-70 底部四口（接线盒） 等，除消防应急灯标高为 2.4m 外，其余灯具标高统一为 2.8m，开关的标高统一为 1.4m，完成结果如图 5-94 所示。

> **技术要点：**
>
> 另外，在安装开关、插座或接线盒时，可以在"强电设备"面板中分别单击"开关"按钮、"插座"按钮或"接线盒"按钮，打开各自的设置对话框，选择好设备后，即可轻松布置设备。

图 5-93

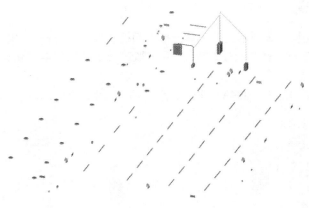

图 5-94

3. 设备连接

设备的连接可分为灯具与灯具的连接、灯具与开关的连接等，连接时参考底图中的布线。

01 在"建模"选项卡的"设备连接"面板中单击"灯具 - 灯具"按钮，弹出"灯具—灯具线管连接"对话框。

02 设置参数及选项后，选取两个吸顶灯进行线路自动连接，如图 5-95 所示。

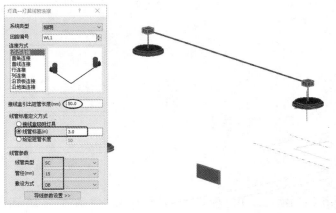

图 5-95

03 同理，按此操作依次选取其余灯具进行自动连接，每连接一组灯具，按一次 Enter 键确认，然后再继续选取灯具进行连接，结果如图 5-96 所示。

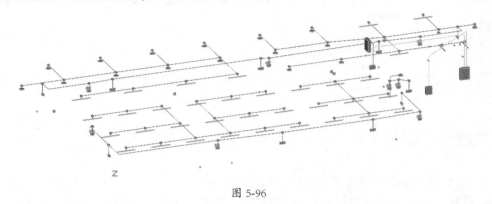

图 5-96

04 在"建模"选项卡的"设备连接"面板中单击"灯具 - 开关"按钮，弹出"灯具 - 开关连接"对话框，设置参数后依次选取灯具和开关进行自动连接，连接结果如图 5-97 所示。

提示：

如果防爆开关与灯具不能连接，可以将防爆开关替换为防水型安装双联开关。开关与灯具连接时，需要按右键进行确认。

图 5-97

至此，完成了食堂大楼一层的电气设计，最终结果如图 5-98 所示。

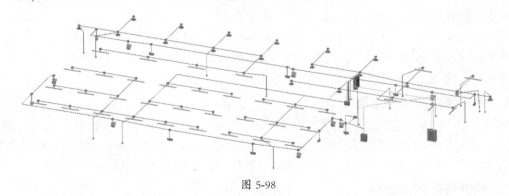

图 5-98

第 6 章　PKPM-PC 装配式建筑设计

装配式建筑在目前建筑行业中的应用越来越广泛。本章主要介绍基于 PKPM-PC 装配式建筑设计模块的装配式建筑设计全流程。

6.1　装配式建筑概念

装配式建筑是由预制构件在施工现场装配而成的建筑，如图 6-1 所示。将构成建筑物的墙体、柱、梁、楼板、阳台、屋顶等构件在工厂预制好，装运至项目施工现场，再把预制的构件通过可靠的连接方式组装成整体建筑。

图 6-1

6.1.1　装配式建筑分类

对于装配式建筑来说，有多种划分类型，按照形式划分有剪力墙形式、框架与核心筒形式、框架与剪力墙形式等；按照高度划分有多层混凝土式、高层混凝土与低层混凝土式。在我国应用最多的装配式建筑结构形式为剪力墙结构，但在商场等建筑项目中多采用框架式。

按照材料及施工方法的不同，又分为以下几种常见结构形式。

1. 预制装配式混凝土结构

预制装配式混凝土结构是以预制的混凝土构件（也叫 PC 构件）为主要构件，经工厂预制，现场进行装配连接，并在结合部分现浇混凝土而成的结构，如图 6-2 所示。这种结构形式也是本章重点介绍的装配式建筑结构形式。预制装配式混凝土结构建筑也称"砌块建筑"。

2. 预制装配式钢结构

预制装配式钢结构建筑以钢柱及钢梁作为主要的承重构件。钢结构建筑自重轻、跨度大、抗风及抗震性好、保温隔热、隔声效果好，符合可持续化发展的方针，特别适用别墅、多高层住宅、办公楼等民用建筑及建筑加层等，如图6-3所示。

图 6-2

图 6-3

3．预制木结构

预制木结构是以集装箱为基本单元，在工厂内流水线生产完成各模块的建造并完成内部装修，再运输到施工现场，快速组装成多种风格的建筑结构，如图6-4所示。

图 6-4

4．预制砌块结构

预制砌块建筑是用预制的块状材料砌成墙体的装配式建筑，如图6-5所示。砌块结构适于建造低层建筑，砌块建筑适应性强，生产工艺简单，施工简便，造价较低，还可以利用地方材料和工业废料建筑，砌块有小型、中型、大型之分。小型砌块适于人工搬运和砌筑，工业化程度较低，灵活方便，使用较广；中型砌块可用小型机械吊装，可节省砌筑劳动力；大型砌块现已被预制大型板材所代替，砌块有实心和空心两类。实心的多采用轻质材料制成，砌块的接缝是保证砌体强度的重要环节，一般采用水泥砂浆砌筑，小型砌块还可以套接而不用砂浆的干砌法，可以减少施工中的湿作业。

图 6-5

6.1.2 装配式建筑预制构件的分类

　　PC 预制构件实行工厂化生产，选择专业预制构件生产单位生产；预制构件在工厂加工后，运送到工地现场，由总包单位负责吊装安装。

提示：
PC是英文Precast　Concrete（含义为预制混凝土）的缩写。国际装配式建筑领域把装配式混凝土建筑简称为"PC建筑"。把预制混凝土构件称为"PC构件"。把制作混凝土构件的工厂称为"PC工厂"。

　　按构件形式和数量，划分为预制外墙板、预制内隔墙、预制楼梯、预制阳台、预制叠合楼板、预制凸窗（飘窗）等 PC 构件，如图 6-6 所示。

预制楼梯平台　　　　　　　　　预制柱　　　　　　　　　　预制外墙板

预制内隔墙　　　　　　　　预制叠合楼板　　　　　　　　预制楼梯

图 6-6

| 预制阳台 | 预制凸窗 | 预制梁 |

预制管片　　　　　预制整体式卫生间和厨房　　　　　预制桩

图 6-6（续）

6.1.3　PC 预制构件的拆分设计原则

在装配整体式叠合剪力墙结构中，各类构件应依据相关国家标准、图集、规范，通过钢筋搭接、锚固、套筒灌浆等形式连接成可靠的整体结构。

进行装配式建筑结构设计的内容包括建筑整体结构设计和结构拆分设计。结构拆分设计是装配式建筑结构的深化设计，也是建筑结构图纸的二次设计。

结构拆分设计又分总体拆分和构件设计（主要是连接点设计）两个阶段设计。

图 6-7 所示为某高层装配式建筑的标准层预制构件设计完成的示意图。

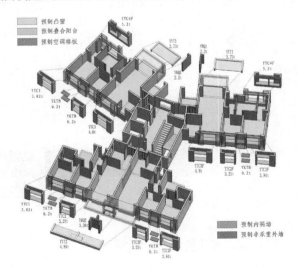

图 6-7

在对结构进行拆分时，应结合建筑的功能与艺术性、结构合理与安全性、构件生产可行性、运输及安装环节等因素进行综合考量。另外，还要符合以下几个基本原则。

- 首先确定装配式建筑的结构组成类型。目前的结构体系主要是装配整体式剪力墙结构与装配整体式混凝土框架结构两种。
- 确定预制和现浇部分的范围与边界。
- 在确保构件标准化的情况下，再确定构件在何处拆分，另外还需要考虑构件拆分后是否易于安装和运输（尺寸和重量限制）。
- 确定现浇部分（一般是边缘构件 / 柱与楼梯间、电梯间的核心筒构件）与预制构件之间的装配关系。如确定楼板为叠合板形式，那么与之相连的梁中也要有叠合层。
- 合理确定构件之间的节点连接方式，如柱、梁、墙及板之间的节点连接方式。

6.1.4　PKPM-PC 装配式建筑设计流程

PKPM-PC 装配式建筑设计模块是面向用户提供可靠的预制和现浇混凝土项目的软件，是 BIM 装配式建筑设计必不可少的设计工具，其主要功能是分割结构楼板、基础底板或者结构墙体生成 PC 构件，配置预制混凝土构件钢筋和起吊件，根据起吊件的力学性能设计吊装孔位，创建工程图、CAM（机械加工）文件及材料概算表。

PKPM-PC 装配式建筑设计模块的设计理念是在 BIM 工作流程中，设计院提供"结构 + 建筑 + 机电"设计模型，预制件设计和生产单位基于此补充吊装件，进行预制构件分块优化及设计，生成加工图纸。因为在整合的设计模型中所有的板上开洞、设备预留开孔、管线预埋套管等信息，设计院已经提供，预制件设计和生产单位只需要优化设计预制部分即可，避免了因疏忽而遗漏部分设计模型信息。

在 PKPM 集成系统界面中，选择 PKPM-PC 模块下的"全功能版"类别，单击"新建项目"按钮，设置工作目录后即可进入装配式建筑设计环境，如图 6-8 所示。

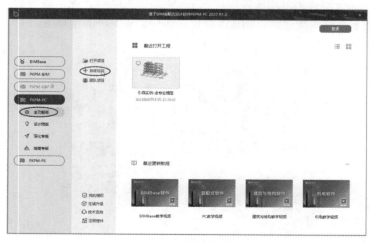

图 6-8

如图 6-9 所示为 PKPM-PC 装配式建筑设计环境界面。

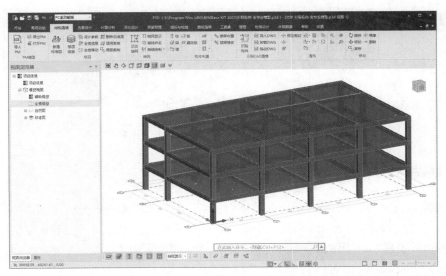

图 6-9

PKPM-PC 装配式建筑设计的流程大致如下。

1. 结构建模

在 PKPM-PC 装配式建筑设计环境中，可以使用"识别构件"工具直接建立结构模型的工具，也可以通过接力 PKPM-BIM 结构设计专业的结构模型，或者导入其他 BIM 软件输出的 PMODEL 结构模型。

2. 方案设计

结构模型搭建后，可以通过 PKPM-PC 中的属性指定工具，对要进行预制的结构构件进行属性指定，以便精准拆分结构。

3. 计算分析

接力 PKPM 结构计算模块进行整体结构的计算分析，将结果读取到 PKPM-PC 中，用于后续设计。

4. 深化设计

基于读取的计算分析结果，进行配筋、校核、施工图出图及报审文件输出。对已经拆分并完成配筋的预制构件进行深化调整，对模型进行碰撞检查及精细校核，最终输出各构件详图。

6.2 实战案例——某住宅项目的装配式建筑设计

本例项目为广东某小区的 5# 楼盘住宅项目，建筑结构形式为装配整体式剪力墙结构，共 7 层，由广东某建工集团承担设计、施工和构件生产。预制率达到 62%。

本例仅为标准层的装配式建筑设计流程进行全面细致地讲解。图 6-10 所示为 5# 住宅楼标准层的装配式建筑模型效果图。标准层中的楼梯、外墙、内墙、梁、楼板及柱等均为预制构件。

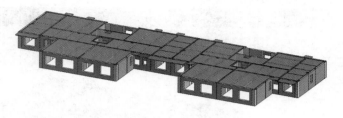

图 6-10

6.2.1 预制构件设计

利用 PKPM-PC 中的结构设计功能创建结构模型，然后进行构件拆分。预制构件的流程是：先导入 CAD 图纸，根据图纸识别出结构墙体（也可以手工绘制墙体），接着布置整体楼板，最后利用构件布置工具，对墙体和楼板进行拆分，从而得到装配构件。

1. 导入 CAD 图纸建立结构模型

如果采用识别 CAD 图纸的方法来建立结构模型，无论图纸中的墙体内是否有门、窗或柱，需要统一识别为墙体，然后再重新识别出门洞、窗洞及柱。当识别图纸时发现部分墙体无法识别或识别错误，可以改用手工绘制墙体的方法来绘制墙体，以保证结构模型的完整性。本例采用手工建模的方式来创建墙体、门窗洞、楼板、楼梯等构件。

技术要点：

由于本例建筑结构的布局为左右对称，我们只识别左侧的建筑墙体即可，右侧的建筑墙体待最终完成所有装配式构件设计后再镜像操作即可。

01 在 PKPM-BIM 集成系统界面中选择 PKPM-PC 模块后，再新建名为"装配式建筑设计"的工程项目，随后进入 PKPM-PC 装配式建筑设计环境。

02 在视图浏览器中双击"标准层 1"节点切换到"标准层 1"结构平面视图。由于只建立一层建筑用来演示装配式建筑设计流程，所以无须设置楼层标高。

03 在"结构建模"选项卡的"识别 CAD 建模"面板中单击"导入 DWG"按钮 📇，将本例源文件夹中的"5# 楼标准层预制楼板平面布置图 .dwg"图纸文件导入，如图 6-11 所示。

04 在图纸中拾取 1 轴线和 A 轴线的交点作为装配设计环境中的建模基点，选取后单击"插入参数"对话框中的"确定"按钮，完成 CAD 图纸的导入，如图 6-12 所示。

图 6-11

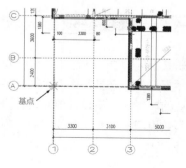

图 6-12

05 单击"识别构件"按钮 ，弹出"识别构件"对话框。首先单击"轴线"按钮 ，然后在图纸中拾取轴线，选取后系统自动识别轴线，如图 6-13 所示。

06 单击"轴线编号"按钮 ，选取图纸中的轴线编号进行识别，如图 6-14 所示。

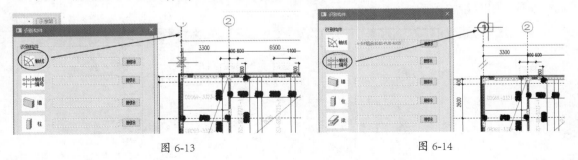

图 6-13　　　　　　　　　　　　　　　　图 6-14

07 单击"生成模型"按钮，生成轴线与轴线编号，如图 6-15 所示。随后单击"识别构件"对话框中的"退出"按钮关闭该对话框。

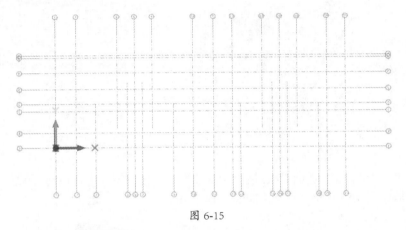

图 6-15

08 在"结构建模"选项卡的"构件布置"面板中单击"墙"按钮 ，在绘图区的左侧弹出"墙布置"面板。

09 选择"墙 - 混凝土 矩形 -200mm"的墙体截面，在绘图区顶部工具栏中选择"两点连续" 绘制方式，然后参照 CAD 图绘制外墙和内墙，如图 6-16 所示。

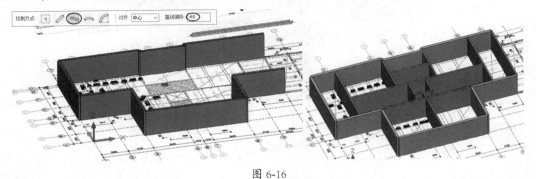

图 6-16

10 在绘图区顶部的视图工具栏中单击"线框模式"按钮 ，将视图以线框模式显示，便于看清结构墙下的图纸。

11 在"识别CAD建模"面板中单击"识别构件"按钮 ，弹出"识别构件"对话框。在该对话框右侧边栏的中间位置单击"展开"按钮 ▶，展开构件设置面板，然后设置"窗高"和"窗底高"参数，如图6-17所示。

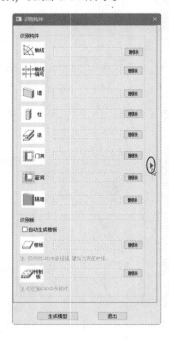

图 6-17

12 单击"窗洞"按钮 ，选取CAD图纸中的窗框线，系统自动进行识别，单击"生成模型"按钮，在结构墙中自动生成窗框门洞，如图6-18所示。

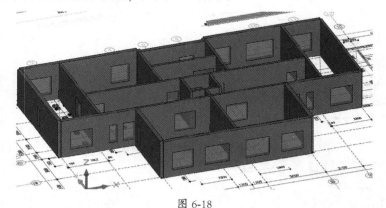

图 6-18

技术要点：

如果发现部分窗洞没有识别出来，可以重新选取这部分的窗框线进行单独识别。假设还是没有识别成功或者没有自动生成门洞，就说明图纸中的这部分窗框线没有封闭，需要在图纸中调整，也可以利用"墙洞"构件重新创建墙洞。

13 其中有一个窗洞没有被识别出来，需要手动创建。在"构件布置"面板中单击"墙洞"按钮，弹出"墙洞布置"面板。接着单击"添加截面"按钮➕新建墙洞截面，如图 6-19 所示。

图 6-19

14 设置底部标高为 400mm，然后参考图纸中的窗框标识，自由放置墙洞，如图 6-20 所示。

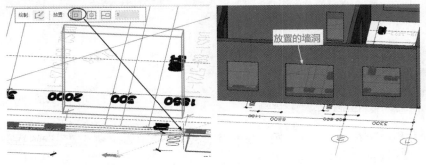

图 6-20

15 由于门洞和窗洞被统一识别为窗洞，所以需要将内墙中的部分窗洞修改为门洞。在"结构建模"选项卡的"通用"面板中单击"参数修改"按钮，弹出"参数修改"对话框。在"墙洞"选项卡中设置墙洞的截面参数，然后在墙体中选取要修改参数的窗洞，随后自动完成修改，如图 6-21 所示。同理，继续选取其他要修改的窗洞进行参数更改。

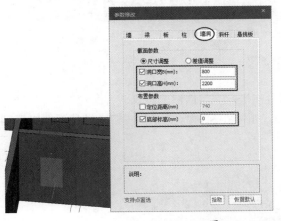

图 6-21

16 在"结构建模"选项卡的"构件布置"面板中单击"板"按钮，弹出"板布置"面板。保留默认的板截面类型，在绘图区顶部的工具栏中选择"框选布置"绘制方式，框选所有墙体，系统自动生成楼板，如图 6-22 所示。

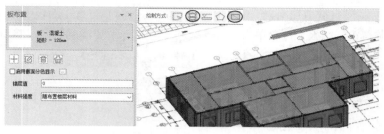

图 6-22

> **提示：**
>
> 电梯井旁有一块楼板不是预制板，是现浇板。此处的楼板可以删除，利用"板"工具，采用"矩形绘制"的方法 □ 重新绘制。

17 将楼梯间的楼板选中，并按 Delete 键删除。

2. 预制墙体和预制柱拆分设计

首先将某些墙体（这种墙体有部分为外墙，还有部分为内墙）打断，打断后便于墙体类型划分和墙体拆分。

01 选中某块楼板，再右击选中的楼板，在弹出的快捷菜单中选择"隐藏已选同类实体"选项，将楼板隐藏，如图 6-23 所示。

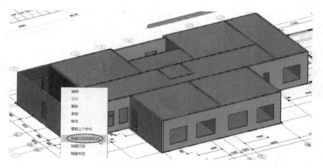

图 6-23

02 单击"识别构件"按钮 □，弹出"识别构件"对话框。单击"柱"按钮 □ 柱，然后拾取图纸中的柱边线，系统自动识别矩形结构柱，如图 6-24 所示。L 型柱和 T 型柱不能被识别，需要手动创建。

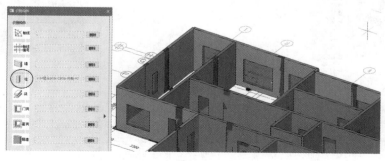

图 6-24

03 在"方案设计"选项卡的"预制属性指定"面板中单击"预制属性指定"按钮🔲，弹出"预制属性指定"对话框，在该对话框中首先选中"预制剪力内墙"复选框，然后选取前面创建的内墙指定属性，如图 6-25 所示。

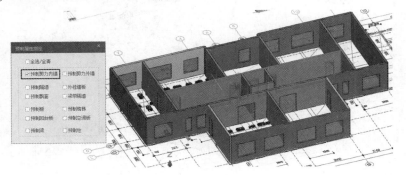

图 6-25

04 选中"预制剪力外墙"复选框，然后选取外墙进行属性指定，如图 6-26 所示。

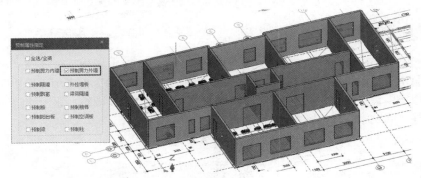

图 6-26

05 选中"预制柱"复选框，然后依次选取自动识别的柱构件进行属性指定。

06 在"常用功能"选项卡的"预制构件"面板中单击"现浇节点"按钮🔲，弹出"拆分设计对话框"面板。选中"T 型连接"单选按钮，再单击"快速生成"按钮，系统自动在内外墙中生成 T 形现浇柱和 L 形现浇柱，如图 6-27 所示。

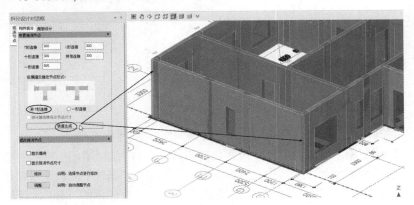

图 6-27

07 在"预制属性指定"面板中单击"外墙方向"按钮 🖾，依次选取外墙的外侧面，以设定外墙方向，如图 6-28 所示。

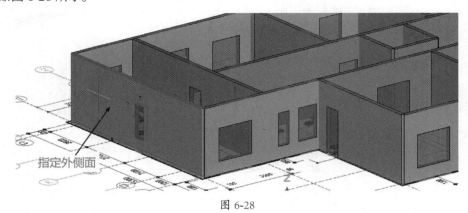

指定外侧面

图 6-28

提示：

指定外墙方向的目的是为了墙体拆分时，墙体的保温层始终在外侧布置，而不是在内侧布置。

---

08 在"方案设计"选项卡的"预制剪力墙"面板中单击"墙自由拆分"按钮 🖾，在绘图区顶部的工具栏中单击"两点绘制预制墙"按钮 📖，在弹出的"构件拆分"面板中设置"保温层厚度"和"外叶板厚度"，选中"自适应板厚"复选框，然后参照 CAD 图纸，逐段绘制预制墙（在现浇柱与预制柱之间绘制），如图 6-29 所示。

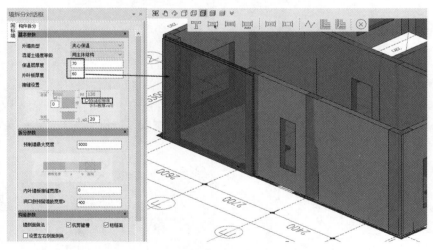

图 6-29

09 同理，依次绘制其余预制墙（外墙），完成结果如图 6-30 所示。

10 任意选中一段预制墙，可以看到外叶板的长度不合适，有的地方出现短缺，有的地方出现了外叶板重叠，这需要编辑预制墙。选中一段预制墙，在弹出的"属性"面板中设置起始端和（或）终点端的"外叶板延伸"参数，修改参数后单击"属性"面板底部的"修改"按钮，将修改应用到所选的预制墙中，如图 6-31 所示。

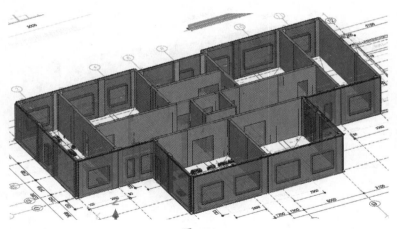

图 6-30

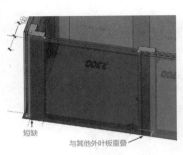  

图 6-31

技术要点：

在转角处，预制墙的外叶板不要延伸到转角柱中，转角处的外叶板可以在绘图区顶部的工具栏中用"连续绘制PCF墙"命令来单独绘制，如图6-32所示。

图 6-32

11 同理，依次修改其他预制墙的"外叶板延伸"参数，使其符合 CAD 图纸的要求。

12 再次利用"两点绘制预制墙"工具 ，保温层和外叶板厚度均设为1，然后在内墙中参照 CAD 图纸依次绘制内墙预制墙（楼梯间周边的墙体保留为混凝土现浇），如图 6-33 所示。

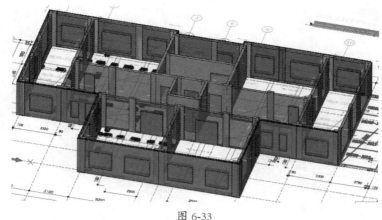

图 6-33

13 在"方案设计"选项卡的"预制梁柱"面板中单击"柱拆分设计"按钮，在弹出的"柱拆分对话框"面板中设置构件拆分参数，设置后在结构模型中依次选取暗柱（经过预制柱属性指定的柱）来拆分出预制柱，如图 6-34 所示。

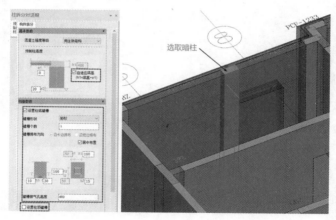

图 6-34

3. 预制板拆分设计

01 在绘图区空白位置右击，在弹出的快捷菜单中选择"取消隐藏"命令，显示楼板构件。

02 单击"预制属性指定"按钮，弹出"预制属性指定"对话框。选中"预制板"复选框，然后依次选取楼板来指定预制板属性，如图 6-35 所示。

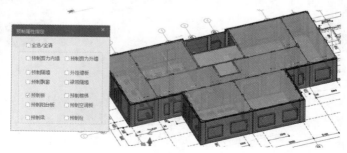

图 6-35

03 在"预制楼板"面板中单击"楼板拆分设计"按钮，弹出"板拆分对话框"面板。在该面板中设置选项及参数，然后选取第一块楼板进行拆分，如图6-36所示。与之对称的房间楼板也进行相同参数的拆分。

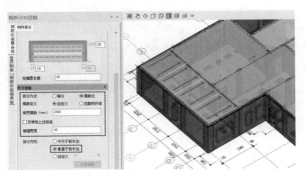

图 6-36

技术要点：

"板拆分对话框"面板中的"整体式"和"分离式"的区别在于，整体式（双向叠合板）的长宽比小于或等于2，而分离式（单向叠合板）的长宽比大于2。

04 接着拆分第二块楼板，如图6-37所示。与之对称的房间楼板也进行相同的拆分。

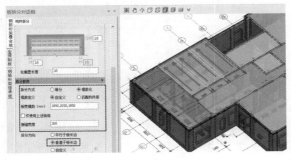

图 6-37

05 继续拆分第三块楼板，如图6-38所示。与之对称的房间楼板也进行相同的拆分。

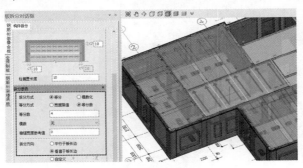

图 6-38

06 拆分第四块楼板，如图6-39所示。与之对称的房间楼板也进行相同的拆分。

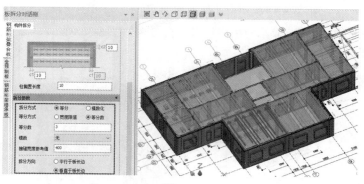

图 6-39

4. 预制阳台和预制空调板拆分设计

01 在"结构建模"选项卡的"构件布置"面板中单击"悬挑板"按钮 ，弹出"悬挑板布置"面板，单击"添加截面"按钮 ，新建悬挑板截面，再在绘图区顶部的工具栏中选择"自由布置"方式 ，参照图纸依次绘制空调板，如图 6-40 所示。

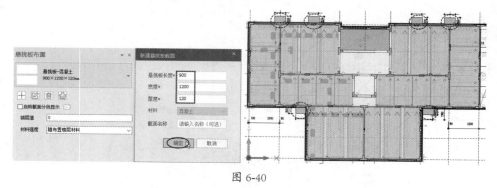

图 6-40

02 新建两种悬挑板截面尺寸作为阳台。阳台一尺寸：长度为 1480、宽度为 7400、厚度为 120；阳台二尺寸：长度为 1480、宽度为 3380、厚度为 120。布置的阳台如图 6-41 所示。

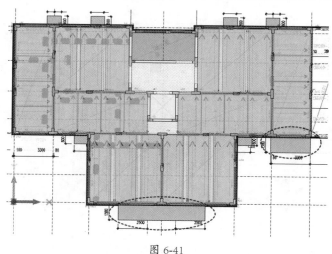

图 6-41

03 在"方案设计"选项卡的"预制属性指定"面板中单击"预制属性指定"按钮，弹出"预制属性指定"对话框。选中"预制阳台板"复选框，然后选取阳台板为其指定属性。

04 取消选中"预制阳台板"复选框，选中"预制空调板"复选框，再选取其余小块的空调板指定属性。

05 在"结构建模"选项卡的"识别CAD建模"面板中单击"卸载DWG"按钮，将参照图纸卸载。

06 在"方案设计"选项卡的"预制部品"面板中单击"空调板拆分设计"按钮，弹出"空调板拆分对话框"面板，保留默认选项设置，依次选取空调板进行拆分，如图6-42所示。

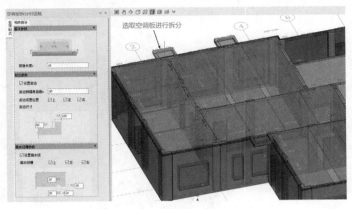

图 6-42

07 在"方案设计"选项卡的"预制部品"面板中单击"阳台板拆分设计"按钮，弹出"阳台板拆分对话框"面板，保留默认选项设置，依次选取阳台板进行拆分，如图6-43所示。

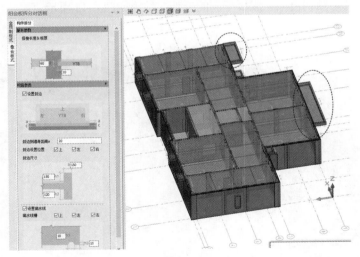

图 6-43

至此，完成了结构模型的拆分设计，即完成了预制构件设计。

6.2.2　钢筋布置

接下来为预制墙、预制板、预制阳台及空调板等构件进行钢筋布置设计。

1. 预制板钢筋布置

01 在"深化设计"选项卡的"预制楼板"面板中单击"楼板配筋设计"按钮，弹出"板配筋设计对话框"面板。

02 保留默认的板配筋参数设置，在结构模型中选取楼板进行配筋设计（选取方法是从右往左画矩形框窗交选择楼板），如图 6-44 所示。

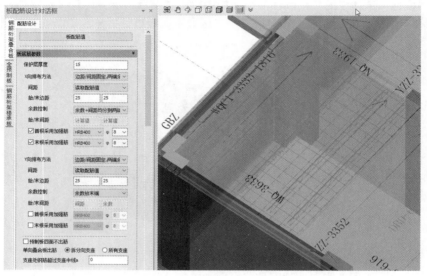

图 6-44

03 依次窗交选择其余预制板来完成板配筋的设计，结果如图 6-45 所示。

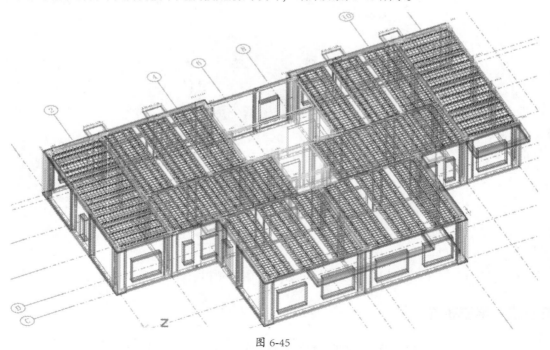

图 6-45

04 在"预制楼板"面板中单击"楼板附件设计"按钮，弹出"板附件设计对话框"面板。保留默认参数设置，窗交选择预制板来创建直吊钩，如图6-46所示。

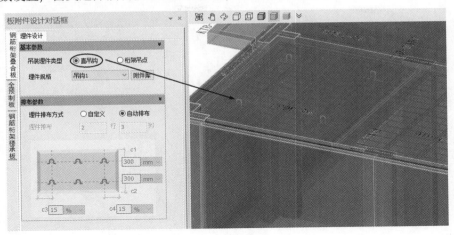

图 6-46

2. 预制墙、柱钢筋布置

01 在"深化设计"选项卡的"预制剪力墙"面板中单击"墙配筋设计"按钮，弹出"墙配筋设计对话框"面板。保留默认参数设置，依次选取预制墙来布置钢筋，如图6-47所示。

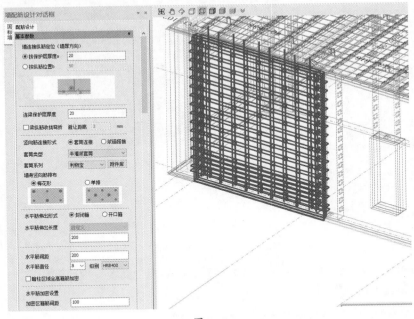

图 6-47

02 单击"墙附件设计"按钮，弹出"墙附件设计对话框"面板，保留默认参数设置，依次选取预制墙来布置圆头吊钉，如图6-48所示。

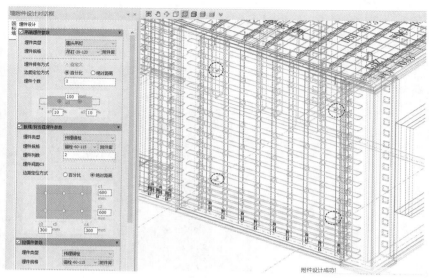

图 6-48

03 单击"PCF配筋"按钮![img]，弹出"PCF配筋设计对话框"面板，保留默认设置，依次选取转角柱位置的PCF墙来布置钢筋，如图6-49所示。

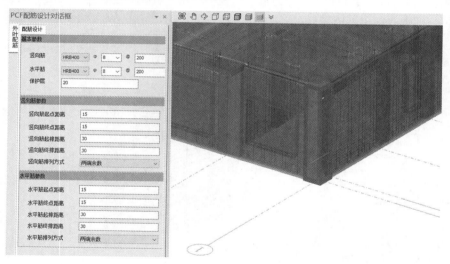

图 6-49

04 单击"柱配筋设计"按钮![img]，弹出"柱配筋设计对话框"面板，保留默认设置，依次选取内墙中的暗柱来布置钢筋，如图6-50所示。

技术要点：

如果直接选取暗柱比较困难，采取窗交选择法可以很快速选取暗柱。

05 对于自动生成的现浇段（也就是T形柱和L形柱），钢筋的布置需要切换到"全楼模型"视图中进行布置。在"常用功能"选项卡的"预制构件"面板中单击"现浇节点"按钮![img]，弹出"拆分设计对话框"面板。保留默认设置，在"属性"面板的"配筋设计"选项卡中单击"快速配筋"按钮，系统会自动布置所有现浇节点（T形柱和L形柱）的钢筋，如图6-51所示。

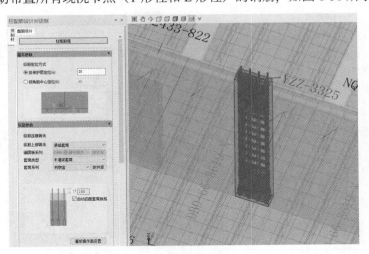

图 6-50

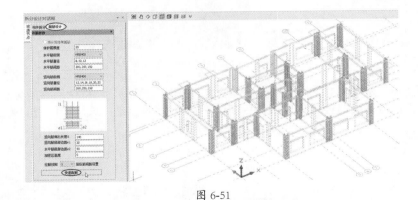

图 6-51

3. 空调板和阳台钢筋布置

01 在"深化设计"选项卡的"预制部品"面板中单击"空调板配筋设计"按钮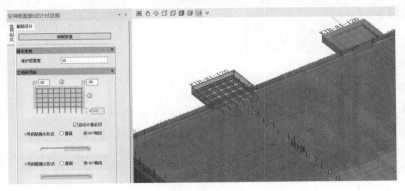，弹出"空调板配筋设计对话框"面板。保留默认设置，选取空调板布置钢筋，如图6-52所示。

图 6-52

02 单击"阳台板配筋设计"按钮 ，为阳台布置钢筋，如图6-53所示。

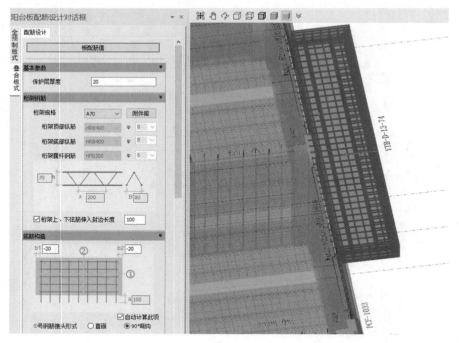

图 6-53

03 在"结构建模"选项卡的"修改"面板中单击"镜像"按钮 ，框选所有的预制件和钢筋，右击确认后，再选取轴线编号11的轴线作为镜像中心线，系统自动完成结构模型的镜像，如图6-54所示。

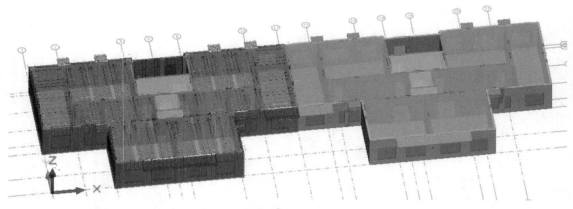

图 6-54

04 在"方案设计"选项卡的"编辑"面板中单击"构件复制/镜像"按钮 ，在弹出的"复制预制构件"对话框中单击"镜像复制"单选按钮，选中所有预制构件（同时包含了各预制件的钢筋）的复选框，然后框选要复制的预制构件，再拾取轴线编号11的轴线作为镜像中心线，系统自动完成所有预制件的镜像，如图6-55所示。

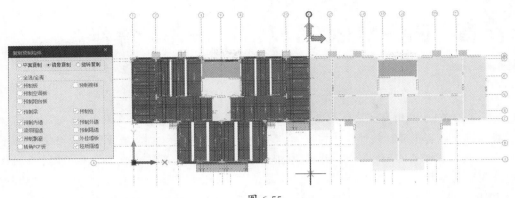

图 6-55

至此完成了装配式建筑设计，最终完成的效果如图 6-56 所示。

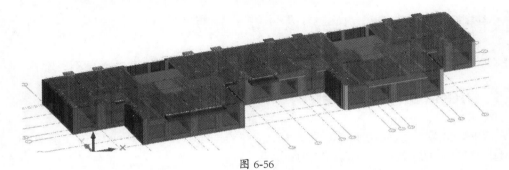

图 6-56

第 7 章   PKPM 2021 V1.3——基础操作

PKPM 2021 V1.3 结构设计软件是目前国内建筑工程界应用最广、用户最多的一套计算机辅助设计系统。它是一套集建筑设计、结构设计、设备设计、工程量统计、概预算及施工软件等于一体的大型建筑工程综合 CAD 系统。针对 2021 年建筑 BIM 各项新规范的诞生，PKPM 系列软件也进行了较大的改版。在操作菜单和界面上，尤其是在核心计算上，都结合新规范做了较大的改进。本章对 PKPM 2021 V1.3 结构设计软件的特点、界面组成及软件的基本操作、数据文件的管理等进行介绍。

7.1   PKPM 2021 V1.3 结构设计软件环境

PKPM 2021 V1.3 软件的安装与 PKPM-BIM 软件的安装过程相同，本章就不赘述了。

7.1.1   PKPM 结构设计模块介绍

完成 PKPM 软件安装并成功申请试用后，在桌面上双击 PKPM 2021 V1.3 图标![图标]，进入 PKPM 2021 V1.3 的主页界面，如图 7-1 所示。

图 7-1

在主页界面的左侧区域，可以查看新版软件的在线更新、改进说明、用户手册等帮助文件，以便我们可以对软件有一个初步的认识，还可以单击 "参数设置" 按钮对 PKPM 的结构设计软件的全局参数进行设置。

提示:

在主页界面的左侧区域单击"用户手册"按钮,可以打开"用户手册"对话框,如图7-2所示。通过"用户手册"对话框,可以了解PKPM结构软件的任何一种模块的功能和使用手册。因此,本书将不会把软件的功能指令作为重点进行介绍,而是以实战案例的形式来介绍结构专业的设计流程和软件操作技能。

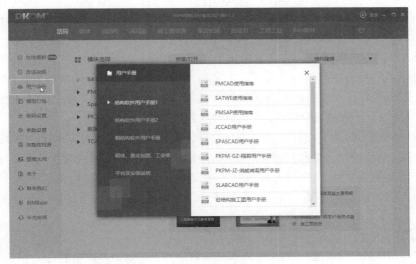

图 7-2

在主页界面的顶部有 9 个选项卡,分别代表了 PKPM 2021 V1.3 结构设计软件的组成模块。在每一个选项卡(或模块)中,又各自包含若干分模块。在"结构"选项卡(模块)中就包含了"SATWE核心的集成设计""PMSAP 核心的集成设计""Spas+PMSAP 的集成设计""PK 二维设计""数据转换接口"和"TCAD、拼图和工具"等分模块。

在每个分模块中,可以从主页界面右上角的专业模块列表中选择不同的专业模块,如图 7-3所示。

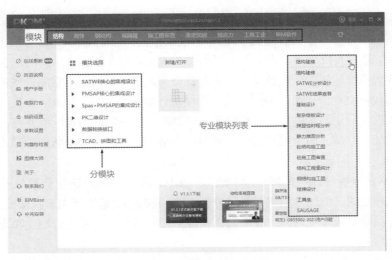

图 7-3

PKPM 是以建筑混凝土结构设计与分析为主的软件，因此这里仅介绍"结构"选项卡（模块）中的分模块。

- SATWE 核心的集成设计：该分模块是基于 SATWE 分析设计的结构设计与分析的集成设计环境，可以解决多层及高层结构设计难题，主要由结构建模、SATWE 分析设计、SATWE 结果查看、基础设计、复杂楼板设计、弹塑性时程分析、静力推覆分析、砼结构施工图、砼施工图审查、结构工程量统计、钢结构施工图、楼梯设计、工具集和 SAUSAGE 等专业模块组成。

- PMSAP 核心的集成设计：该分模块是基于 PMSAP 分析设计的集成设计环境，可以解决复杂多层及高层结构设计难题，主要由结构建模、PMSAP 分析设计、PMSAP 结果查看、基础设计、弹塑性时程分析、静力推覆分析、砼结构施工图、砼施工图审查、结构工程量统计、钢结构施工图、工具集等专业模块组成。

- Spas+PMSAP 的集成设计：该分模块是基于空间结构建模和 PMSAP 分析设计的集成设计环境，可以解决建模阶段的复杂空间结构设计难题，更加精确地把握设计结果，主要由空间建模与 PMSAP 分析、PMSAP 结果查看、基础设计、弹塑性时程分析、静力推覆分析、砼结构施工图、结构工程量统计、钢结构施工图、工具集等专业模块组成。

技术要点：

对于不同性质的结构设计对象，要合理选择具有针对性解决问题的集成设计环境，以便于强调模块之间的整体性和流畅性，并减少模块之间的切换操作。

- PK 二维设计：该分模块是在二维平面中进行结构设计和有限元分析的集成设计环境，包括 PK 二维设计和 PMCAD 形成 PK 文件两个专业模块。

- 数据转换接口：该分模块用于 PKPM 和其他工程软件之间的模型数据转换。

- TCAD、拼图和工具：该分模块包括图形编辑与打印、DWG 拼图和复杂任意截面编辑器三个专业模块。

下面介绍专业模块列表中的各专业模块。

- "结构建模"（PMCAD）模块：PMCAD 是整个 PKPM 软件系统的核心，是剪力墙、高层空间三维分析和各类基础 CAD 的必备接口模块，也是建筑 CAD 与结构的必要接口。PMCAD 通过人机交互方式输入各层平面布置和外加荷载信息后，可以自动计算结构自重并形成整栋建筑的荷载数据库，由此数据可以自动给框架、空间杆系薄壁柱、砖混计算提供数据文件，也可以为连续次梁和楼板计算提供数据。PMCAD 也可以进行砖混结构及底框上砖房结构的抗震分析验算，计算现浇楼板的内力和配筋并画出板配筋图，绘制出框架、框剪、剪力墙及砖混结构的结构平面图，以及砖混结构的圈梁、构造柱节点大样图。

- "SATWE 分析设计"模块：SATWE 是 PKPM 专门为高层结构分析与设计而开发的基于壳元理论的三维组合结构有限元分析模块，其核心是解决剪力墙和楼板的模型化问题，尽可能减小其模型化误差，提高分析精度，使分析结果能够更好地反映出高层结构的真实受力状态。

- "SATWE 结果查看"模块：该模块是基于用户已经完成了结构建模和 SATWE 分析设

计后而进行分析结构查看的功能模块。

- "基础设计"（JCCAD）模块：该模块用于多层或高层建筑结构中的基础设计，能够创建的基础类型包括独立基础、枪匣条形基础、弹性地基梁基础、带肋筏板基础、柱下平板基础、墙下筏板基础、柱下独立桩基承台基础、桩筏基础、桩格梁基础等，以及单桩基础设计。

- "复杂楼板设计"（SLABCAD）模块：该模块主要用于地下室顶板（无梁楼盖、十字梁结构、井字梁、加掖楼板结构等）、独立基础抗浮防水板、人防地下室的顶板、预应力楼板及转换层结构的厚板等。该模块采用楼板有限元计算分析方法，适用于各种形状的复杂楼板。

- "弹塑性时程分析"（EPDA）模块：该模块是用于建筑结构的弹塑性动力分析，了解结构的弹塑性抗震性能，以指导抗震结构设计。

- "静力推覆分析"（PUSH）模块：该模块是用于建筑结构的弹塑性静力分析，确定建筑结构的薄弱层，以及进行相应的建筑结构薄弱层验算。

- "砼结构施工图"模块：该模块是 PKPM 设计系统的主要组成部分之一，其主要功能是辅助用户完成上部结构各种混凝土构件的配筋设计，并绘制施工图。该模块包括梁、柱、墙、板及组合楼板、层间板等多个子模块，用于处理上部结构中最常用的各大类构件。

- "砼施工图审查"模块：该模块主要是针对砼结构施工图的审查，可以审查 DWG 文件、PKPM 模型及 YJK（盈建科）数据文件等。

- "结构工程量统计"（STAT-S）模块：该模块主要用于结构中各层主要构件的混凝土及钢筋量的统计，所有楼层的结构汇总，单位面积材料的用量计算，读取 PMCAD、SATWE、TAT 及 PMSAP 计算结果，读取平法施工图结果等。

- "钢结构施工图"模块：该模块主要用于钢结构的连接设计施工图设计。使用该模块的前提条件是要先完成 SATWE 分析计算。

- "楼梯设计"（LTCAD）模块：该模块以人机交互方式建立各层楼梯的模型，继而完成钢筋混凝土楼梯的结构计算、配筋计算及施工图的绘制。LTCAD 模块不是独立的模块，它与 PMCAD 结构模块接力使用。

- "工具集"模块：该模块是综合的结构构件设计与钢筋计算的工具集合。可用于混凝土构件、钢结构构件、吊车梁构件、排架节点及复杂截面等的结构设计与钢筋计算。

- SAUSAGE 模块：该模块是建筑结构非线性计算模块，适用于超限结构分析，计算准确、高效，使用方便，后处理结果丰富。

- "PMSAP 分析设计"（PMSAP）模块：该模块是 PKPM 中独立于 SATWE 模块而单独开发的又一个多、高层建筑结构设计程序，它在程序总体结构的组织上采用了通用程序技术，这使其在分析上具备通用性，可以适用于任意的结构形式。它在分析上直接针对多、高层建筑中所出现的各种复杂情形，在设计上则着重考虑了多、高层钢筋混凝土结构和钢结构。PMSAP 的推出，顺应了多、高层建筑发展本身及高层规程的要求，为用户提供了一个进行复杂结构分析和设计的有力工具。

- "空间建模与 PMSAP 分析"（SPASCAD+PMSAP）模块：这是一个结合 SPASCAD 空间建模模块和 PMSAP 分析设计模块的集成模块。SPASCAD 空间建模模块与 PAMCAD 结构建模模块有所不同。PMCAD 结构建模模块负责建立整栋建筑的模型数据，是

PKPM 结构设计系列软件的入口和核心。SPASCAD 空间建模模块采用了真实空间结构模型输入的方法，适用于各种建筑结构，弥补了无法划分楼层的结构及 PMCAD 不能建模的问题。

- "PK 二维设计"模块：该模块主要应用于平面杆系二维结构计算和接力二维计算的框架、连续梁、排架的施工图设计。PK 二维设计模块本身提供一个平面杆系的结构计算软件。接力计算结果，可以完成钢筋混凝土框架、排架、连续梁的施工图辅助设计。

提示：

除了在PKPM主页界面中选择所需专业模块进入工程项目设计环境中，还可以进入工程项目设计环境后，再选择不同的专业模块切换到其他专业模块的设计环境。

7.1.2 PKPM 2021 V1.3 设计界面

在主页界面中选择一个分模块（如"SATWE 核心的集成设计"），并在专业模块列表中选择所需专业模块（如"结构建模"）后，单击"新建 / 打开"按钮，弹出"选择工作目录"对话框。通过该对话框设置工作目录（即用户创建项目后要保存工程文件的路径），接着单击"确认"按钮，完成工作目录的设置后在主页界面中会新建一个工作目录的引导文件，如图 7-4 所示。

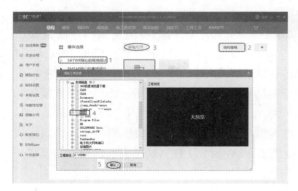 

图 7-4

提示：

用户可以将主页界面中多余或者不需要显示的工作目录文件按Delete键删除。

双击这个新建的工作目录引导文件（简称工作目录文件或目录文件），系统会自动创建一个工程文件并进入 PKPM 2021 V1.3 结构建模设计环境。进行结构设计相关操作前，系统会弹出"请输入工程名"对话框，提示输入工程项目名称后单击"确定"按钮，即可进行结构设计工作。PKPM 结构建模设计环境界面的组成如图 7-5 所示。

提示：

如果是新建工程项目，须输入新工程名，如果之前已经完成了工程项目设计，可以在"请输入工程名"对话框中单击"查找"按钮，将之前的工程项目文件打开，即可继续进行结构设计的相关工作。

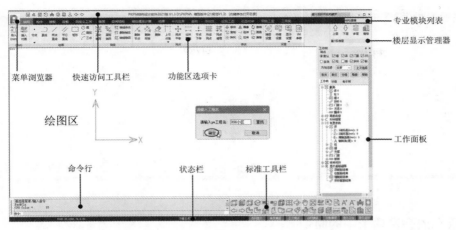

图 7-5

7.2　PKPM 结构设计软件的基本操作

若要学好、用好 PKPM 软件，除了熟悉软件界面环境，还要熟练掌握 PKPM 软件的基本操作，下面介绍一些常用的软件基本操作方法。

7.2.1　软件环境界面的基本操作

PKPM 的软件环境界面布局为 Ribbon 界面形式，也就是我们常说的功能区与选项卡的布局形式，下面讲述这个界面的基本操作方法。

1.　收起与展开功能区选项卡

有时为了最大化显示图形区中的结构模型，需要将功能区收拢。其操作方法是：在功能区已经打开的某一个选项卡中（如"轴网"选项卡），双击选项卡标签（如"轴网"）即可收拢功能区，如图 7-6 所示。

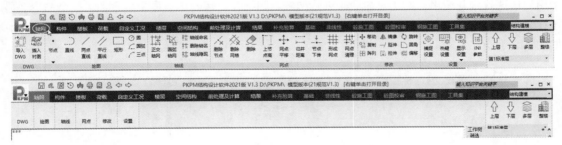

图 7-6

如果觉得收拢得不够彻底，还可以继续双击选项卡标签进一步收拢功能区，最多可以收拢四次，第三次收拢的效果如图 7-7 所示。第四次收拢的效果如图 7-8 所示。最后再双击选项卡标签，即可恢复原始大小。

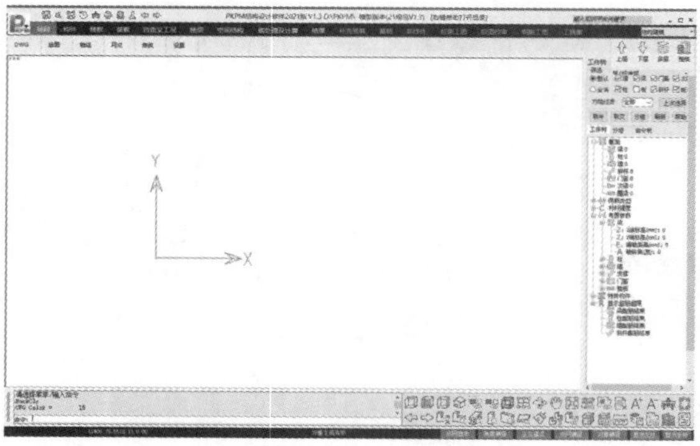

图 7-7

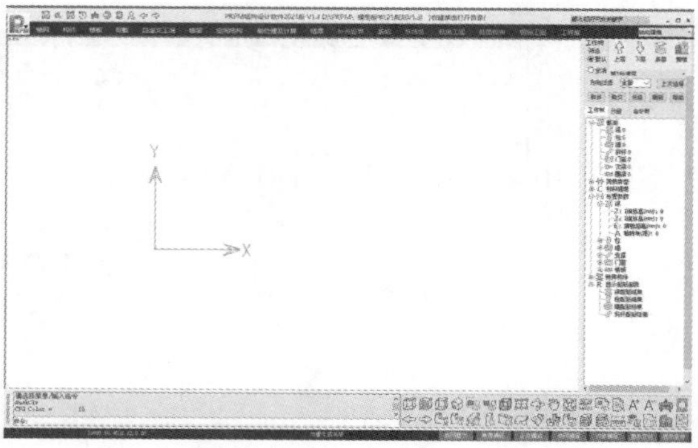

图 7-8

2. 滚动展开选项卡中的命令

当 PKPM 软件窗口中无法完全展示选项卡中的所有命令时，可以在选项卡的命令面板中滚动鼠标滚轮，即可滚动显示选项卡中隐藏的命令。例如“轴网”选项卡中的“修改”面板和“设置”面板因软件窗口太小而无法完全展示所有命令时，可以滚动鼠标滚轮来展示这两个命令面板，如图 7-9 所示。

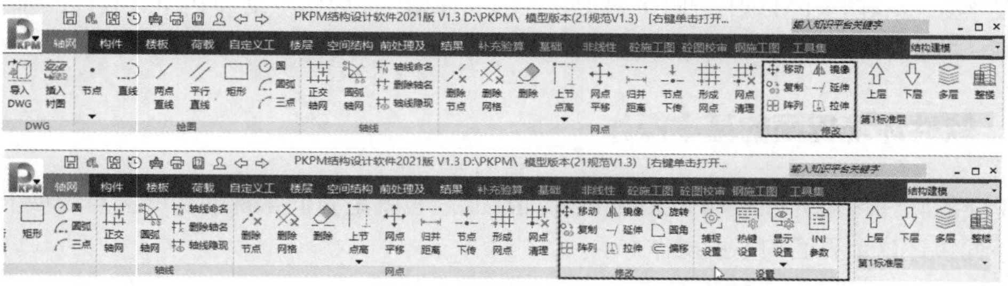

图 7-9

3. 命令面板中的下三角按钮

在功能区选项卡的某些命令面板中，有些同类型构件对象的创建命令是归纳在一起的，这便于用户快速找到并使用这些工具命令来创建构件。归纳在一起的这些命令集合，第一个命令会显示在命令面板中，其余命令会被收拢起来，当将光标置于下三角按钮▼上时，将展开收拢的命令，如图 7-10 所示。

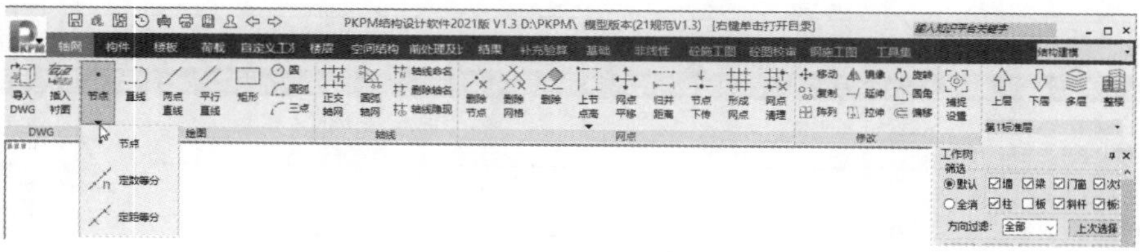

图 7-10

提示：

在本书的后续章节中，我们在描述执行类似这种被收拢的命令时，将会简化描述为类似“在功能区‘轴网’选项卡的‘绘图’面板中单击‘节点’|‘定数等分’按钮”这样的说法。

4. 对话框的最小化和最大化

在建模时，当执行了某个命令后会弹出该命令的创建对话框，该对话框会默认停靠在图形区的左上角。如果觉得这个对话框在这个位置上会影响工作，可以单击对话框右上角的图钉按钮 将其最小化显示，如图 7-11 所示。再次单击这个图钉按钮，将最大化显示对话框。

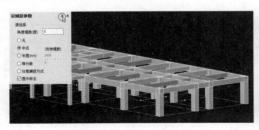
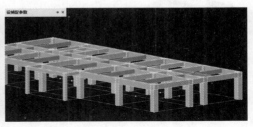

图 7-11

5. 工作面板的显示与隐藏

在图形区右侧是工作面板（也叫"工作树"），当用户不小心关闭了工作面板时，可以在下方的标准工具栏中单击"打开工作树"按钮 ，显示该工作面板，再次单击该按钮会关闭工作面板。

7.2.2　视图的显示与操控

视图的显示样式与视图的操控是软件的基本操作之一。在 PKPM 中，视图的显示样式是通过标准工具栏（在绘图区的右下角区域）中的按钮来设置的。

1. 视图状态及显示控制

PKPM 提供了三个基本视图和一个轴测视图。这三个视图是基于 GB 国标的第一角投影法来确定的，可以通过单击标准工具栏中的"平面视图"按钮 、"正视图"按钮 和"右视图"按钮 来切换标准视图状态，单击"轴测视图"按钮 ，可切换到轴测视图状态，如图 7-12 所示。

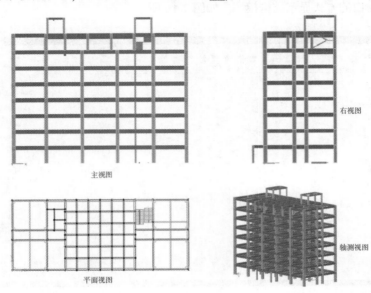

图 7-12

其他控制视图显示样式的按钮工具介绍如下。

- 区域显示 ![]: 用于显示结构模型的局部区域，如图7-13所示。操作方法是：先选取（可单选或框选）要单独显示的对象，然后单击"区域显示"按钮 ![]。

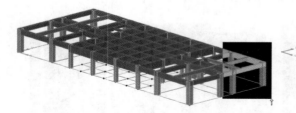

图 7-13

- 全部显示 ![]: 当区域显示了结构模型的某个区域后，可以单击"全部显示"按钮 ![]，恢复整个结构模型的显示。

- 三维线框图 ![]: 单击该按钮，以三维线框的显示样式来显示结构模型（默认情况下为着色显示结构模型），如图7-14所示。

- 单线显示 ![]: 单击该按钮，结构模型以单线来表示梁、柱构件，如图7-15所示。

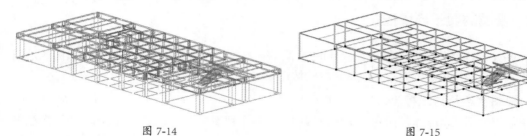

图 7-14   图 7-15

- 充满显示 ![]: 当调整了结构模型在视图中的位置和大小后，可以单击该按钮，以充满整个视图窗口的方式显示结构模型，如图7-16所示。

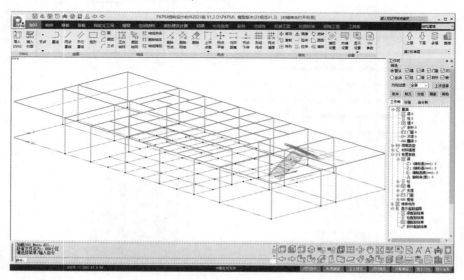

图 7-16

- 衬图显示与隐藏![icon]：衬图是把 DWG 图（自动转为 PKPM 的二维 T 图）或 T 图以灰色或彩色的方式衬在 PMCAD 的图下并可捕捉，以提供一些建模辅助手段、模型比对和定位等功能，类似 AutoCAD 中的参考图。不需要衬图时，单击"衬图显示与隐藏"按钮可以关闭此图，要显示此图时再次单击该按钮即可。
- 关闭衬图![icon]：单击该按钮，可以删除插入的衬图。
- 字体放大![icon]：单击该按钮，可以放大显示荷载值（文本），如图 7-17 所示。
- 字体缩小![icon]：单击该按钮，可以缩小显示荷载值（文本），如图 7-18 所示。

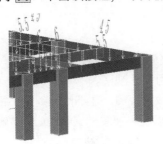 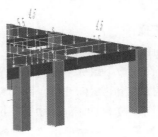

图 7-17　　　　　　　　　　　　　　　图 7-18

- 显示截面![icon]：此工具用于显示构件的截面尺寸或偏心标高。单击该按钮，将弹出"截面显示"对话框。选中要显示截面的构件类型，单击"确定"按钮，即可显示构件的截面尺寸或偏心标高，如图 7-19 所示。

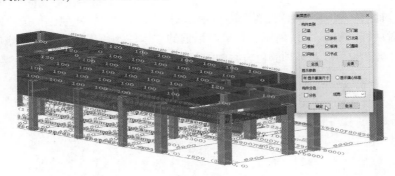

图 7-19

- 开 / 关梁尺寸![icon]：若要单独显示或隐藏显示梁截面尺寸，可以单击该按钮。
- 开 / 关柱尺寸![icon]：若要单独显示或隐藏显示柱截面尺寸，可以单击该按钮。
- 开 / 关墙尺寸![icon]：若要单独显示或隐藏显示墙截面尺寸，可以单击该按钮。
- 开 / 关板厚![icon]：若要显示或隐藏板厚度尺寸，可以单击该按钮。
- 构件开关![icon]：单击该按钮，弹出"请选择"对话框。通过该对话框可以显示或隐藏视图中的构件，如图 7-20 所示。在功能区"轴网"选项卡的"设置"面板中单击"显示"|"构件开关"按钮![icon]，也会弹出"请选中"对话框。

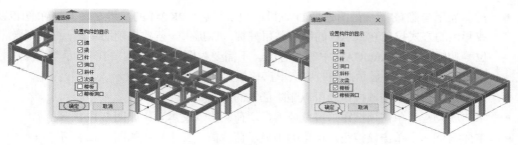

图 7-20

2. 视图的操控

常见的视图操控动作包括视图的平移、缩放和旋转。视图操控的方法如下。

- 平移视图：按下鼠标中键，在视图中拖动即可平移视图。
- 缩放视图：滚动鼠标滚轮。往上滚动滚轮将放大视图，往下滚动则缩小视图。
- 旋转视图：按下 Ctrl 键 + 中键，拖动鼠标可以旋转视图，旋转中心为光标的位置点。也可以在标准工具栏中单击"三维旋转"按钮 来旋转视图。
- 环绕视图：按下 Shift 键 + 中键，拖动鼠标可以环绕视图，旋转中心为工作坐标系的原点。

3. 显示设置

PKPM 项目设计环境的显示设置包括颜色设置和几何对象显示设置。

（1）颜色设置。

在功能区"轴网"选项卡的"设置"面板中单击"显示"|"构件颜色"按钮 ，弹出"构件颜色设置"对话框，如图 7-21 所示。在该对话框的"构件颜色方案"下拉列表中可以选择喜好的颜色方案，当然也可以对某种颜色方案中的单个构件颜色进行重新选择。

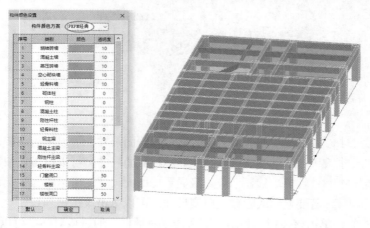

图 7-21

在功能区"轴网"选项卡的"设置"面板中单击"显示"|"背景颜色"按钮 ，弹出"背景颜色设置"对话框，通过该对话框可以设置图形区的背景颜色或背景图像，如图 7-22 所示。

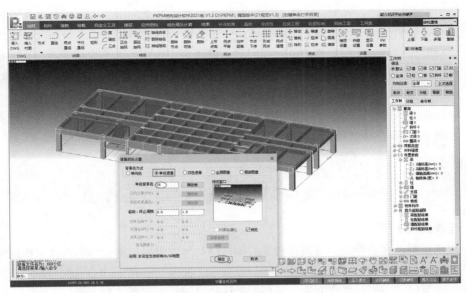

图 7-22

（2）几何对象显示设置。

在功能区"轴网"选项卡的"设置"面板中单击"捕捉"按钮，弹出"捕捉和显示设置"对话框。在该对话框的"显示设置"选项卡中，可以对项目设计环境中的几何对象的绘图精度、字体样式、颜色效果、多图显示、显示样式、透视方式、图形驱动方式等进行设置，如图 7-23 所示。

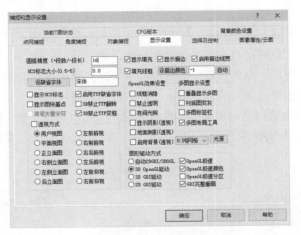

图 7-23

7.2.3 构件的选择

PKPM 中构件对象的选择方式包括常规选择和过滤选择两种。

1. 常规选择方式

常规选择方式主要是指单个对象的选择、连续多个对象的选择、框选选择和窗交选择等选择方式。

- 单个对象的选择：在图形区中要进行选择的对象上单击即可，选中的对象会高亮显示。
- 多个对象的选择：在图形区中连续选取对象，系统自动判断为多个对象的选择。
- 框选选择：框选选择是采用绘制矩形框的形式一次性选取多个对象，仅是矩形框内的对象被选取，与矩形框相交或矩形框外的对象不被选取。绘制矩形框的方法是从左往右绘制。
- 窗交选择：窗交选择也是采用绘制矩形框的形式一次性选取多个对象，与矩形框相交和矩形框内的对象被自动选取。绘制矩形框的方法是从右往左绘制。

技术要点：

选取构件对象后，可以按住Shift键反选对象（即取消选择该对象）。

2. 过滤选择方式

当工程项目中存在多种类型且数量较多的构件时，可以采用过滤选择的方式来快速选取构件对象。

在图形区窗口的右侧是工作面板，其顶部是选择过滤器，如图7-24所示。

图 7-24

- 默认：选中"默认"单选按钮，"梁""墙""柱""门窗""次梁""斜杆"等选择过滤器被选中，此时可以在图形区中选择梁、墙、柱、门窗、次梁、斜杆等构件。
- 全消：选中"全消"单选按钮，被选中的选择过滤器会自动取消。
- 上次选择：单击该按钮，可以返回上一次的过滤选择状态。

若要在图形区中精确选择某一类型的构件（如梁），可以选择"梁"选择过滤器，然后在图形区中采用框选对象的方式快速选择所有的梁构件，如图7-25所示。其他类型构件均可采用此方法进行快速选取。

图 7-25

在工作面板顶部有四个文字按钮："取并""取交""分组"和"刷新"。这四个文字按钮主要用于"工作树"选项卡（后面章节将此选项卡简称为"工作树"）中的节点对象，其含义如下。

技术要点：

工作树提供了一种全新的构件选择方式，可以做到以前版本软件不能做到的选择、编辑交互。工作树的树表提供了PKPM中已定义的各种截面、荷载、属性，反过来可作为选择过滤条件，同时也可以由树表内容看出当前模型的整体情况。

- "取并"按钮：该按钮用于工作树中节点构件的快速选取，是一种并联的选择集合。下面举例说明其用法，如在"截面"|"梁8"树节点下按下 Ctrl 键或 Shift 键选择"1（1矩形 350*700）"和"12（1 矩形 350*800）"构件对象，再单击"取并"按钮，在图形区中将高亮显示这两种矩形梁构件类型，如图 7-26 所示。对于工作树中的荷载类型、材料强度类型、布置参数类型、特殊构件类型及显示钢筋超限类型等，均可以进行对象的并联选择操作。

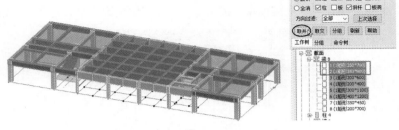

图 7-26

- "取交"按钮：单击该按钮，可以在工作树中交集选择对象。此工具用于不属于同一类型的对象，如在截面类型中先选取一个梁构件，按 Ctrl 键或 Shift 键再在荷载类型中选取一个梁荷载对象，此时再单击"取交"按钮，两种类型的交集部分（意思是所选的梁荷载对象中一定包含截面类型下的梁构件）被选中，且高亮显示，如图 7-27 所示。

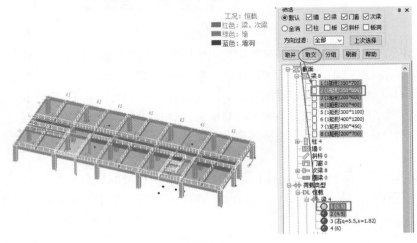

图 7-27

- "分组"按钮：在图形区中选取要创建选择组的构件对象，单击"分组"按钮后，将创建一个选择组（或称"选择集"）。
- "刷新"按钮：单击该按钮将刷新工作树，系统会自动清除选择。

7.2.4 命令的执行方式与定义快捷键

PKPM中命令的执行方式分两种，一种在功能区选项卡中单击命令按钮来执行，另一种就是大家熟知的类似AutoCAD软件的在命令行中输入命令来执行。

对于新手来说，常用的命令执行方式就是在功能区中单击命令按钮，因为按钮旁均配备文字说明，一目了然。在日常工作中，熟练的软件操作可以提高工作效率，这就需要使用快捷键命令（也称快捷键命令）。功能区"轴网"选项卡中的相关按钮命令与AutoCAD软件的二维绘图命令是完全相同的，其快捷键命令也是完全相同的。例如，在命令行中输入L，按Enter键确认命令后即可绘制直线，其绘制效果等同于在"轴网"选项卡的"绘图"面板中单击"两点直线"按钮／来绘制直线。

若用户没有使用AutoCAD软件的经历，要想知道结构建模的快捷命令，可以在"轴网"选项卡的"设置"面板中单击"快捷键设置"按钮，弹出"快捷键定义"对话框，如图7-28所示。

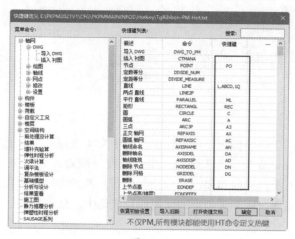

图 7-28

在该对话框左侧的"菜单命令"列表中列出了功能区中所有的选项卡及面板，右侧的"快捷键列表"中则显示某个选项卡或面板中的功能指令，默认情况下系统会提供一些快捷键命令。

如果常用的命令没有配备快捷键命令，可以在该命令的"快捷键"一列中单击文本框，输入自定义的快捷命令即可，新的快捷命令不能与系统提供的快捷键命令相同。

执行某个命令后有三种方式可以结束命令：按Esc键结束命令；右击结束命令；按空格键结束命令。

如果需要重复执行前一个命令，可以按Enter键、按空格键或右击（必须在空白区域右击）。如果在某一个构件或几何对象上右击，会弹出该对象的"构件信息"对话框，以便查询该对象的几何属性。

7.2.5 精确建模的辅助工具

在PKPM中绘图时，经常需要借助一些工具来完成复杂图形的绘制。例如点的捕捉、正交绘制线段、捕捉角度绘制图形等，下面介绍这些常用的辅助工具的使用方法。

1. 借助状态栏中的辅助工具

在 PKPM 结构建模设计环境界面底部的状态栏中，有几个用于辅助绘图的按钮开关，使用方法介绍如下。

- "点网显示"按钮开关：点网就是由一些点按照矩形阵列的方式所形成的点阵。默认情况下点网是不显示的，单击"点网显示"按钮（或按快捷键 Ctrl+F2），可以在图形区中显示点网，再次单击该按钮可以隐藏点网。还可以按 F9 快捷键打开"捕捉和显示设置"对话框，来修改点的阵列间距，如图 7-29 所示。点网仅在三个基本视图中显示。

图 7-29

- "点网捕捉"按钮开关：单击该按钮，可以开启点网捕捉功能，即绘制图形时光标会停留在点网中的点上，而不会停留在点与点之间。它的作用是帮助用户在绘制二维图形时快速找到图形位置点，以及判断图形中几何对象之间的相对位置。

- "角度捕捉"按钮开关：该按钮开关用于控制斜线的绘制，在确定斜线的终点时光标会在预定的角度上停留。例如，绘制一段与水平线呈 30°的斜线，光标会在 30°停留，再确定斜线长度，单击即可完成绘制，还可以按 F9 快捷键打开"捕捉和显示设置"对话框，来定义预设角度，如图 7-30 所示。

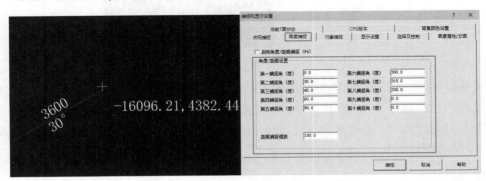

图 7-30

- "正交模式"按钮开关：单击该按钮开启正交模式，将限制光标的运动方向，例如绘制直线时，只能绘制水平线和竖直线，不能绘制自由角度的斜线。

- "对象捕捉"按钮开关：单击该按钮开启对象捕捉模式，可以帮助用户精确捕捉一些特殊点，如顶点、中点、圆心、基点、垂足、平行、切点、近点、延伸点等。例如，在一个矩形的顶点上绘制一个圆，执行"圆"命令后，捕捉矩形的一个顶点作为圆心，然后完成圆的绘制。按 F9 快捷键打开"捕捉和显示设置"对话框来设置对象捕捉，如图 7-31 所示。

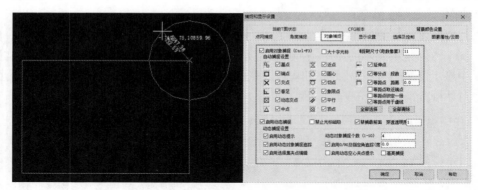

图 7-31

- "显示叉丝"按钮开关："叉丝"是指光标十字线。显示叉丝可以帮助用户进行水平或竖直方向的快速对齐或移动操作。
- "显示坐标"按钮开关：此按钮开关控制视图中坐标系的显示与隐藏。

2. 自定义捕捉

当用户在图形区中绘制直线、平行线、折线及圆弧时，执行绘图命令后，除了使用状态栏中的辅助工具来完成精确绘制，还可以在弹出的"设捕捉参数"对话框中设置点的捕捉方式，如图 7-32 所示。

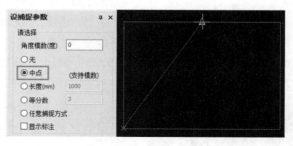

图 7-32

"设捕捉参数"对话框提供了自定义的捕捉选项，方便切换要用的捕捉点，同时不需要的点又不会造成干扰，该对话框中提供了中点、长度、等分数、角度模数及任意捕捉方式，端点捕捉始终默认开启。选中"显示标注"复选框，在绘制过程中可以显示尺寸标注，绘制完成后并不会显示尺寸标注。

7.3 PKPM 数据文件管理

PKPM 的数据文件在新建项目时就已经自动创建，只不过没有详细的结构设计与分析数据信息。接下来介绍 PKPM 结构设计项目文件的保存、导入、导出、输出及与其他 BIM 软件的模型数据的转换等。

7.3.1　PKPM 模型文件的建立与保存

在 PKPM 软件的主页界面中单击"新建 / 打开"按钮，在选择工作目录路径后自动创建模型数据文件并进入结构建模设计环境。

1. 数据文件的存取设置

考虑到模型数据的保存，需要提前在主页界面中进行数据文件的存取管理设置。在主页界面左侧单击"模型打包"按钮，弹出"PKPM 设计数据存取管理"对话框。在该对话框中可以设置当前工程项目的工作目录和数据文件的保存位置，或者选择前面已经创建好的工程项目，然后在数据存取列表中，选中要保存的数据类型选项，系统会保存选中的数据类型。如果不选中数据存取类型选项，系统会自动全部保存这些数据类型，如图 7-33 所示。

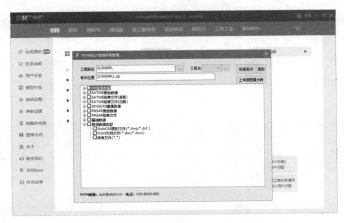

图 7-33

2. 模型文件的保存

进入结构建模设计环境后，完成建筑结构设计及分析计算，可以保存模型数据文件。PKPM提供了 5 种保存方式。

- 保存 ：在快速访问工具栏中单击"保存"按钮 ，将按照"PKPM 设计数据存取管理"对话框中的存取设置进行数据保存。
- 工程备份 ：单击该按钮，将当期的工程项目和计算参数等信息进行备份。
- 存为旧版 ：单击该按钮，可以将高版本的模型数据文件保存为低版本可以打开的文件。
- 恢复模型 ：当模型有问题时，可以通过此功能恢复 PKPM 自动备份的模型数据文件，各个模型的保存时间和大小均有记录，如图 7-34 所示。当用户的计算机遇到突发情况造成死机或软件关闭时，可以利用此工具恢复系统自动备份的模型数据文件。

技术要点：

当软件出现异常或模型有问题时，首先应复制整个工程目录至一个新位置做整体备份，然后执行"恢复模型"命令，依次挑选备份文件进行模型恢复。如果都不能达到需要的效果，单击程序右上角的"关闭"按钮，直接退出软件，这样做可以保留各种备份文件，而不要进行"保存退出"的整理节点网格、生成楼板、荷载导算等操作。

图 7-34

- 存为 T 图和 DWG 文件 ：单击该按钮，将当前模型数据文件另存为 DWG 格式的图纸文件。DWG 图纸文件可以用 AutoCAD 软件或 PKPM 的 TCAD 软件打开。

7.3.2 模型数据文件的导入与导出

模型数据文件的导入与导出，其实就是将 PKPM 的数据文件与其他 BIM 软件进行交换。下面以与 Revit 进行数据交换为例，详解操作步骤。

PKPM 2021 V1.3 软件可以与 Revit 2016~2020 版本软件进行数据交换，这里以 Revit 2020 为例，讲述具体的操作步骤。

01 安装数据接口软件。在 PKPM 2021 V1.3 软件的安装路径 "X：\PKPM2021V1\Ribbon\P-TRANS\Revit 插件安装包" 中，双击 PKPM-Revit Setup 2020.msi 程序包进行接口软件的安装，如图 7-35 所示。

提示：

笔者是将 PKPM 2021 V1.3 软件安装在 E 盘，可能会与大家的安装路径不一致。另外，安装此接口软件，需要先安装 Revit 2020 软件。

图 7-35

02 接口软件安装完成后，在 PKPM 的主页界面中保留默认的工程项目和专业模块选择，单击 "新建 / 打开" 按钮，将本例源文件夹作为工作目录，单击 "确认" 按钮自动打开模型数据文件，如图 7-36 所示。

图 7-36

03 在 PKPM 的结构建模设计环境中，执行菜单中的"导出"|"Revit 文件（.txt）"命令，将当前的模型数据文件转换成名为"政府办公楼_MDB.txt"的记事本文件，且保存在工作目录中，如图 7-37 所示。

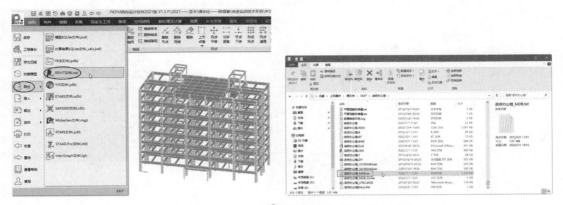

图 7-37

04 启动 Revit 2020 软件，此时会提示插件载入情况，单击"总是载入"按钮即可。在 Revit 2020 主页界面中单击"新建"按钮，然后选择"结构样板"样板文件，单击"确定"按钮，如图 7-38 所示。

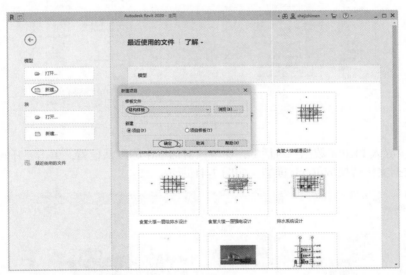

图 7-38

05 进入 Revit 2020 结构设计环境后，在软件的功能区中会显示新增的"数据转换"选项卡，说明接口软件安装成功了，如图 7-39 所示。

06 在"数据转换"选项卡中单击"导入 PKPM"按钮 ，弹出"请指定要导入的 PKPM 数据文件"对话框。通过该对话框从 PKPM 的工作目录中打开"政府办公楼_MDB.txt"数据文件，如图 7-40 所示。

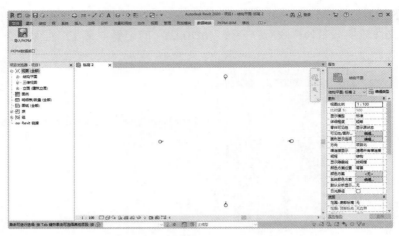

图 7-39

图 7-40

07 随后弹出"导入 PKPM 数据"对话框，保留该对话框中的默认设置，单击"开始导入"按钮，系统自动将数据文件转换成 Revit 模型，如图 7-41 所示。

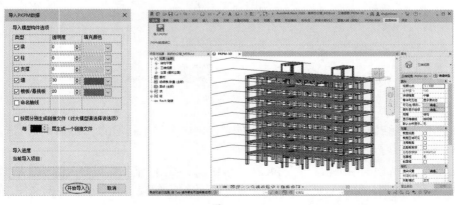

图 7-41

08 Revit 系统会自动将模型保存在 PKPM 的工作目录中，并建立一个名为 Revit 的文件夹来存放 Revit 模型文件，如图 7-42 所示。

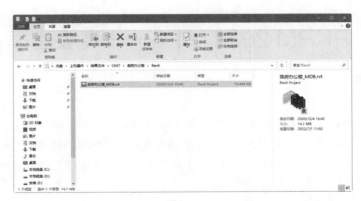

图 7-42

09 除了在项目设计环境中导出模型数据文件，还可以在 PKPM 的主页界面中直接转换 PKPM 的模型数据文件 JWS。在主页界面的"数据转换接口"工程项目中双击  Revit 项目，弹出"请选择要转换的 JWS 文件"对话框，打开要转换的 JWS 模型文件后，随即自动转换数据文件，如图 7-43 所示。

图 7-43

第 *8* 章 PKPM 2021 V1.3——高级建模

建筑结构设计包括建筑上部结构设计和建筑下部结构设计（即基础设计）。在 PKPM 中，建筑上部结构的设计可以使用 PMCAD 结构建模模块或者使用 SPASCAD 空间建模模块来完成。建筑下部结构（基础部分）的设计将使用 JCCAD 模块来完成。本章仅介绍建筑结构建模的技巧与操作流程，不涉及建筑有限元结构分析的相关知识。

8.1 建筑上部结构设计（PMCAD）

建筑上部结构也称"地上层结构"，在建筑上部结构设计中，可以使用 PMCAD 结构建模模块和 SPASCAD 空间建模模块来完成。

8.1.1 PMCAD 结构建模概述

PMCAD 结构建模模块主要是应用在规则的建筑结构设计，例如建筑高层中从一层到顶层的外形与结构变化较小或相同（标准层）的情况，其布局体现在房间规划上，这样就可以采用平面网格方式作为数据表述，极大简化了模型算法。

1. PMCAD 建模特点

PMCAD 结构建模的主要特性可以概括地归纳为以下四个方面。

- 分层建模，统一组装。在有些建筑中，层的概念十分清晰，结构设计一般以层作为基本单元，PMCAD 的建模也是以层为单位进行的。PMCAD 结构建模时的层称为"标准层"，当结构中多个楼层的平面布置和荷载完全一致时，这几个楼层只需定义为一个标准层。当所有标准层的信息均输入完毕后，则需要通过楼层组装，将已有的标准层连接到一起，完成整体的建模。组装成整体模型的楼层称为"自然层"，每个自然层都有对应的标准层。
- 轴线网格节点定位构件。绘制结构平面图时，需要先绘制各构件的定位轴线，同样，PMCAD 建模时也需要先建立轴网，再在轴网上进行平面布置。PMCAD 模型中构件的布置信息主要依附于轴网，后续大量的模型关系分析、构件空间对位、归并等工作实际上都是以其所在的节点和网格信息作为重要依据的。
- 在平面上建立三维模型。PMCAD 中在各层布置结构构件的操作主要是在平面图上进行的，这使布置操作更直观快捷。例如，布置一根柱只需指定一个节点，布置一片墙只需指定一段网格。另外，正投影平面图也更符合设计人员的习惯。但对于 PKPM 后续软件所进行的结构整体分析和设计而言，则要求模型是与实际建筑一致的三维模型。PMCAD 通过为每个楼层指定层高，将平面拉伸为三维模型。
- 荷载输入统一管理。结构荷载信息统一在 PMCAD 中输入，包括恒载、活载、风荷载、吊车荷载、人防荷载。荷载自动导算和拆分合并，楼面荷载分配至梁、墙上及荷载竖向传导至基础的过程由程序自动完成。PMCAD 的建模方式对于大多数建筑结构都是适应的，而对于倾斜构件和错层、越层等结构，则提供了一套完备的标高参数进行建模，从而较完整地实现了在平面上建立三维模型的效果。

2. PMCAD 建模流程

在 PKPM 主页界面中选择"SATWE 核心的集成设计"分模块和"结构建模"专业模块后，单击"新建/打开"按钮，在弹出的"选择工作目录"对话框中设置工作目录，返回主页界面中双击新建的工作目录文件，系统自动建立新工程文件。

提示:

如果将工作目录设置为现有工程文件的路径，可以直接打开PKPM工程文件并自动进入结构建模（PMCAD）设计环境。

无论是打开现有的工程文件或新建工程文件，进入结构建模设计环境进行结构设计之前，必须在弹出的"请输入工程名"对话框中输入工程名，输入工程名后再单击"确定"按钮即可进行后续设计工作，如图 8-1 所示。若单击"取消"按钮，将返回 PKPM 主页界面。单击"查找"按钮可以将现有 PKPM 数据文件导入进来，作为当前工程项目的一部分。

图 8-1

PMCAD 的最大特点是采用了逐层建模（最后进行组装）的方式来构建整体建筑结构模型。这与其他建筑结构软件，如 Revit 有所区别，Revit 是采用了整体式建筑设计方法，也就是首先确定轴网和标高，在各层标高中建立模型。而 PMCAD 是利用了"楼层管理"特性轻松完成各层模型设计。PMCAD 的常见建模流程如下。

（1）平面布置首先输入轴线。软件要求平面上布置的构件一定要放在轴线或网格线上，因此凡是有构件布置的地方一定先用"轴网"选项卡中的工具布置它的轴线。轴线可以用直线、圆弧等画出，对正交网格也可以用对话框方式生成。软件会自动在轴线相交处计算生成节点（白色），两节点之间的一段轴线称为"网格线"。

（2）构件布置需要依据网格线。两节点之间的一段网格线上布置的梁、墙等构件就是一个构件，柱必须布置在节点上。例如，一根轴线被其上的 4 个节点划分为三段，三段上都布满了墙，则软件就生成了三个墙构件。

（3）用"构件布置"菜单命令定义构件的截面尺寸、输入各层平面的各种建筑构件，并输入荷载。构件可以设置对于网格和节点的偏心。

（4）"荷载布置"菜单中程序可以布置的构件有柱、梁、墙（应为结构承重墙）、墙上洞口、支撑、次梁、层间梁。输入的荷载有作用于楼面的均布恒载和活载，梁间、墙间、柱间和节点的恒载和活载。

（5）完成一个标准层的布置后，可以执行"增加标准层"命令，把已有的楼层全部或局部复制下来，再在其上接着布置新的标准层，这样可以保证在各层组装在一起时，上下楼层的坐标系自动对位，从而实现上下楼层的自动对接。

（6）依次输入各标准层的平面布置，最后使用"楼层组装"命令组装成全楼模型。

8.1.2 轴网设计

轴线在建筑设计中常用作绘图和尺寸标注的参照，PMCAD 的轴线则用作构件放置参照。轴线分水平轴线（数字轴线）与竖直轴线（字母轴线），水平轴线与竖直轴线相交形成轴网。在 PMCAD 中，水平轴线与竖直轴线形成相交的交点称为"节点"或"网点"。

> **提示：**
>
> "水平轴线"是所有以数字进行编号的轴线的总称，是在水平方向进行布置的轴线，不能理解为"水平线"。经常以绘制竖直线来表示数字轴线，所以水平轴线也称"开间轴线"，从下往上绘制直线简称"上开"，从上往下绘制直线简称"下开"。同理，竖直轴线（以大写字母进行编号的轴线）是在竖直方向进行布置的轴线，也称"进深轴线"。经常以绘制水平直线来表示字母轴线，从左往右绘制直线简称"右进"，从右往左绘制直线简称"左进"。大多数的轴网都是采用"上开"和"右进"的方式进行绘制的。

PMCAD 中提供了两种定义轴网的方式，手工绘制轴网和自动生成轴网。利用功能区"轴网"选项卡中的工具可以创建轴网，如图 8-2 所示。

图 8-2

"轴网"选项卡的"绘图"面板中的绘图工具，主要用来手工绘制轴网；"轴线"面板中的工具用来自动生成轴网；"网点"面板中的工具用来创建轴网中的节点；"修改"面板中的工具是辅助绘图工具，用于辅助手工绘制轴网；DWG 面板中的工具用于导入 CAD 图纸或衬图来快速建立轴网和结构模型，俗称"快摸"，也就是通过软件程序来识别 CAD 图纸中的轴网和各建筑构件平面图形，以此自动识别并转化成 PMCAD 构件模型，这种建模方式主要用于已有建筑规划方案图纸，并进行 BIM 建模或者对原有建筑进行更改设计。

下面介绍定义轴网的两种方式。

手工绘制轴网这种方式主要针对异形建筑平面图的轴网，如图 8-3 所示。例如，轴网中有圆弧轴线和倾斜轴线这种情况就适合手工绘制。在 PMCAD 中绘制轴网，仅画出墙体中的轴线即可。

01 新建 PKPM 工程文件，输入工程名为"手工绘制轴网"。

02 在"轴网"选项卡的"绘图"面板中单击"矩形"按钮□，然后在图形区中的任意位置绘制一个长为 42300mm、宽为 17400mm 的矩形，如图 8-4 所示。这个矩形确定了整个轴网的"上开""下开""左进"和"右进"的最大范围。

> **提示：**
>
> PMCAD提供了两种坐标输入方式，如果是在任意位置绘制图形，可以采用相对坐标输入方式（x,y,z或x,y），若是基于坐标系原点来绘制图形，可以采用绝对坐标输入方式（!x,y,z或!x,y）。

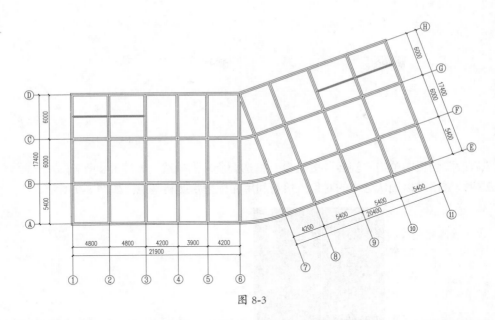

图 8-3

03 在"修改"面板中单击"偏移"按钮 ⊑，在命令行中输入偏移值 6000 后按 Enter 键确认，然后选取矩形的上边作为要偏移的轴线，在要偏移轴线的下方单击以确定偏移方向，即可完成偏移操作，如图 8-5 所示。

提示：

PKPM 2021 V1.3软件在文本框中要输入的参数值一般不带单位，默认单位多数为mm。若单位是cm或m，在对话框或者文本框中都会有提示，若没有提示则会单独注写cm或m单位。对于不是在文本框中输入的参数值，将会在参数值的后面注明单位。

　　　图 8-4　　　　　　　　　　　　　　　　　图 8-5

04 同理，在偏移命令没有结束的情况下，继续选取中间的轴线往下偏移 6000mm 复制，右击结束当前命令。竖直轴线偏移复制完成的结果，如图 8-6 所示。

05 再次执行"偏移"命令，将矩形中左边的轴线往右依次偏移复制，依次偏移的值分别为 4800mm、4800mm、4200mm、3900mm、4200mm、4200mm、5400mm、5400mm 和 5400mm，水平轴线偏移复制完成的结果如图 8-7 所示。

提示：

在复制相邻且具有相同偏移距离的轴线时，可以一次性偏移，不同偏移距离的轴线需要重新执行"偏移"命令来复制。重新执行上一次的命令，可以直接按Enter键或按空格键。

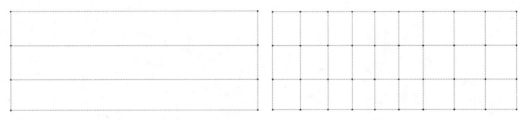

图 8-6　　　　　　　　　　　　　　　　　　　图 8-7

06 在"修改"面板中单击"旋转"按钮 ⟳，框选要旋转的轴线，如图 8-8 所示。

07 右击或按空格键以确认选中的对象，接着利用光标指定旋转基点，如图 8-9 所示。

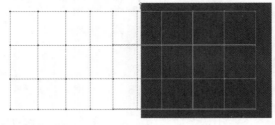

图 8-8　　　　　　　　　　　　　　　　　　　图 8-9

08 在命令行中输入旋转角度 20，再按 Enter 键确认即可完成旋转，如图 8-10 所示。

09 在"绘图"面板中单击"两点直线"按钮 ✎，在弹出的"设捕捉参数"对话框中选择"任意捕捉方式"单选按钮，然后补充绘制部分轴线，如图 8-11 所示。

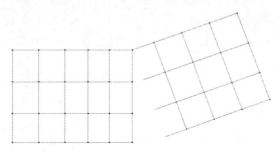
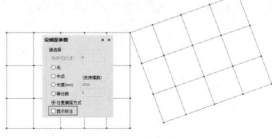

图 8-10　　　　　　　　　　　　　　　　　　图 8-11

10 在"绘图"面板中单击"圆弧"按钮 ◠，选取上一步旋转轴线时的旋转基点作为三个圆弧的圆心，以逆时针方向绘制三个圆弧，最终结果如图 8-12 所示。至此，完成了本例建筑平面图中的轴网绘制。

提示：

如果绘制的圆弧看起来像直线，说明圆弧的显示精度很低，理论上圆弧是由无限多个接近于圆的直线构成的，因此圆弧的精度是由直线的段数来控制的，段数越多圆弧精度就越高。在"轴网"选项卡的"设置"面板中单击"捕捉"按钮 🖱，弹出"捕捉和显示设置"对话框。在该对话框的"显示设置"选项卡中，可设置圆弧的显示精度，如图8-13所示。

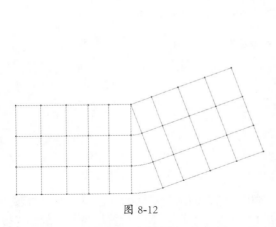

图 8-12

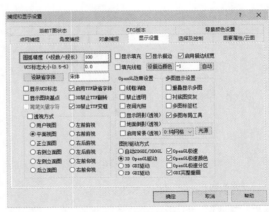

图 8-13

上机操作——自动生成轴网

以如图 8-3 所示的轴网来说，也可以利用"轴网"选项卡中"轴线"面板的"正交轴网"工具和"圆弧轴网"工具来完成绘制，具体的操作步骤如下所述。

01 新建 PKPM 工程文件。

02 在"轴网"选项卡的"轴线"面板中单击"正交轴网"按钮，弹出"直线轴网输入对话框"对话框。

03 在该对话框的"右进深"文本框（准备绘制字母轴线）中单击以激活该选项，然后在"常用值"列表中双击选择 5400、6000 和 6000 的值，将其加入到"开间 / 进深"列表中，如图 8-14 所示。

04 在"上开间"文本框中单击以激活该选项（准备绘制数字轴线），并在"常用值"列表中依次双击选择 4800、4800、4200、3900、4200、4200、5400、5400 和 5400 值，将这些常用值添加到"开间 / 进深"列表中，如图 8-15 所示。

图 8-14

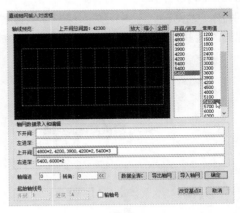

图 8-15

05 单击"确定"按钮，关闭对话框。随后将定义的轴网放置在图形区的任意位置，结果如图 8-16 所示。

06 执行"旋转"命令，将部分轴线逆时针旋转 20°，如图 8-17 所示。

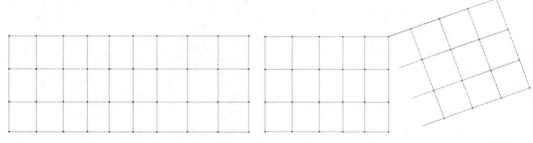

图 8-16　　　　　　　　　　　　　　　　　图 8-17

07 补充绘制轴线，如图 8-18 所示。

08 在"轴线"面板中单击"圆弧轴网"按钮 ，弹出"圆弧轴网"对话框。首先选中"圆弧开间角"单选按钮，在"跨数＊跨度"列表中选择角度值 20.0，单击"添加"按钮后将其添加到"跨度表"列表中，如图 8-19 所示。

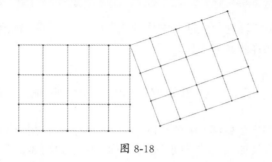
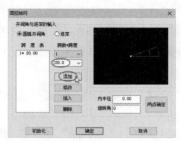

图 8-18　　　　　　　　　　　　　　　　　图 8-19

09 选中"进深"单选按钮，然后在跨度列表中依次选择 6000 和 5400 的跨度值，单击"添加"按钮将其添加到"跨度表"列表中。最后在"旋转角"文本框中输入旋转角度为-90，单击"确定"按钮完成圆弧轴网的参数设置，如图 8-20 所示。

10 弹出"轴网输入"对话框，保留默认设置，单击"确定"按钮后将圆弧轴网放置在如图 8-21 所示的旋转基点位置。至此，完成了自动生成轴网的操作。

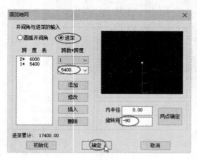
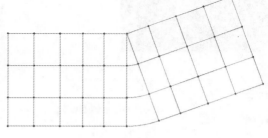

图 8-20　　　　　　　　　　　　　　　　　图 8-21

8.1.3　构件布置

在 PMCAD 中的梁、柱、墙、楼板及楼梯等构件并非是实心的模型，是由点、线及面构成的构件表面模型，是空心的。虽然实心模型在有限元结构分析中精度最高，其分析结果更加符合实际工程中的各项条件，但耗费的时间和对计算机的硬件要求也是最高的，特别是对于大型或超大型建筑项目，普通计算机若再采用实心模型进行结构分析就显得非常困难了。

　　PMCAD 结构建模模块所建立的模型不是为了建立三维模型而建立的，其建模的目的就是为 SATWE、PMSAP 等结构分析做模型准备，这与其他 BIM 软件（如 Revit）不同。Revit 仅是为了构建优良的三维模型，并非为了结构分析。

　　在 PMCAD 结构建模模块中进行结构建模，有两种方式供用户选择。一是通过导入现有 CAD 图纸进行轴网与结构构件的自动识别；二是利用"构件"选项卡中的构件工具进行手动创建。下面用两个操作案例来分别介绍两种结构建模方法。

　　导入 CAD 图纸自动识别构件的具体操作步骤如下所述。

01 启动 PKPM 结构设计软件。新建名为"构件布置"的工程文件并进入 PMCAD 结构建模环境。

02 在"轴网"选项卡的 DWG 面板中单击"导入 DWG"按钮，转入"DWG 转结构模型"操作模式，如图 8-22 所示。

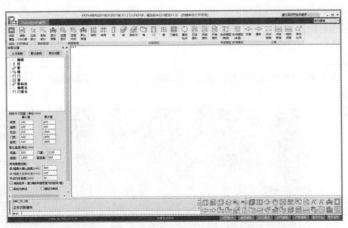

图 8-22

提示：

DWG文件如果是AutoCAD软件导出的，可以在AutoCAD软件中将文件导出为AutoCAD 2013及更低版本的格式文件，否则不能导入PKPM。

03 在"DWG 转结构模型"选项卡的"基本"面板中单击"装载 DWG 图"按钮，载入本例源文件夹中的"地梁配筋图 .dwg"图纸文件，如图 8-23 所示。

提示：

在图形区左侧的"转图设置"面板中显示了可以识别图纸的项目，包括轴线识别、柱识别、梁识别、墙识别、门识别、窗识别和梁标注识别等，按照这个识别顺序逐一识别出图纸中所包含的图纸信息。由于本例图纸表达的是建筑框架结构的梁配筋图，没有结构墙及门窗等构件，故不做墙和门窗的识别。

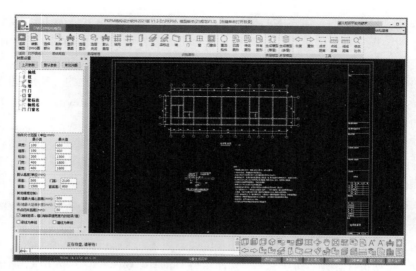

图 8-23

04 在"DWG 转结构模型"选项卡的"识别图形"面板中单击"轴网"按钮▦，依照命令行中的信息提示，在图纸中选取轴线图形元素，右击完成选择，随后系统自动生成 PKPM 的轴网。要想单独显示识别的图形，可以单击"DWG 转结构模型"选项卡的"识别图形"面板中的"已选图形"按钮▦，如图 8-24 所示。

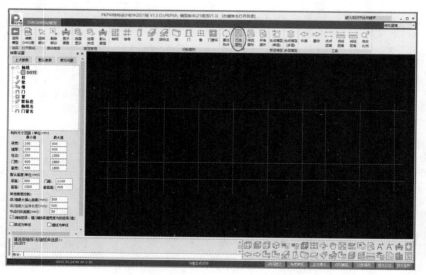

图 8-24

05 同理，单击"轴号"按钮▦，选取轴号文字后将轴线编号识别出来。

提示：

要想正确识别出同类型的图形元素，需要用户在能打开DWG图纸的平面绘图软件（如AutoCAD）中对相同类型的图形元素进行图层的创建和归类操作，例如轴网应包括轴线、轴线编号、圆圈等，将这几种图元放在一个图层中即可。其他的如柱、梁、墙、门、窗及梁标注等图元也要各自归纳到对应的图层中，不要错乱放置图元，否则会造成识别不完整、结构模型错误等问题。

06 单击"待选图形"按钮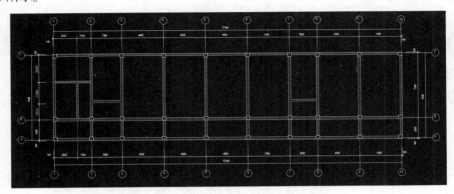，继续选择图元并识别图形。接下来依次识别出柱、梁等结构图元，如图 8-25 所示。

图 8-25

提示：

识别图形后，需要利用识别的图形来创建PMCAD结构模型，如果识别的图形中，存在柱、梁等的尺寸超出了在"转图设置"面板的"构件尺寸范围"选项组中所预设的尺寸范围，可以重新定义构件尺寸范围。

07 在"DWG 转结构模型"选项卡的"识别图形"面板中单击"生成模型（单层）"按钮，系统会自动选取全部的识别图形，再选取轴号①和轴号Ⓐ的交点作为基点，输入一个插入点坐标（也可以不输入，直接按 Enter 键确认即可），随后自动生成结构模型并回到 PMCAD 结构建模环境中。至此完成了构件的布置，结果如图 8-26 所示。

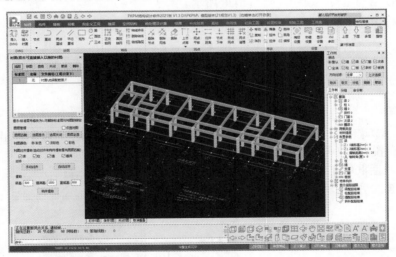

图 8-26

提示：

基点实际上是自动识别构件的移动起始点，插入点则是移动终止点。当无须输入插入点坐标（移动终止坐标）来放置自动识别的构件时，则需要用户指定一个插入点（移动终止点）来手动放置构件，手动放置构件是用户使用最多的一种构件放置方式。

提示：

如果是多层、高层且有标准层的建筑结构，可以单击"生成模型（多层）"按钮来创建。

上机操作——手动放置构件

手动放置构件的具体操作步骤如下所述。

01 参照上一案例中的第01~04步，自动识别"地梁配筋图"图中的轴网，如图8-27所示。

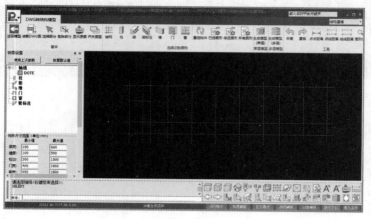

图 8-27

02 单击"生成模型（单层）"按钮，选取移动对齐的基点和插入点后，自动生成轴网模型，并返回PMCAD结构建模环境中，如图8-28所示。

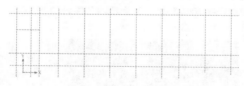

图 8-28

03 在"构件"选项卡的"构件"面板中单击"柱"按钮，在图形区的左侧弹出"柱布置"控制面板和"柱布置参数"对话框。在"柱布置"控制面板中单击"增加"按钮，弹出"截面参数"对话框，在该对话框中定义矩形结构柱的截面尺寸，完成后单击"确认"按钮完成柱截面尺寸的定义，如图8-29所示。

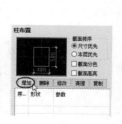
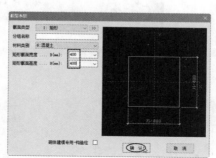

图 8-29

04 在"柱布置参数"对话框中选中"轴"单选按钮,然后在图形区中要放置柱构件的两轴线交点位置单击,以放置构件(在轴编号 A、B、C 上选取任意交点单击放置即可),如图 8-30 所示。

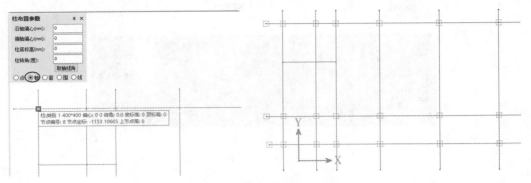

图 8-30

05 选取多余的柱构件按 Delete 键删除,放置完成的结构柱构件如图 8-31 所示。

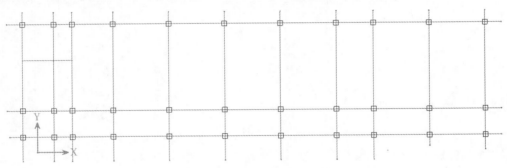

图 8-31

06 在"构件"选项卡的"构件"面板中单击"梁"按钮 ,在图形区的左侧弹出"梁布置"控制面板和"梁布置参数"对话框。在"梁布置"控制面板中单击"增加"按钮,弹出"截面参数"对话框。定义矩形梁的截面尺寸,完成后单击"确认"按钮,如图 8-32 所示。

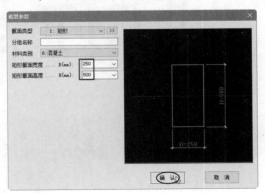

图 8-32

07 在"柱布置参数"对话框中选中"窗"单选按钮,然后在图形区中框选要放置梁的区域(此区域包括所有结构柱),随后自动放置梁构件,如图 8-33 所示。

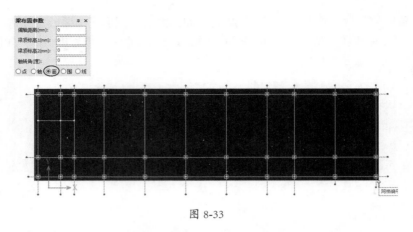

图 8-33

08 选取多余的柱构件按 Delete 键删除，放置完成的结构柱构件如图 8-34 所示。

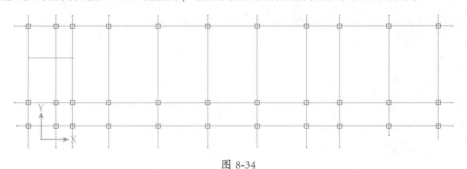

图 8-34

最终放置完成的柱构件和梁构件如图 8-35 所示。

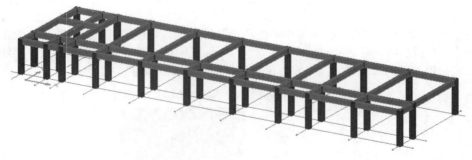

图 8-35

> **提示：**
>
> 当各种构件创建并放置在对应位置后，可以通过工作树（工作面板）对构件进行修改并应用。

8.1.4 楼板设计

创建结构柱和结构梁后，可以在结构梁上生成楼板。PMCAD 中的楼板包括层楼板、错层楼板、层间板、悬挑板及板洞等。

1. 层楼板

层楼板是自动生成的，系统会根据用户创建的结构柱和结构梁来自动生成，会完全覆盖柱和梁。在"楼板"选项卡中单击"生成楼板"按钮，自动生成楼板，各房间中会显示楼板的默认厚度（100mm），如图8-36所示。

在"楼层"选项卡中单击"修改板厚"按钮，可以修改楼层厚度，如图8-37所示。默认楼层厚度为100mm，设置新的楼板厚度后，可以采用"光标选择""窗口选择"或"围区选择"方式来选取要修改板厚的楼板。

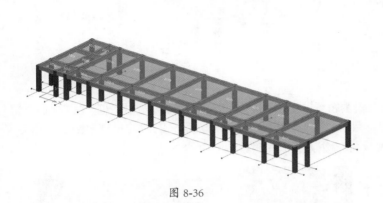

图 8-36

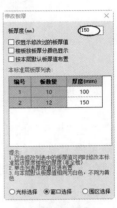

图 8-37

2. 错层楼板

当建筑中需要设计错层时，可以单击"楼板错层"按钮创建错层楼板，如图8-38所示。错层楼板实际上是层楼板修改高度后的结果。创建错层的具体操作步骤如下所述。

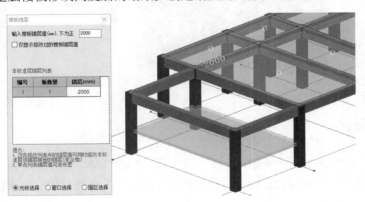

图 8-38

01 创建层楼板。

02 打开"楼板错层"对话框，输入层楼板的高度。

03 选择要修改层高的楼板，即可完成错层楼板的创建。

3. 板洞

楼层中有些房间需要设计楼梯、天井、天窗等结构，可以使用"全房间洞"工具和"板洞"工具来创建楼板洞口。设计天井需要创建全房间洞，设计楼梯可以创建全房间洞或板洞，天窗洞口是"板洞"工具创建的。

单击"全房间洞"按钮▯，选择要创建全房间洞的房间楼板，随后自动创建洞口，如图8-39所示。

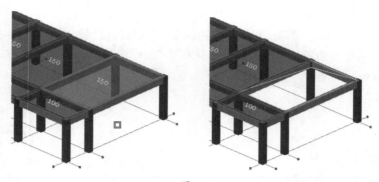

图 8-39

单击"板洞"按钮▱，弹出"板洞布置"控制面板和"板洞布置参数"对话框。在"板洞布置"控制面板中单击"增加"按钮，再弹出"截面参数"对话框。定义洞口的尺寸参数后，再定义板洞布置参数，最后选择要放置板洞的楼板即可，如图8-40所示。

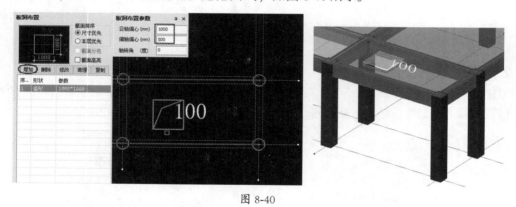

图 8-40

8.1.5 楼梯设计

楼梯的设计方法分两种，一种是在PMCAD中设计标准楼梯，另一种是切换到"楼梯设计"模块中进行复杂楼梯（例如螺旋楼梯、悬挑楼梯等）的设计。下面仅用一个案例来说明PMCAD楼梯的设计方法。

上机操作——在PMCAD中设计标准楼梯

基于前面的案例结果进行楼梯设计，但前面的案例中并没有介绍楼层标高的设置，若要正确设计楼梯，首先就要确定楼层的标高高度，具体的操作步骤如下所述。

01 在"构件"选项卡的"材料强调"面板中单击"本层信息"按钮▤，弹出"标准层信息"对话框，在"本标准层层高"文本框中输入标准层的层高为3600，单击"确定"按钮完成楼层层高的定义，如图8-41所示。

02 在"楼板"选项卡的"楼梯"面板中单击"楼梯"|"布置"按钮，然后选择要设计楼梯的房间，如图 8-42 所示。

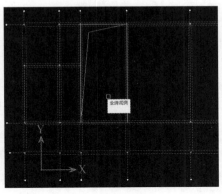

图 8-41　　　　　　　　　　　　　　　图 8-42

03 弹出"请选择楼梯布置类型"对话框。在该对话框中选择"2 跑"类型，接着在弹出的"平行两跑楼梯 -- 智能设计对话框"中定义楼梯参数，如图 8-43 所示。

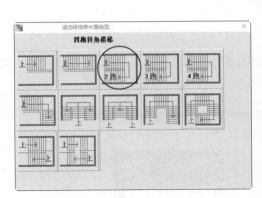

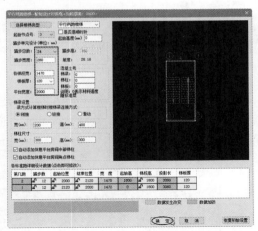

图 8-43

04 单击"确定"按钮后自动创建楼梯构件并放置在所选的房间中，如图 8-44 所示。

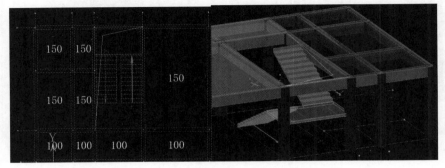

图 8-44

8.1.6 楼层组装

当建筑的结构楼层为多层、高层或超高层时，创建其中一个标准层后，可以使用楼层管理工具来复制出其余楼层，也称"楼层组装"。

在"楼层"选项卡的"组装"面板中单击"设计参数"按钮 ，弹出"楼层组装—设计参数"对话框，在该对话框中设置相关的参数及信息，完成后单击"确定"按钮保存数据，如图8-45所示。

在"楼层"选项卡的"组装"面板中单击"楼层组装"按钮 ，弹出"楼层组装"对话框。在该对话框中首先定义标准层的层高，然后在"复制层数"列表中选择层数（如10层），再单击"增加"按钮，将10层的数据添加到"组装结果"列表中，如图8-46所示。

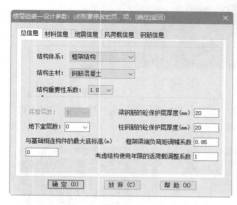

图 8-45　　　　　　　　　　　　　　　　　　　图 8-46

组装楼层后，视图中还是原先的标准层，并没有显示所有楼层。要显示所有楼层，在功能区右侧单击"多层"按钮 或"整楼"按钮 ，显示部分楼层或所有楼层，如图8-47所示。

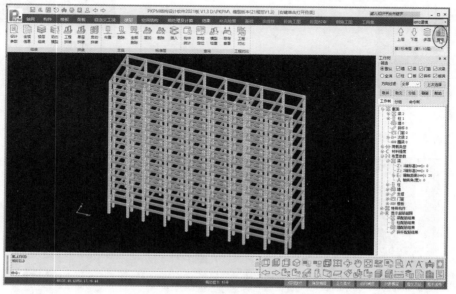

图 8-47

8.2 SPASCAD 空间建模

利用空间建模模块 SPASCAD 进行结构建模时，采用在三维视图中定点布置构件的方式来完成模型设计。SPASCAD 建立的是真实空间结构模型，所有构件通过网格线定位，例如布置柱或梁时需要选择一条网格线，在创建墙体或者楼板时必须选择一个封闭的区域。

SPASCAD 可以用于任意空间结构设计，针对建筑结构较为复杂的情形，如机场、火车站、体育场馆的结构设计，当然也包括那些 PMCAD 能设计的规则结构。下面用一个案例来说明 SPASCAD 空间建模的一般操作流程。

上机操作——在 SPASCAD 中建模

为了简化操作流程，本例将以某教学楼的结构建模为例，详解 SPASCAD 中部分建模工具的使用和操作技巧，具体的操作步骤如下所述。

01 在 PKPM 结构软件的主页界面中选择"Spas+PMSAP 的集成设计"分模块，专业模块列表中选择"空间建模与 PMSAP 分析"模块，然后指定工作目录，如图 8-48 所示。

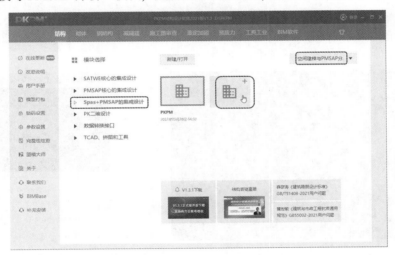

图 8-48

02 双击工作目录文件进入 SPASCAD 空间建模环境后，新建一个名为"空间建模"的工程文件，图形区中显示系统自定义的辅助网，如图 8-49 所示。

提示：

辅助网的作用是创建网格时的定位参照，网格由网格线和网格点组成。

03 在"常用"选项卡的"导入导出"面板中单击"设基点"按钮 <u>xyz</u>，选取坐标系原点为基点，如图 8-50 所示。

提示：

如果有图纸格式为DXF的CAD结构图纸，通过AutoCAD软件导出为低版本DXF2000的文件，再单击"导入DXF"按钮导入当前工程中，可以作为网格的创建参照。

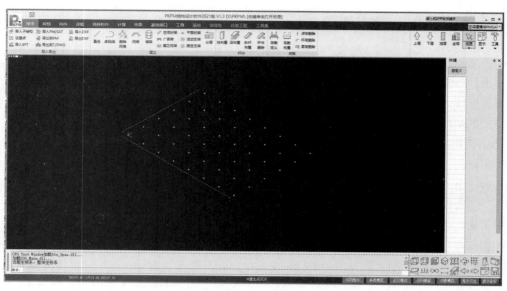

图 8-49

04 在功能区右侧单击"工具"|"辅助网"按钮 (展开"工具"命令菜单，再单击菜单中的"辅助网"按钮)，弹出"辅助网"对话框，如图 8-51 所示。

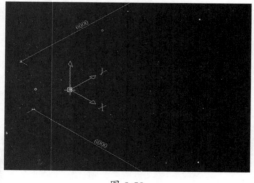

图 8-50

图 8-51

> **提示:**
>
> 在"X方向"及"Y方向"文本框中所显示的6000*7与6000*5文本，是系统默认定义的网格间距，表示在X方向有7条轴间距均为6000mm的轴线；在Y方向有5条轴间距均为6000mm的轴线。轴线间距相等时可以采用这种简写输入方式来表达。如果是不等的轴线间距，需要以","（逗号）隔开输入每条轴线的间距值。

05 在"X 方向"文本框中重新输入"4000,3300,4500*4,3000,4500*2"，在"Y 方向"文本框中则重新输入"2200,4200,3000"，"Z 方向"暂时不输入，输入后单击"确定"按钮，完成辅助网格的创建（以网格点表示），如图 8-52 所示。

06 在"常用"选项卡的"建立"面板中单击"直线"按钮 ，然后参照上一步定义的辅助网格来绘制网格线，如图 8-53 所示。

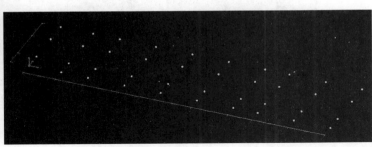

图 8-52

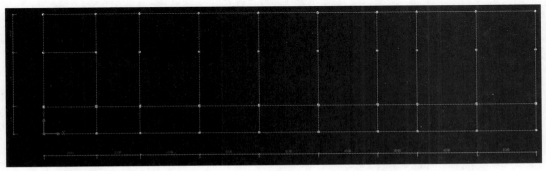

图 8-53

07 单击"直线"按钮 ✐，在坐标系原点位置单击以确定直线起点，然后光标捕捉到坐标系的 Z 轴，直至显示 Z 轴的捕捉追踪线，如图 8-54 所示。

08 在命令行中输入 Z 轴方向的直线长度为 3600，按 Enter 键确认后完成 Z 轴直线的绘制，如图 8-55 所示。

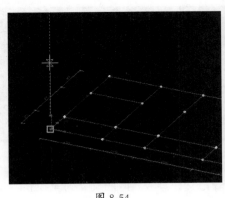

图 8-54　　　　　　　　　　　图 8-55

09 在"操作"面板中单击"复制"按钮 ✦，将 Z 轴直线复制到其他网格点上，结果如图 8-56 所示。

10 在"构件"选项卡的"杆件布置"面板中单击"梁布置"按钮 ✐，弹出"PK-STS 截面定义"对话框。单击"增加"按钮，弹出"请用光标选择截面类型"对话框，并选择梁截面类型，如图 8-57 所示。

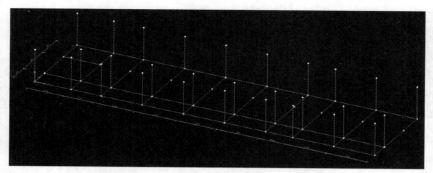

图 8-56

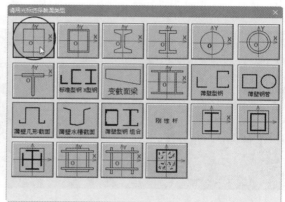

图 8-57

11 选择截面类型后再定义截面参数，如图 8-58 所示。

12 单击"PK-STS 截面定义"对话框的"确认"按钮，依次选取 X、Y 方向上的网格线来布置梁构件，如图 8-59 所示。右击完成梁构件的布置。

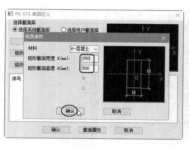

图 8-58

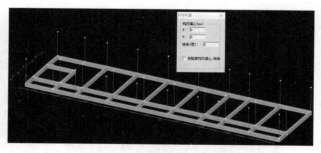

图 8-59

13 单击"柱布置"按钮，以与布置梁相同的步骤定义柱参数（截面尺寸为 400mm×400mm）并选择 Z 轴直线来布置柱构件，如图 8-60 所示。

14 在"网格"选项卡的"操作"面板中单击"复制"按钮，框选所有地梁网格线（其地梁构件也一并被选中），向 Z 轴正方向复制，如图 8-61 所示。

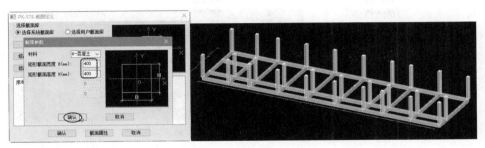

图 8-60

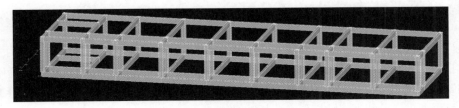

图 8-61

15 同理，复制柱构件和二层梁构件，往 Z 轴正方向复制，复制距离为柱的高度，即复制起点为柱底部的节点，终点为柱顶部的节点，如图 8-62 所示。

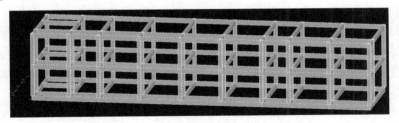

图 8-62

16 在"构件"选项卡的"墙板布置"面板中单击"板布置"按钮 ⬜，弹出"板布置"对话框。输入板的厚度为 120，单击"添加"按钮添加板类型。单击"确定"按钮，选择网格线来布置楼板，一次可以选择多条网格线来布置楼板，如图 8-63 所示。

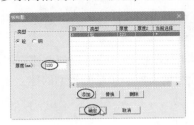

图 8-63

17 在"网格"选项卡的"建立"面板中单击"分层"按钮 ▤，弹出"指定标高自动分层"对话框。在该对话框的"层顶标高（米）"列中双击（时间间隔 1 秒）以激活文本框，并输入层高为 3.600。接着在"层号"列单击层号为 1 下面的空格，以激活层号文本框，并输入层号为 2，同样再输入该层的层高为 3.600，输入完成后单击"分层"按钮完成自动分层，如图 8-64 所示。

18 至此，完成了本例建筑结构的空间建模，结果如图 8-65 所示。

图 8-64

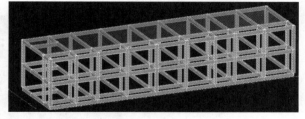

图 8-65

8.3 建筑下部结构设计（JCCAD）

以建筑设计与施工流程来说，理应先做建筑下部结构（地下层）然后才是上部结构，建筑下部结构常指建筑基础部分。但在 PKPM 中，基础的设计是接力上部结构而进行的，基础设计中所使用的轴线、网格线、轴号、基础定位参照的柱、墙等均为上部楼层中的，因此 PKPM 中的结构建模流程就是先设计上部结构再设计基础部分。

8.3.1 JCCAD 基础设计知识

JCCAD 可自动或交互完成工程实践中常用这类基础设计，其中包括柱下独立基础、墙下条形基础、弹性地基梁基础、带肋筏板基础、柱下平板基础（板厚可不同）、墙下筏板基础、柱下独立桩基承台基础、剪力墙下独基或者承台、桩筏基础、桩格梁基础等基础设计及单桩基础设计，还可以进行由上述多类基础组合的大型混合基础设计，以及同时布置多块筏板的基础设计。

可以设计的各类基础中包含多种基础形式，如独立基础包括倒锥型、阶梯型、现浇或预制杯基础及单柱、双柱、多柱的联合基础、墙下基础；砖混条基包括砖条基、毛石条基、钢筋混凝土条基（可带下卧梁）、灰土条基、混凝土条基及钢筋混凝土毛石条基；筏板基础的梁肋可朝上或朝下；桩基包括预制混凝土方桩、圆桩、钢管桩、水下冲（钻）孔桩、沉管灌注桩、干作业法桩和各种形状的单桩或多桩承台。

1. JCCAD 界面与工具介绍

进入 PMCAD 结构建模设计环境后，在功能区右侧的专业模块列表中选择"基础设计"模块，进入 JCCAD 基础设计环境，如图 8-66 所示。

在 JCCAD 基础设计环境中可以创建地质模型和基础模型，还可以根据建立的基础模型来创建基础施工图，鉴于本书的篇幅限制，本章重点介绍地质模型和基础模型的建立步骤。

2. JCCAD 基础设计操作流程

利用 JCCAD 软件完成基础设计的操作流程如下所述。

01 进入 JCCAD 环境之前，必须完成上部结构的建模与荷载输入。如果要接力上部结构分析程序（如 SATWE、PMSAP、PK 等）的计算结果，还应该运行完成相应程序的内力计算。

02 在 JCCAD 环境的"基础模型"选项卡中，可以根据荷载和相应参数自动生成柱下独立基础、墙下条形基础及桩承台基础，也可以交互输入筏板、基础梁、桩基础的信息。柱下独基、桩承台、砖混墙下条基等基础，在本菜单中即可完成全部的建模、计算、设计工作；弹性地基梁、桩基础、筏板基础在此菜单中完成模型布置，再用后续计算模块进行基础设计。

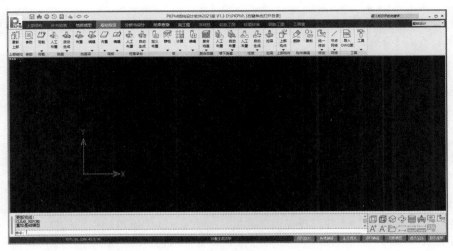

图 8-66

03 在"分析与设计"选项卡中,可以完成弹性地基梁基础、肋梁平板基础等基础的设计,以及独基、弹性地基梁板等基础的内力配筋的计算,可以完成桩承台的设计及桩承台和独基的沉降计算,可以完成各类有桩基础、平板基础、梁板基础、地基梁基础的有限元分析及设计。

04 在"结果查看"选项卡中,可以查看各类分析结果、设计结果、文本结果,并且可以输出详细计算书及工程量统计结果。

05 在"施工图"选项卡中,可以完成以上各类基础的施工图。

8.3.2　建立基础模型

基础模型的建立大致有两种形式。一种是根据上部结构模型的计算分析结果自动生成基础模型;另一种是直接导入 CAD 图纸作参照,手动建立基础模型。由于本章倾向于介绍 PKPM 的结构模型和基础模型的建立,有限元分析部分没有做全面介绍,所以本小节将以导入 CAD 图纸参照建模的方式进行操作。

> **提示:**
>
> 对于一些基础比较复杂的工程,部分用户可能更习惯于在AutoCAD中绘制基础平面图,为节约建模时间,提高效率,软件支持通过导入 DWG 图的方式来建立基础模型。

目前软件能导入的基础形式包括桩、承台、独基、筏板、地质孔点、柱墩。导入基础的时候,可以初步设定基础参数,如桩的承载力特征值、桩长、基础的平面尺寸及高度等信息。如果基础类型较大,可以在导入的时候初步设定,导入完成后到相应的布置菜单下,修改基础的具体参数值。

程序对于导入的基础形式通过一些属性来识别,如导入圆桩时,软件默认 DWG 图中的属性是"圆"的图素都是圆桩,导入的时候所有被选中"圆"将导成桩。方桩、独基、承台、筏板、柱墩要求是多义线绘制的密闭多边形。如果 DWG 图符合上述要求,软件会自动做相应处理,如软件会自动将 DWG 图中的图块炸开成图素,会将不封闭的多边形在一定误差范围内自动处理生成密闭多边形。

提示：

导入的时候，为了提高导图效率及导入准确度，建议尽量将DWG格式的基础平面图简化处理，将与基础布置无关的一些图层或者图素删除，如尺寸标准一般对基础导入没有影响，则可以将基础标准的相关图层删除。同时，可以通过"选择部分"命令选择需要导入的基础范围，也可以提高导图效率。用"选择部分"功能显示局部图面后，如果想重新显示整个图面时，可以使用"显示原图"功能，可以方便地从局部图面返回整个图面。

上机操作——导入 DWG 图手动建立基础模型

导入 DWG 图手动建立基础模型的具体操作步骤如下所述。

01 设置本章结果文件中的 Ch08 文件夹作为工作目录，进入 PMCAD 结构建模环境时，输入 PM 工程名为"基础模型"，并打开先前创建的"导入 CAD 图纸自动识别构件 .JWS"文件，如图 8-67 所示。

图 8-67

02 在功能区右侧的专业模块列表中选择"基础设计"模块，随后进入 JCCAD 基础设计环境，图形区中显示上部结构模型的轴网与柱平面视图，如图 8-68 所示。

图 8-68

03 在"基础模型"选项卡的"工具"面板中单击"导入 DWG 图"按钮，从本例源文件夹中打开"基础平面布置图 .dwg"图纸文件，如图 8-69 所示。

04 在弹出的"导入 DWG 图"控制面板中单击"选择基准点"按钮，然后在导入的图中指定轴号Ⓐ与轴号①的交点为基准点，如图 8-70 所示。

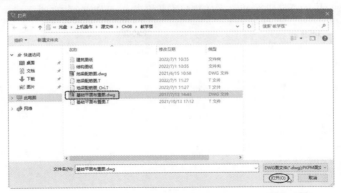

图 8-69

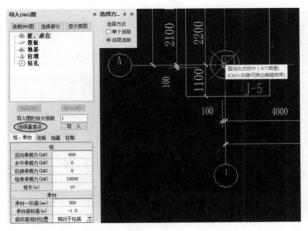

图 8-70

05 在"导入 DWG 图"控制面板中选择"独基"基础类型，然后在下方显示的"独基"选项卡中设置独立基础的尺寸，如图 8-71 所示。

06 选中"选择方法"对话框中的"按层选取"单选按钮，再到图形区中选取一个独立基础的某一条边，右击即可完成独立基础的图形识别，如图 8-72 所示。

图 8-71

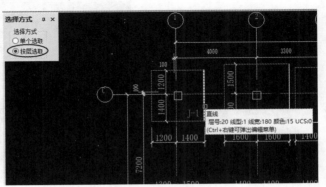

图 8-72

07 在"导入DWG图"控制面板中单击"导入"按钮, 将识别的独立基础图形导入基础设计环境中, 同时系统会自动创建独立的基础模型, 按信息提示将独立基础模型放置于轴网中即可, 如图8-73所示。

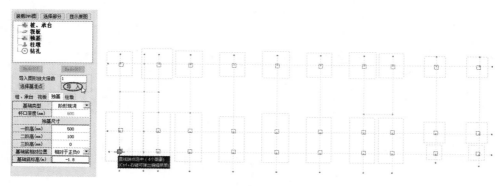

图 8-73

08 在软件窗口右下角单击"三维着色模式"按钮🔲, 切换到三维视图来查看建立的独立基础模型, 如图8-74所示。此时会发现, 独立基础与一层结构柱之间会自动创建连接柱。

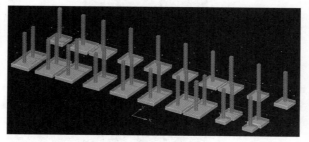

图 8-74

09 在"基础模型"选项卡中单击"人工布置"按钮🖱, 弹出"基础构件定义管理"控制面板。在该面板中显示所有的独立基础构件及相关数据参数, 选择其中一个基础构件, 再单击"修改"按钮, 弹出"柱下独立基础定义(mm)"对话框, 通过该对话框可以重新定义所选基础构件的尺寸参数, 如图8-75所示。

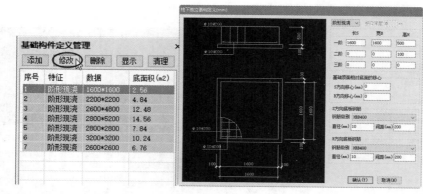

图 8-75

10 最后将工程文件保存。

第 9 章 PKPM 2021 V1.3——基于 SATWE 核心的结构分析

SATWE 核心的集成设计项目是针对结构相对简单的多高层建筑，SATWE 核心的集成设计的专业设计模块涉及结构建模、复杂楼板设计、结构基础、楼梯设计和 SATWE 分析设计等。本章将以一个典型的建筑工程案例详解 SATWE 的实战应用方法。

9.1 建筑结构设计总说明

本建筑工程项目为某地镇政府办公楼，占地面积为 673m²，建筑总面积为 4410m²，层高为 3.6m。办公楼采用内廊式。根据建筑功能及建筑施工要求，本工程确定采用如图 9-1 所示的框架布置。

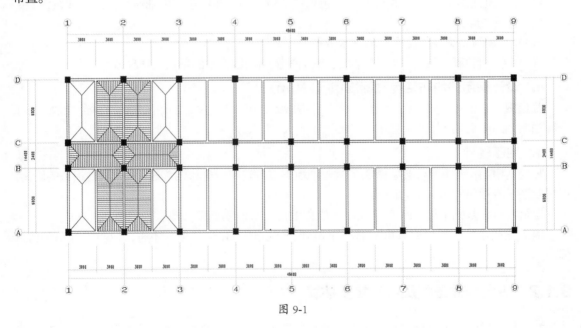

图 9-1

9.1.1 工程概况

1. 建筑结构安全等级和设计使用年限

建筑结构采用现浇钢筋混凝土框架结构，建筑层数为 7 层，建筑总高度为 25.2m。本工程的结构设计使用年限为 50 年；结构安全等级为二级；建筑抗震设防类别为丙类建筑；抗震设防烈度为 7 度，设计基本地震加速度值为 0.1g，设计地震分组属第二组；基础设计等级为丙级。有关抗震的结构措施应采用相应的抗震等级。

2．自然条件

本地区基本风压为 0.40kN/m²，地面粗糙度均为 B 类。根据本工程《岩土工程勘察报告》及《建筑抗震设计规范》相关条款，地震分析采用截面验算设计地震震动参数 max 为 0.08，Tg 为 0.4s；建筑场地类别为Ⅱ类。

3．地质条件

地质条件如下所述。

（1）地形地貌：场地属于低中山改造剥蚀地貌，斜坡、冲沟地形，地形总体为西高东低，场地内挡墙已经修好。

（2）地层岩性：根据勘察报告，共有四种岩土层组成，从上而下分别为：

- 素填土（Q4ml）：紫红色、黄灰色，由昔格达组泥岩、粹屑颗粒和三叠系泥岩粹石组成。
- 含碎石粉质粘土（Q4el+dl）：颜色为棕红、紫红、褐黄和褐灰色。三叠系强风化泥岩碎石，粒径一般为 20~90mm。
- 昔格达组泥岩夹粉砂岩（NQx）：颜色为黄灰、褐灰色。半成岩，节理较发育，岩芯失水后易开裂。
- 强风化泥岩夹砂岩（T3bd）：颜色为紫红色、浅灰和绿色。中细粒结构，节理较发育，岩质较硬。

（3）在建筑物影响深度内无地下水分布。

（4）未见有断层通过，也未有滑坡、崩塌等影响场地稳定的不良地质现象。

4．设计采用的均布活荷载标准值（kN/m）

普通教室：2.0；办公室：2.0；美术、书法室：2.0；会议室：2.0；走廊、楼梯：2.5；音乐及舞蹈室：2.0；屋面：2.0（上人），0.5（不上人）。

5．地基基础

开挖基槽前，施工单位必须查明基槽周围地下市政管网设施和相邻建（构）筑物相关的距离，根据勘察报告提供的参数进行防坡。

建筑材料：基础采用 C25 钢筋砼，地梁和承台为 C30 钢筋砼，垫层为 C10。

本工程在基坑开挖后必须会同有关单位到现场验槽，如果与设计不符，应与设计单位协商解决。

9.1.2　主要构件选型及尺寸初步估算

本工程主体结构即基础、柱、梁、板及楼梯等为现浇钢筋混凝土结构。墙体为非承重墙，采用 200mm 厚的页岩砖。基础为柱下独立基础。

1．框架梁的初步估算

框架梁的初步估算如下所述。

（1）主梁截面尺寸计算。

根据规划，本工程建筑的主梁跨度包括 L=6000mm（包括横向与纵向）和 L=2400mm（仅有纵向）两种。

L=6000mm 的主梁横截面面积为 $h \times b$，则有：

$h=(1/8\sim1/14)L=750\text{mm}\sim430\text{mm}$，取 $h=600\text{mm}$。

$b=(1/2\sim1/3)h=300\text{mm}\sim200\text{mm}$，取 $b=300\text{mm}$。

故框架主梁初选截面尺寸为 $h\times b=600\text{mm}\times300\text{mm}$。

$L=2400\text{mm}$ 的纵向主梁横截面面积为 $h\times b$，则有：

$h=(1/8\sim1/14)L=300\text{mm}\sim170\text{mm}$，取 $h=300\text{mm}$。

$b=(1/2\sim1/3)h=125\text{mm}\sim85\text{mm}$，取 $b=125\text{mm}$。

结合现场施工中的钢筋布置并充分考虑建筑结构的整体性，此处建议选用与 $L=6000\text{mm}$ 跨度梁相同的梁尺寸，故 $L=2400\text{mm}$ 的框架主梁初选截面尺寸为 $h\times b=600\text{mm}\times300\text{mm}$。

（2）次梁截面尺寸计算。

次梁跨度取 $L=6000\text{mm}$，则有：

$h=(1/12\sim1/18)$，$L=500\text{mm}\sim333\text{mm}$，取 $h=500\text{mm}$。

$b=(1/2\sim1/3)$，$h=200\text{mm}\sim133\text{mm}$，取 $b=200\text{mm}$。

按照以往经验，200mm 宽的梁常用于跨度小于 4m 的开间。本工程的次梁跨度为 6m，可以适当增加梁的宽度，故次梁初选截面尺寸为 $h\times b=500\text{mm}\times(200+50)\text{mm}$。

2. 结构板的厚度计算

根据板的受力传递，均为四边传递，则连续板均按双向板计算，板厚度 $h=L/30\sim L/35=100\text{mm}\sim85\text{mm}$（$L$ 为短向跨度，本工程取最小跨度 3000mm）。由于楼面板厚度不得低于 80mm，因此这里取值 $h=100\text{mm}$ 是合理的。屋面板的最小厚度不得低于 100mm。

3. 框架柱的初步估算

柱截面尺寸可直接凭经验确定，也可以先根据其所受轴力，按轴心受压构件估算，再乘以适当的放大系数以考虑弯矩的影响。在高层建筑中，框架柱的截面尺寸由轴压比控制。

框架柱的截面尺寸一般根据柱的轴压比按式（9-1）和式（9-2）进行估算，柱组合的轴压力设计值为

$$N=bFg_En \qquad (9\text{-}1)$$

式中：F 为按简支状态计算的中柱负荷面积。g_E 为各层在单位面积上的竖向荷载取值，可按实际荷载计算，也可近似取 $12\sim15\text{kN/m}^2$，本工程取 15kN/m^2。b 为考虑地震作用组合后柱轴力增大系数，边柱取 1.3，不等跨内柱取 1.25，等跨内柱取 1.2。n 为建筑楼层层数。

柱截面面积估算公式为

$$A_c^3 \frac{N}{[m_N]\,f_c} \qquad (9\text{-}2)$$

式中：$[m_N]$ 为框架柱轴压比限值，对抗震等级为一级、二级、三级、四级，分别取 0.65、0.75、0.85、0.90；本工程抗震等级为三级，则框架柱轴压比限值 $[m_N]=0.85$。f_c 为混凝土轴心抗压强度设计值；对于 C30 混凝土，$f_c=14.3\text{N/mm}^2$。

对于中柱，由二层梁配筋图（如图 9-2 所示）可得中柱的负荷面积是 $(6+6)/2\times(6+2.4)/2\text{m}^2=6\times4.2\text{m}^2$。由此可得

$$N=\beta Fg_En=1.2\times25.2\times15\times7\text{kN}=3175\text{kN}$$

$$A_C \geqslant \frac{N}{[\mu_N]\,f_c}=\frac{3175\times10^3}{0.85\times14.3}261209\text{mm}^2$$

因此，框架柱截面 A_c 的尺寸初选为 $b \times h$=600mm×600mm=360000mm²。而 360000mm²> 261209mm²。

> **提示:**
>
> 框架柱的截面宽度和高度均不宜小于300mm，圆柱截面直径不宜小于350mm，柱截面高宽比不宜大于3。为避免柱产生剪切破坏，柱净高与截面长边之比宜大于4，或者柱的剪跨比宜大于2。

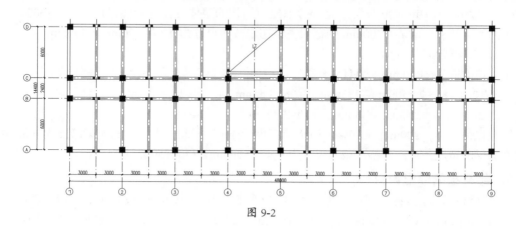

图 9-2

9.2 SATWE 结构建模与分析

本工程项目前期已经完成了建筑方案设计，根据建筑方案的施工图并初步完成了各层结构设计图纸。结构设计是从建筑图纸中提炼并简化的结构元素，然后用这些提炼的结构元素构成建筑物的结构体系，包括竖向和水平的承重及抗力体系，再把各种情况产生的荷载以最简洁的方式传递至基础。

本节将利用 PKPM 软件的 PMCAD、SATWE、LTCAD 和 JCCAD 等模块来完成本工程的结构建模和相关的结构力学分析，经过核心计算得到相关计算书，从而优化和修改结构设计。

9.2.1 SATWE 分析特点与基本功能

1. 分析特点

SATWE 的分析特点如下所述。

（1）模型化误差小、分析精度高。

对剪力墙和楼板的合理简化及有限元模拟，是多、高层结构分析的关键。SATWE 以壳元理论为基础，构造了一种通用墙元来模拟剪力墙，这种墙元对剪力墙的洞口（仅限于矩形洞）的尺寸和位置无限制，具有较好的适用性。墙元不仅具有平面内刚度，也具有平面外刚度，可以较好地模拟工程中剪力墙的真实受力状态，而且墙元的每个节点都具有空间全部六个自由度，可以方便地与任意空间梁、柱单元连接，而无须任何附加约束。对于楼板，SATWE 给出了四种简化假定，即假定楼板整体平面内无限刚、分块无限刚、分块无限刚带弹性连接板带和弹性楼板。上述假定灵活、实用，在应用中可以根据工程的实际情况采用其中的一种或几种假定。

（2）计算速度快、解题能力强。

SATWE 具有自动搜索微机内存功能，可以把微机的内存资源充分利用起来，最大限度地发挥微机硬件资源的作用，在一定程度上解决了在微机上运行的结构有限元分析软件的计算速度和解题能力问题。

（3）前后处理功能强。

SATWE 前接 PMCAD 程序，完成建筑物建模。SATWE 前处理模块读取 PMCAD 生成的建筑物的几何及荷载数据，补充输入 SATWE 的特有信息，如特殊构件（弹性楼板、转换梁、框支柱等）、温度荷载、吊车荷载、支座位移、特殊风荷载、多塔，以及局部修改原有材料强度、抗震等级或其他相关参数，完成墙元和弹性楼板单元自动划分等。

SATWE 以 PK、JLQ、JCCAD、BOX 等为后续程序。由 SATWE 完成内力分析和配筋计算后，可以用梁柱施工图功能绘制梁、柱施工图，用 JLQ 功能绘制剪力墙施工图，并可以为基础设计 JCCAD 和箱形基础 BOX 提供基础刚度及柱、墙底组合内力作为各类基础的设计荷载。同时自身具有强大的图形后处理功能。

2. 基本功能

SATWE 的基本功能如下所述。

（1）可以自动读取经 PMCAD 的建模数据、荷载数据，并自动转换成 SATWE 所需的几何数据和荷载数据格式。

（2）软件中的空间杆单元除了可以模拟常规的柱、梁，通过特殊构件定义，还可以有效地模拟铰接梁、支撑等。特殊构件记录在 PMCAD 建立的模型中，这样可以随着 PMCAD 建模变化而变化，实现 SATWE 与 PMCAD 的互动。

（3）随着工程应用的不断拓展，SATWE 可以计算的梁、柱及支撑的截面类型和形状类型越来越多。梁、柱及支撑的截面类型在 PM 建模中定义。混凝土结构的矩形截面和圆形截面是最常用的截面类型。对于钢结构来说，工形截面、箱形截面和型钢截面是最常用的截面类型。除此之外，PKPM 的截面类型还有重要的几类：常用异型混凝土截面；L、T、十字、Z 形混凝土截面；型钢混凝土组合截面；柱的组合截面；柱的格构柱截面；自定义任意多边形异型截面；自定义任意多边形、钢结构、型钢的组合截面。对于自定义任意多边形异型截面和自定义任意多边形、钢结构、型钢的组合截面，需要用户用人机交互的操作方式定义，其他类型的定义都用参数输入，程序提供针对不同类型截面的参数输入对话框，操作非常简便。

（4）剪力墙的洞口仅考虑矩形洞，无须为结构模型简化而加计算洞；墙的材料可以是混凝土、砌体或轻骨料混凝土。

（5）考虑了多塔、错层、转换层及楼板局部开大洞口等结构的特点，可以高效、准确地分析这些特殊结构。

（6）SATWE 也适用于多层结构、工业厂房及体育场馆等各种复杂结构，并实现了在三维结构分析中考虑活荷不利于布置功能、底框结构计算和吊车荷载计算。

（7）自动考虑了梁、柱的偏心、刚域影响。

（8）具有剪力墙墙元和弹性楼板单元自动划分功能。

（9）具有较完善的数据检查和图形检查功能，以及较强的容错能力。

（10）具有模拟施工加载过程的功能，并可以考虑梁上的活荷不利于布置作用。

（11）可以任意指定水平力作用方向，软件自动按转角进行坐标变换及风荷载导算，还可以根据用户需要进行特殊风荷载计算。

（12）在单向地震力作用时，可以考虑偶然偏心的影响；可以进行双向水平地震作用下的扭转地震作用效应计算；可以计算多方向输入的地震作用效应；可以按振型分解反应谱方法计算竖向地震作用；对于复杂体型的高层结构，可以采用振型分解反应谱法，进行耦联抗震分析和动力弹性时程分析。

（13）对于高层结构，程序可以考虑 P- △效应。

（14）对于底层框架抗震墙结构，可以接力 QITI 整体模型计算，做底框部分的空间分析和配筋设计；对于配筋砌体结构和复杂砌体结构，可以进行空间有限元分析和抗震验算（用于QITI 模块）。

（15）可以进行吊车荷载的空间分析和配筋设计。

（16）可以考虑上部结构与地下室的联合工作，上部结构与地下室可同时进行分析与设计。

（17）具有地下室人防设计功能，在进行上部结构分析与设计的同时，即可完成地下室的人防设计。

（18）SATWE 计算完成后，可以接力施工图设计软件绘制梁、柱、剪力墙施工图；接力钢结构设计软件 STS 绘制钢结构施工图。

（19）可以为 PKPM 系列中基础设计软件 JCCAD、BOX 提供底层柱、墙内力作为其组合设计荷载的依据，从而使各类基础设计中，数据准备的工作大幅简化。

9.2.2 PMCAD 结构建模

有了前期结构设计图纸，在 PMCAD 结构建模时就变得容易许多，通过分析计算，若发现设计问题，可以及时返回图纸中修改设计。

本工程项目是一个地上有 7 层结构的建筑，不设地下层。对于地基拉梁（地梁）需要做出说明的是：利用 AutoCAD 软件打开本例源文件夹中的相关图纸文件，从打开的"基础平面布置图 .dwg"图纸文件中，可以看出独立基础上是有结构梁的，这个结构梁实际上是地基拉梁，是为了增加结构整体性防止不均匀沉降和局部墙体拉裂而设置的，其受力状态完全不同于上部结构，应按弹性地基梁进行分析，地梁的尺寸通常靠经验去设计，多数情况下在底层或中层建筑结构中是不参与结构内力计算的。

但在有些高层或超高层的建筑框架结构（地下有多层的那种）中，地梁本身也是地下顶层的结构梁，其作用与地上层的结构梁是相同的，所以这样的地梁是需要进行结构内力计算的。

1. PAMCAD 结构建模

PAMCAD 结构建模的具体操作步骤如下所述。

01 启动 PKPM 结构设计软件。在 PKPM 的主页界面中单击"新建 / 打开"按钮，弹出"选择工作目录"对话框。通过浏览系统磁盘，将工作目录设置在系统路径中，如图 9-3 所示。

02 设置工作目录后，返回主页界面，双击新建的工作目录，进入 PMCAD 结构建模设计环境。随后在弹出的"请输入工程名"对话框中输入工程名为"上部结构设计"，单击"确定"按钮完成工程文件的创建，如图 9-4 所示。

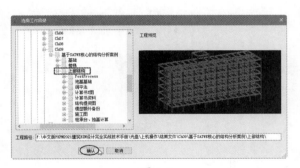

图 9-3 图 9-4

提示：

可以事先在系统磁盘路径中创建相应的文件夹，设置路径时直接指定最后一级文件夹即可。

03 单击"轴网"选项卡中 DWG 面板的"导入 DWG"按钮 ，进入"DWG 转结构模型"模式。单击"装载 DWG 图"按钮 导入本例源文件夹中的"1~6 层梁配筋图 .dwg"图纸文件。

04 在"转图设置"控制面板中选择"轴线"项目或者在"识别图形"面板中单击"轴网"按钮 ，按信息提示选择图纸中的轴线并右击，完成轴线的识别，如图 9-5 所示。

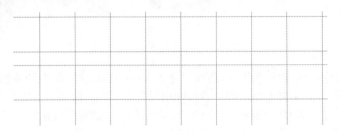

图 9-5

05 在"识别图形"面板中单击"柱"按钮 ，在图纸中选择一条柱边线并右击完成选择，系统自动识别所有柱图形，如图 9-6 所示。

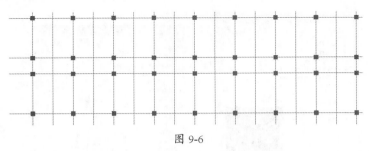

图 9-6

06 在"识别图形"面板中单击"梁"按钮 ，再在图纸中选择一条梁边线并右击完成选择，系统自动识别所有梁图形，如图 9-7 所示。

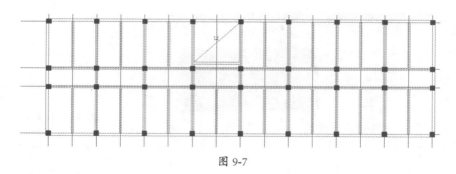

图 9-7

07 在"单层模型"面板中单击"生成模型（单层）"按钮，系统自动创建 PM 模型，然后指定左下角的轴线交点（轴线编号 A 与轴线编号 1 的交点）作为基准点，连续按两次 Enter 键后自动创建轴线及柱梁模型，如图 9-8 所示。

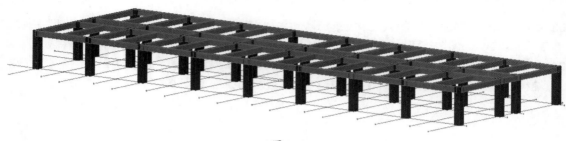

图 9-8

08 梁模型是自动识别并创建的，默认的截面尺寸为 300×500，这与前面估算的值不符，需要修改。在绘图区中选中某一条主梁并右击，弹出"构件信息"对话框。在"定义信息"选项组中修改"矩形截面高度（mm）"值为 600，选择"是"选项，最后单击"确定"按钮完成修改，如图 9-9 所示。同理，右击次梁查看其构件信息，确保梁截面尺寸为 250×500 即可。

09 框选所有梁并右击，在弹出的"构件信息"对话框的"特殊构件信息"选项组中选择"抗震等级"为"二级"，选择"抗震构造措施抗震等级"为"二级"，最后单击"确定"按钮完成修改，如图 9-10 所示。同理，将所有柱的抗震等级也进行类似设置。

图 9-9

图 9-10

提示:

抗震等级的选择可以参考《建筑抗震设计规范》GB 50011-2010（2016年版）中的表6.1.2，这里将该表摘录如下，见表9-1。另外，抗震构造措施等级参考如下。

- 当建筑场地为Ⅲ、Ⅳ类时，且设计基本地震加速度为0.15g和0.30g时，抗震构造措施分别按8度和9度采取抗震构造措施。
- 场地类别为Ⅰ类时，丙类建筑降低一度，采取抗震构造措施（6度时不降低），甲乙类不降低。
- 场地类别为Ⅱ类时，甲乙丙类都不降低，也不提高。

表 9-1　现浇钢筋混凝土房屋的抗震等级

结构类型		设防烈度									
		6		7			8			9	
框架结构	高度	≤24	>24	≤24	>24		≤24	>24		≤24	
	框架	四	三	三	二		二	一		一	
	大跨度框架	三		二			一			一	
框架-抗震墙结构	高度（m）	≤60	>60	≤24	25～60	>60	≤24	25～60	>60	≤24	25～50
	框架	四	三	四	三	二	三	二	一	二	一
	抗震墙	三		三		二	二		一	一	
抗震墙结构	高度（m）	≤80	>80	≤24	25～80	>80	≤24	25～80	>80	≤24	25～60
	抗震墙	四	三	四	三	二	三	二	一	二	一
部分框支抗震墙结构	高度（m）	≤80	>80	≤24	25～80	>80	≤24	25～80			
	抗震墙 一般部位	四	三	四	三	二	三	二			
	抗震墙 加强部位	三	二	三	二	一	二	一			
	框支层框架	二		二			一	二			
框架-核心筒结构	框架	三		二			一			一	
	核心筒	二		二			一			一	
筒中筒结构	外筒	三		二			一			一	
	内筒	三		二			一			一	
板柱-抗震墙结构	高度（m）	≤35	>35	≤35	>35		≤35	>35			
	框架、板柱的柱	三	二	二	二		一	一			
	抗震墙	二	二	二	二		二	一			

注意：表中的"一""二""三""四"即抗震等级为一、二、三、四的简称。

10 在"楼板"选项卡中单击"生成楼板"按钮，自动生成楼板，如图9-11所示。

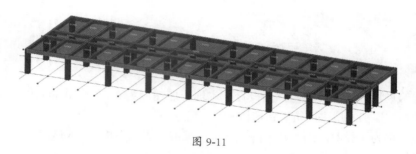

图 9-11

11 单击"板洞"按钮，在弹出的"板洞布置"控制面板中单击"增加"按钮，设置板洞尺寸，如图 9-12 所示。

12 将定义的洞口放置在楼梯间中，如图 9-13 所示。

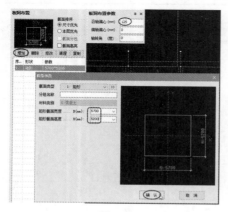

图 9-12

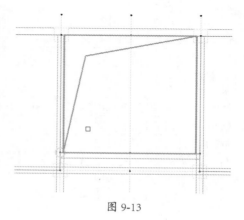

图 9-13

2. 施加荷载

关于 PKPM 中构件的荷载问题，这里有以下几点重要说明。

- 楼板的恒载由楼板自重＋装修材料荷载构成，系统会自动计算并给一个参考值，无须自行设定。活荷载可以通过查询《建筑结构荷载规范》GB 50009-2012 获得。本工程项目是办公楼，所以活荷载值是 2kN/m²。另外，计算荷载时，系统自动将楼板荷载传导给周边框架梁和柱。

- 框架梁的恒载＝梁自重＋梁上自承重墙的墙重。但在 PKPM 中，在布置框架梁的恒荷载时，只需考虑梁上自承重墙的墙重即可，因为系统会自动计算梁自重，所以在施加梁的恒荷载时无须输入梁自重。梁的活荷载也是楼板传来的荷载（即板传活荷载），经计算得 $2.0kN/m^2 \times 1.5m \times [1-2 \times (1.5/6)^2+(1.5/6)^3] \times 2=5.625kN/m$。

- 对于结构柱的恒活荷载，一般不用考虑是否输入荷载的问题，除非结构柱上有"牛腿"这种情况，因为柱上的荷载系统会自动计算。

- 以上属于常规状态下的荷载问题。另外有一些特殊情况需要输入荷载，例如梁上没有填充墙，但有一个比较重的设备，那么就不用输入梁的恒载，但要按设备的实际作用力输入梁上活荷载。再如，结构柱在中部受到一个水平力（设置了一个雨篷斜拉杆拉在柱子上），那么就要输入柱子的活荷载。楼面荷载传导计算就是把楼面的荷载传至梁上，再把梁的荷载传至柱上，再把柱的荷载传至底层，为基础计算做准备。

施加荷载的具体操作步骤如下所述。

01 在"荷载"选项卡的"总信息"面板中单击"恒活设置"按钮⚏，弹出"楼面荷载定义"对话框。设置楼面恒载标准值为3.83，楼面活荷载值为2.0，如图9-14所示。

> **提示：**
>
> 标准层楼面由大理石装饰面层（荷载1.16kN/m²）、钢筋混凝土板层（荷载2.5kN/m²）和混合砂浆层（荷载0.17kN/m²）构成，经过计算得出总的恒定荷载为3.83 kN/m²。另外值得注意的是，"楼面荷载定义"对话框中的三个复选框必须选中，这几个选项能确保系统自动计算楼面荷载并将荷载传递给梁，再由梁传递给柱。

02 单击"荷载显示"按钮，在弹出的"荷载显示设置"对话框中选中所有荷载显示复选框，如图9-15所示。系统自动为整层楼板施加恒活载荷，并将值显示在各房间及走廊的板面上，如图9-16所示。

图 9-14　　　　　　　　　　　　　　　　　图 9-15

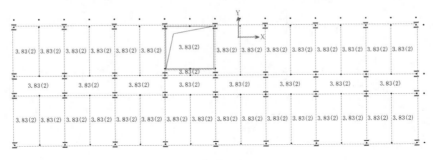

图 9-16

03 建筑楼层的中间部分为走廊，其构造与其他房间不同，因此载荷也是有区别的，各办公房间采用标准层恒荷载值，而走廊的恒荷载值为3.32kN/m²，活荷载值为2.5kN/m²，需要在"恒载"面板中单击"板"按钮⚏，定义恒载值后，选取走廊的板面修改恒荷载值，如图9-17所示。

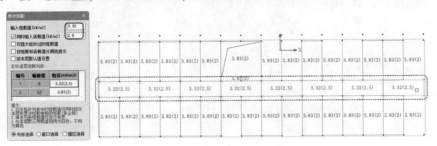

图 9-17

04 梁分主梁（截面为 300mm×600mm）和次梁（截面为 250mm×500mm），但它们的自重荷载系统会自动计算，这里仅设置非承重墙的荷载即可。在"恒载"面板中单击"次梁"按钮 ，接着在弹出的"次梁：恒载布置"控制面板中单击"增加"按钮，在"添加：次梁荷载"对话框设置非承重墙的容重并计算出恒载值为 11.808 kN/m²，如图 9-18 所示。

提示：

页岩多孔砖的容重取值可参考《砌体结构设计规范》GB 50003-2011，查询可得页岩多孔砖的容重值为 16.4 kN/m²。

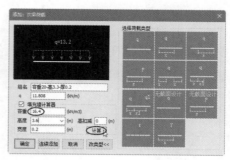

图 9-18

05 在绘图区框选所有梁来施加恒荷载，结果如图 9-19 所示。

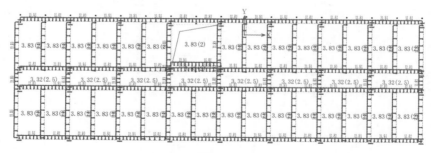

图 9-19

06 在"活载"面板中单击"次梁"按钮 ，弹出"次梁：活载布置"控制面板。继续增加活荷载的类型与参数，然后框选所有梁系统自动施加活荷载，如图 9-20 所示。

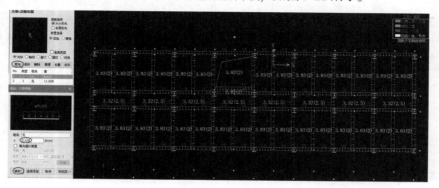

图 9-20

3. 组装楼层

组装楼层的具体操作步骤如下所述。

01 在"楼层"选项卡的"组装"面板中单击"设计参数"按钮，弹出"楼层组装 - 设计参数"对话框。在"总信息"选项卡中设置钢筋的砼（混凝土）保护层的厚度值，如图 9-21 所示。

02 在"材料信息"选项卡中设置"混凝土容重（kN/m³）"值和"砌体容重（kN/m³）"值，如图 9-22 所示。

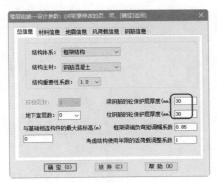

图 9-21

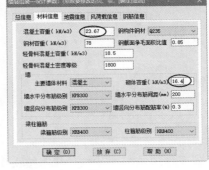

图 9-22

提示：

混凝土容重可以通过表9-2查得。

表 9-2　混凝土容重表

标号	容重 (kN/m³)	标号	容重 (kN/m³)	标号	容重 (kN/m³)	标号	容重 (kN/m³)
C10 泵	23.44	C10 自卸	23.45	C25P6 泵	23.62	C15 细石泵	23.51
C15 泵	23.48	C15 自卸	23.50	C30P6 泵	23.67	C20 细石泵	23.56
C20 泵	23.56	C20 自卸	23.54	C35P6 泵	23.73	C25 细石泵	23.64
C25 泵	23.61	C25 自卸	23.62	C40P6 泵	23.76	C30 细石泵	23.69
C30 泵	23.67	C30 自卸	23.68	C45P6 泵	23.81	C35 细石泵	23.73
C35 泵	23.72	C35 自卸	23.72	C25P8 泵	23.62	C15 细石自卸	23.51
C40 泵	23.75	C40 自卸	23.76	C30P8 泵	23.67	C20 细石自卸	23.57
C45 泵	23.80	C45 自卸	23.80	C35P8 泵	2374	C25 细石自卸	23.60
C50 泵	23.84	C50 自卸	23.87	C40P8 泵	2377	C30 细石自卸	23.64
				C45P8 泵	2382		
				C25P6 自卸	2362		
				C30P6 自卸	2369		

03 在"地震信息"选项卡中设置地震信息参数，如图9-23所示。

04 在"风荷载信息"选项卡中设置风压、地面粗糙度类别等信息参数，如图9-24所示。单击"确定"按钮完成设计参数的设置。

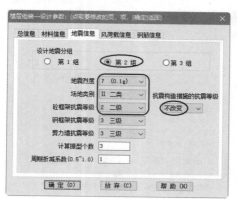
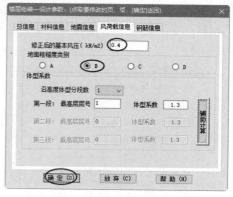

图 9-23   图 9-24

05 在"组装"面板中单击"全楼信息"按钮，弹出"全楼各标准层信息"对话框，修改该对话框的"板保护层（mm）"值为20，如图9-25所示。

图 9-25

06 在"楼层"选项卡的"标准层"面板中单击"增加"按钮，弹出"选择/添加标准层"对话框，选中"全部复制"单选按钮，单击"确定"按钮，将标准层1中的所有构件全部复制到第2标准层中，如图9-26所示。同样的操作，依次复制出其余标准层。在复制第7层标准层时，选中"局部复制"单选按钮来复制楼梯间区域的柱、梁和楼板。在功能区右侧的标准层列表中可以看到复制的标准层，如图9-27所示。

图 9-26   图 9-27

提示:

执行相同命令时，可以右击快速执行命令。

07 在"楼板"选项卡的"修改"面板中单击"删除"|"板洞"按钮，将楼梯间楼板的板洞删除。最终第 7 标准层的结果如图 9-28 所示。

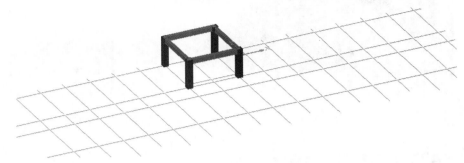

图 9-28

08 在"楼层"选项卡的"组装"面板中单击"楼层组装"按钮，弹出"楼层组装"对话框。首先修改标准层的层高为 3600mm，单击"修改"按钮进行确认，如图 9-29 所示。

09 在"标准层"列中选择"第 2 标准层"，再单击"增加"按钮，将楼层添加到右侧的"组装结果"列表中，再依次将其余标准层添加到右侧列表中，最后单击"确定"按钮完成楼层的组装，如图 9-30 所示。

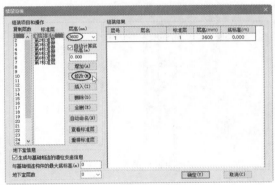

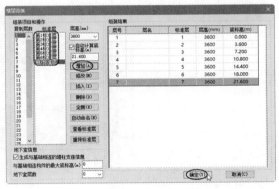

图 9-29   图 9-30

10 在功能区的右侧单击"整楼"按钮，可以看到组装的楼层效果，如图 9-31 所示。

11 在"轴网"选项卡的"网点"面板中单击"节点下传"按钮，弹出"请选择"对话框。单击"自动下传"按钮完成节点下传，如图 9-32 所示。

> **提示：**
>
> 上下楼层之间的节点和轴网的对齐，是 PMCAD 中上下楼层构件之间对齐和正确连接的基础，大部分情况下，如果上下层构件的定位节点、轴线未对齐，则在后续的其他软件中往往会视为没有正确连接，从而无法正确处理。因此，针对上层构件的定位节点下层没有对齐节点的情况，软件提供了节点下传功能，可以根据上层节点的位置，在下层生成一个对齐节点，并打断下层的梁、墙构件，使上下层构件可以正确连接。

至此完成了建筑上部结构的设计。

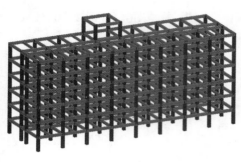

图 9-31

图 9-32

9.2.3 SATWE 分析与结果查看

SATWE 除了自动运行结构分析，另一个作用就是补充用户为结构构件施加的载荷及工况时缺少的一些条件，具体的操作步骤如下所述。

01 在功能区中单击"前处理及计算"选项卡，随后弹出"保存提示"对话框。若选中"自动进行 SATWE 生成数据＋全部计算"复选框，单击"确定"按钮后系统会自动进行结构分析，如图9-33 所示。

图 9-33

02 若未选中"自动进行 SATWE 生成数据＋全部计算"复选框，单击"确定"按钮后，可以利用"前处理及计算"选项卡中的相关工具进行补充操作，"前处理及计算"选项卡如图 9-34 所示。

图 9-34

03 当觉得需要补充一些特殊荷载（包括温度荷载、特殊风、外墙与人防、防火设计等）时，例如添加温度荷载，可以在"荷载补充"面板中单击"特殊荷载"|"温度荷载"按钮，弹出"温度荷载"控制面板。在"温度荷载"控制面板的"温度荷载定义"选项中，选中"荷载布置"选项，在弹出的"温度荷载定义"对话框中定义最高升温和最低降温值，单击"全楼同温"按钮，如图9-35 所示。

图 9-35

提示:

温度荷载会引起结构变形。在进行温度分析之前，设计师首先应该合理确定结构的温度场，目前在SATWE及PMSAP软件中均是通过定义节点处的温差来定义温度荷载的，软件利用有限元法计算温度荷载对结构的影响，并通过自定义荷载组合功能与其他荷载效应进行相应的组合，从而能够较准确地考虑温度对结构的影响，有助于设计人员采取相应的对策和措施。由于一般的建筑结构中出现的温度荷载主要是均匀的普遍升温或者降温作用，所以目前在SATWE和PMSAP软件中均采用杆件截面均匀受温、均匀伸缩的温度加载方式，即对于杆件内外表面的温差影响没有考虑，所以在SATWE和PMSAP软件中对于温度的计算，只考虑了均匀受温引起的轴向变形，不考虑杆件两侧温差所引起的弯曲变形。设计师在定义温度荷载时，对于梁、柱构件，只需在两端的节点上分别定义节点温差，从而定义一根杆件温度升高或者温度降低。温差是指结构某部位的当前温度值与该部位处于无温度应力时的温度值的差值。

04 不再补充荷载及其他构件时，单击"计算"面板中的"生成数据+全部计算"按钮，执行（或重新执行）结构分析并生成数据，如图 9-36 所示。

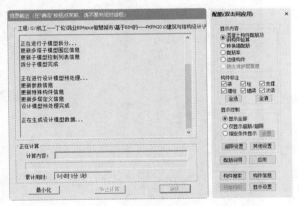

图 9-36

05 结构分析完成后，系统会在绘图区中自动显示配筋结果，如图 9-37 所示。另外，可以在"结果"选项卡中查看各种分析结果、设计结果、特殊分析结果等，如图 9-38 所示。例如，在"分析结果"面板中单击"振型"按钮，弹出"振型（双击同应用）"控制面板。选中"应变能"单选按钮，选择"振型 1（1.026）"振型类型，其余选项保留默认，单击"应用"按钮，可以动态观察建筑结构的振动变形情况，如图 9-39 所示。

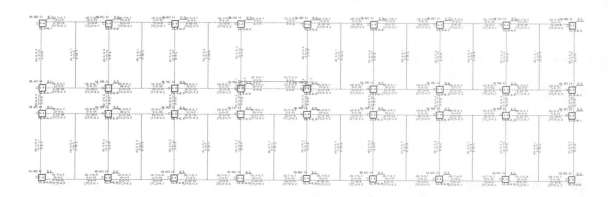

图 9-37

图 9-38

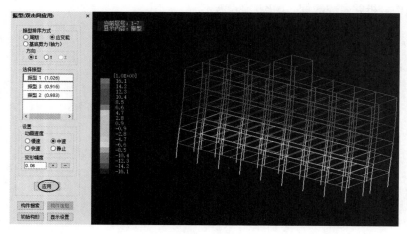

图 9-39

06 在"文本结果"面板中单击"文本及计算书"按钮，系统自动生成计算书，如图 9-40 所示。

07 在绘图区窗口的右上角单击"页面设置"按钮，在弹出的"计算书设置"对话框中设置文本信息，如图 9-41 所示。最后单击"输出 Word"按钮，将计算书导出为 Word 文本。

08 在"文本结果"面板中单击"工程量统计"按钮，弹出"工程量统计计算书"对话框。选中要输出的内容选项，单击"生成计算书"按钮，自动创建工程量统计计算书，如图 9-42 所示。

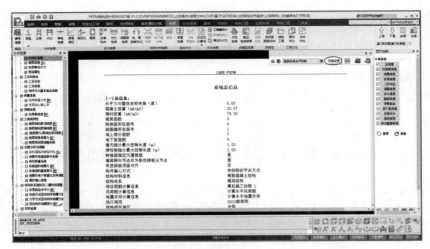

图 9-40

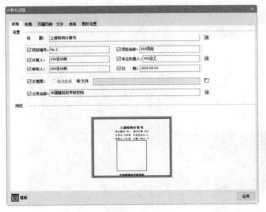

图 9-41

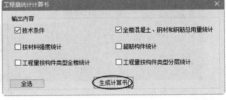

图 9-42

09 在"文本结果"面板中单击"导出 EXCEL"按钮，弹出 ExportExcel 对话框，选择要导出的数据类型，最后单击"导出"按钮，完成数据导出，如图 9-43 所示。

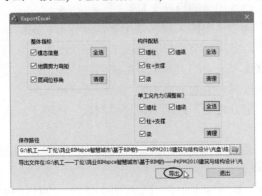

图 9-43

10 至此完成了本工程的上部结构设计与结构分析，最后保存数据结果。

9.2.4 创建砼施工图

在 PKPM 的许多专业模块中都能够独立建立施工图，包括在 PMCAD 中建立砼施工图（混凝土结构施工图）、在 LTCAD 中建立楼梯大样图和在 JCCAD 中建立基础平面布置图等施工图。本小节介绍砼施工图（主要是梁平法的结构平面图）的建立过程，具体的操作步骤如下所述。

> **提示：**
>
> PMCAD中的砼施工图设计功能其实是PKPM的PAAD施工图设计软件的主要制图功能。

01 在功能区中单击"砼施工图"选项卡，弹出"PKPM 每日提醒"对话框，单击"下一页"按钮查看"通用规范 2021 版"，如图 9-44 所示。单击"确定"按钮进入砼施工图设计模式。砼施工图设计模式（环境）中包括以下功能区选项卡。

图 9-44

- "模板"选项卡：该选项卡是施工图创建的通用工具选项卡，包括适用于整个工程的参数设置及与模型、轴线相关的设计工具。
- "梁"选项卡：该选项卡中的工具主要用来创建标准层的结构平面布置图，包括载入图纸图框、图纸标注、各构件节点详图及手工补充绘图等。
- "柱"选项卡：该选项卡中的工具主要用来创建柱施工图。
- "墙"选项卡：该选项卡中的工具主要用来创建墙施工图。
- "板"选项卡、"组合楼板"选项卡和"层间板"选项卡：这三个选项卡主要用于创建板施工图。
- "楼梯"选项卡：该选项卡主要用来设计楼梯构件和楼梯施工图，也就是后文要介绍的 LTCAD 楼梯设计模块。
- "工程量"选项卡：该选项卡主要用于混凝土结构、砌体结构及其钢筋的统计。

02 进入砼施工图设计模式后，在绘图区中会自动显示关于梁和柱的结构平面布置图，如图 9-45 所示。此时这幅图还不是真正意义上的施工图，缺少标注、文字注释等要素。

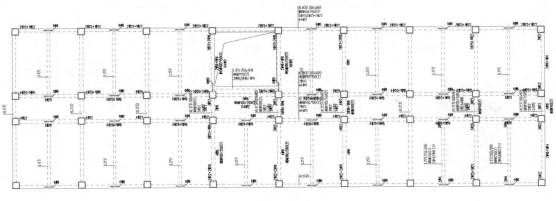

图 9-45

03 如果需要批量出图，例如多楼层建筑的各层结构施工图，可以在"模板"选项卡的"设置"面板中单击"结构提资"按钮 📦，弹出"结构提资"对话框。在该对话框中进行选项和参数设置，即可将多张施工图集成在一张图纸中，如图 9-46 所示。

04 单击"图表"|"图框"按钮 📄，可以将系统默认的图框载入当前视图中，默认的图框比结构平面图大，如图 9-47 所示。

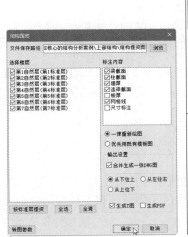

图 9-46

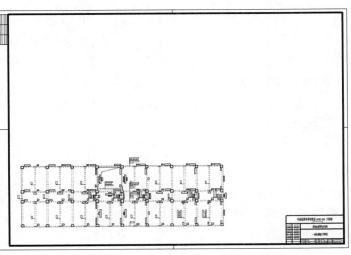

图 9-47

05 载入的图框比较大，显然是不合理的。这需要在载入图框的时候就选择图框的大小。单击"修改"面板中的"删除"按钮 🧽，将图框删除。然后重新单击"图表"|"图框"按钮 📄，接着按 Tab 键，会弹出"图框设定"对话框，在该对话框中选择图纸号为"3 号"，设置图纸加长250mm、加宽 100mm，单击"确认"按钮在绘图区中放置设置好的图框，如图 9-48 所示。

提示：

如果平面图在图框中的位置不是正中的，可以单击"修改"面板中的"移动"按钮 ✥，将图框平移至合适位置即可，千万不要平移平面图来协调两者的位置关系。

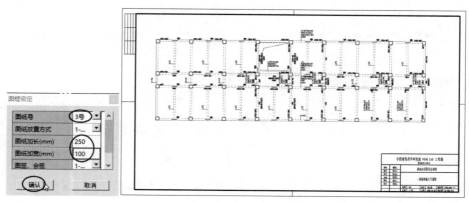

图 9-48

06 在"标注"面板中单击"轴线"|"自动"按钮，弹出"轴线标注"对话框。选中或取消选中相应的复选框后单击"确定"按钮，自动完成轴线的标注，如图 9-49 所示。

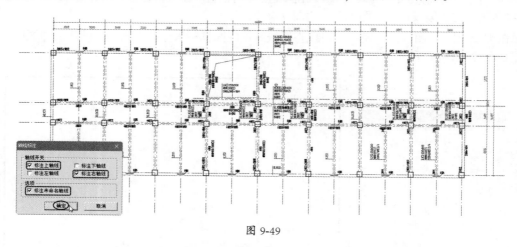

图 9-49

07 在"标注"面板中单击"轴线"|"交互"按钮，弹出"轴线标注参数"对话框，选中相应复选框后单击"确定"按钮，然后在绘图区中选取轴线进行标注，标注左侧轴线和下轴线，如图 9-50 所示。

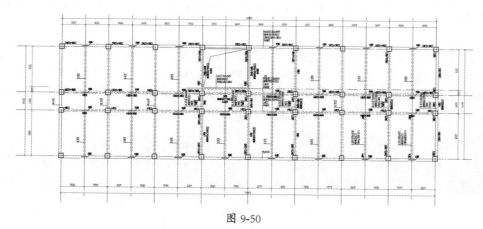

图 9-50

08 在"设置"面板中单击"图表"|"图名"按钮 ，弹出"注图名"对话框。输入图名信息，单击"确定"按钮后将图名放置于平面图的下方，如图9-51所示。

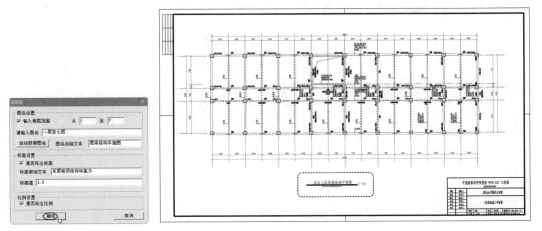

图 9-51

09 在"设置"面板中单击"图表"|"修改图签"按钮 ，弹出"修改图签内容"对话框。输入图签的信息，单击"更新图签"按钮后自动完成图签的修改，如图9-52所示。

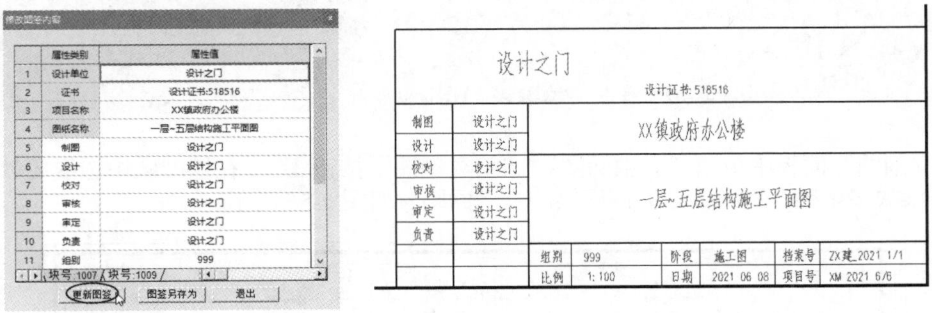

图 9-52

10 切换到"梁"选项卡。在"绘图"面板中单击"施工图生成"按钮▶生成梁施工图。然后在"连续梁"面板中单击"梁名修改"按钮 ，在绘图区中选取要修改梁名的连续梁，随后弹出"请输入连续梁名称"对话框，输入新的梁名并单击"确定"按钮，完成所选同类型连续梁的梁名修改，如图9-53所示。

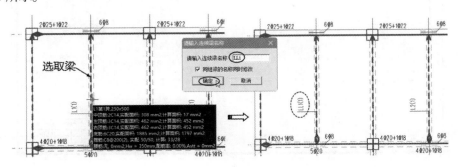

图 9-53

11 同理，完成其他梁名的修改。在"钢筋"面板中单击"原位标注"|"成批修改"按钮 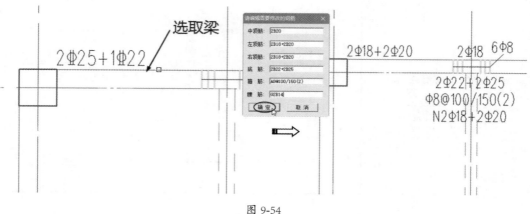，在绘图区中选取一条边跨梁，右击弹出"请编辑需要修改的钢筋"对话框，输入新的钢筋参数，单击"确定"按钮完成批量更改，如图 9-54 所示。

图 9-54

12 在"立剖图"面板中单击"立剖面图"|"绘立剖图"按钮 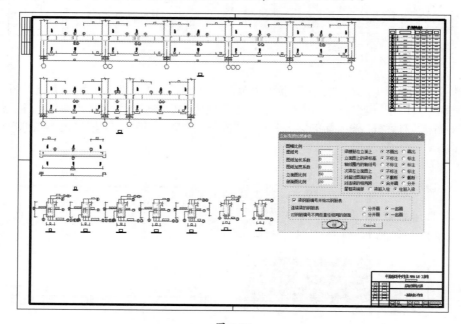，在绘图区中选取要创建剖面图的单条梁或多条梁，系统会自动创建梁的立剖面图，如图 9-55 所示。

图 9-55

13 在"返回平面"面板中单击"返回平面图"按钮□，返回结构平面图视图状态。

14 在软件窗口左上角单击 PKPM 图标，在弹出的菜单中选择"保存到 T 和 DWG"按钮 ，弹出"请选择需要转换的 T 图（支持多选）"对话框，输入施工图的名称"结构平面施工图 .dwg"，单击"保存"按钮完成施工图图纸文件的创建，如图 9-56 所示。

图 9-56

15 同理，可以切换到"柱"选项卡、"墙"选项卡、"板"选项卡中创建柱施工图、墙施工图和板施工图等，创建方法与结构平面施工图（梁配筋）是相同的，这里不再赘述。

9.3 LTCAD 楼梯设计、建模与分析

本建筑采用现浇整体板式楼梯，如图 9-57 所示。楼梯踏步尺寸为 150mm×300mm，楼梯采用 C30 混凝土，板采用 HPB235 级钢筋，梁采用 HPB335 级钢筋，楼梯上均布活荷载标准值为 q_k=2.5kN/m²。

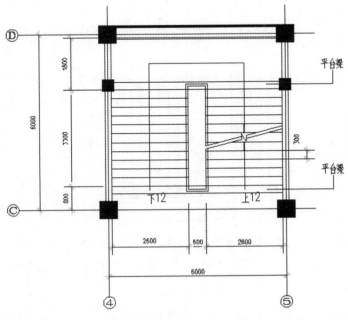

图 9-57

9.3.1 确定楼梯尺寸

从图 9-55 可以得知，楼梯间的实际空间尺寸为 5800mm×5900mm。

（1）楼梯坡度。

楼梯坡度一般为 20°~45°，其中以 30°左右较为常用。楼梯坡度的大小由踏步的高宽比确定。

（2）踏步尺寸。

通常踏步尺寸按如图 9-58 所示的经验公式确定。

经验公式 $2h+b=600\sim620\text{mm}$

图 9-58

楼梯间各尺寸计算参考示意图，如图 9-59 所示。

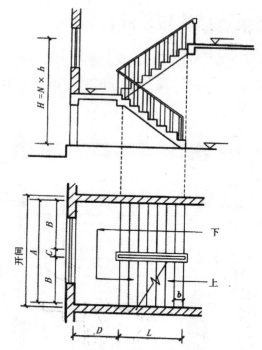

A- 楼梯间开间宽度；B- 梯段宽度；C- 梯井宽度；D- 楼梯平台宽度；H- 层高；L- 楼梯段水平投影长度；N- 踏步级数；h- 踏步高；b- 踏步宽

图 9-59

在设计踏步尺寸时，由于楼梯间进深所限，当踏步宽度较小时，可以采用踏面挑出或踢面倾斜（角度一般为 1°~3°）的方法，以增加踏步宽度，如图 9-60 所示。

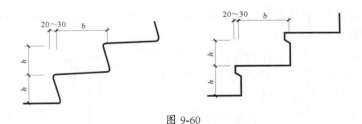

图 9-60

表 9-3 为各种类型的建筑常用的适宜踏步尺寸。通过查表，可以确定本案例（办公楼性质）楼梯的踏步尺寸为 150mm（h）×300mm（b）。楼层高度为 3600mm，所以踏步的步数为 3600mm÷150mm =24（步）。

表 9-3　适宜踏步尺寸（mm）

楼梯类型	住宅	学校、办公楼	影剧院、会堂	医院	幼儿园
踏步高	156～175	140～160	120～150	150	120～150
踢面深	300～260	340～280	350～300	300	280～260

（3）梯段尺寸。

梯段宽度是指梯段外边缘到墙边的距离，它取决于同时通过的人流股数和消防要求。有关的规范一般限定其下限（见表 9-4 和图 9-61 所示）。因本案例楼梯开间的实际尺寸为 5800mm，在空间足够大的情况下，可以适当增加梯段尺寸，确保在 2600mm ~2900mm 取值。

表 9-4　楼梯梯段宽度设计依据

每股人流量宽度为 550mm+（0~150mm）		
类别	梯段宽	备注
单人通过	≥ 900	满足单人携带物品通过的要求
双人通过	1100~1400	
多人通过	1650~2100	

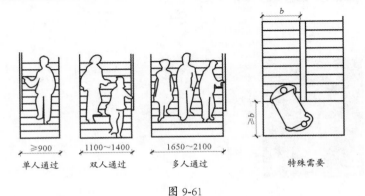

图 9-61

（4）梯井。

两个梯段之间的空隙叫"梯井"。公共建筑的梯井宽度应不小于 150mm。本案的楼梯梯井根据梯段的取值来确定，若梯段取值为 2600mm，那么梯井就是 5800mm−2600mm×2=600mm。

（5）平台宽度。

楼梯平台有中间平台和楼层平台之分。为保证正常情况下人流通行和非正常情况下安全疏散，以及搬运家具设备的方便，中间平台和楼层平台的宽度均应等于或大于楼梯段的宽度。

在开敞式楼梯中，楼层平台宽度可以利用走廊或过厅的宽度，但是为防止走廊上的人流与从楼梯上下的人流发生拥挤或干扰，楼层平台应有一个缓冲空间，其宽度不得小于 500mm，如图 9-62 所示。所以本案楼梯的平台宽度初始估值为 5900−300×(19−1) = 2600mm。但楼梯上行位置需要一个缓冲，这里取值为 800mm>500mm，故中间平台宽度取值为 1800mm。

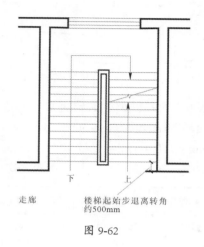

走廊　　　　楼梯起始步退离转角约500mm

图 9-62

9.3.2 楼梯建模

楼梯建模的具体操作步骤如下所述。

01 接着前面的上部结构设计与分析的结果，继续本工程的楼梯建模操作。在功能区右侧的专业模块列表中选择"楼梯设计"模块转入楼梯设计环境，功能区中显示"楼梯"选项卡，如图 9-63 所示。

02 在"楼梯"选项卡的"参数"面板中单击"主信息"按钮，弹出"LTCAD 参数输入"对话框。在"楼梯主信息二"选项卡中设置相关参数，如图 9-64 所示。

图 9-63

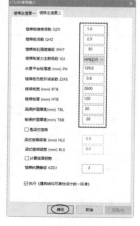

图 9-64

03 在"文件"面板中单击"新建楼梯"按钮，弹出"新建楼梯工程"对话框。输入楼梯文件名，单击"确认"按钮，如图 9-65 所示。

04 在"楼梯间"面板中单击"矩形房间"按钮，弹出"矩形梯间输入"对话框。在该对话框中输入楼梯间的相关尺寸，单击"确定"按钮完成楼梯间的创建，如图 9-66 所示。

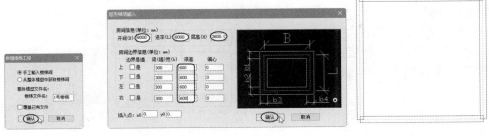

图 9-65　　　　　　　　　　　图 9-66

05 在"楼梯间"面板中单击"本层信息"按钮，弹出"用光标点明要修改的项目"对话框。设置"板厚（毫米）"值为 120、"本标准层层高（毫米）"值为 3600，单击"确定"按钮完成信息修改，如图 9-67 所示。

06 在"楼梯布置"面板中单击"楼梯布置"按钮，弹出"请选择楼梯布置类型"对话框。在该对话框中选择"2 跑"类型，如图 9-68 所示。

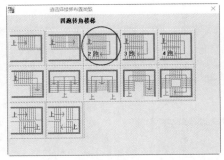

图 9-67　　　　　　　　　　　图 9-68

07 在弹出的"平行两跑楼梯—智能设计对话框"对话框中定义楼梯参数，最后单击"确定"按钮完成楼梯的设计，如图 9-69 所示。

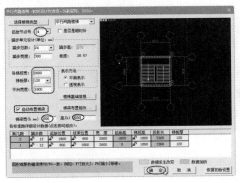

图 9-69

08 在"梯梁布置"面板中单击"梯梁删除"按钮 ，将下行楼梯一层的梯梁删除。再在"楼梯间"面板中单击"删除构件"|"删除主梁"按钮 ，因为在结构建模时这些梁已经创建，将四周的楼层结构梁全部删除，删除结果如图9-70所示。

09 在"竖向布置"面板中单击"设标准层"|"加标准层"按钮 ，在弹出的"选择/添加标准层"对话框中选择"添加新标准层"选项，然后按照"全部复制"方式，依次复制出6个标准层。

10 在"竖向布置"面板中单击"楼层布置"按钮 ，弹出"楼层组装"对话框。设置"层高"值为3600，将6个标准层依次添加（单击"添加"按钮）到右侧的组装结果列表中，再单击"确定"按钮完成楼梯的组装，如图9-71所示。

图 9-70 　　　　　　　　　　　　　　　　图 9-71

提示：

在"楼层组装"对话框中不要使用复制层数的方式来创建楼层组装，必须与前面的结构建模中楼层组装方式完全相同，否则不能正确进行结果分析。

9.3.3 数据分析与计算

数据分析与计算的具体操作步骤如下所述。

01 在"数据校核"面板中单击"检查数据"按钮 ，自动检查楼梯数据，查看有没有设计错误。

02 在"模块切换"面板中单击"钢筋校核"按钮 ，进入钢筋校核模式。在绘图区中可以看到两跑楼梯的梯板受力和弯矩图，如图9-72所示。

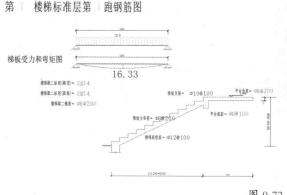

图 9-72

03 如果不修改钢筋设置，可以单击"画钢筋表"按钮 ▦ 生成楼梯钢筋表，如图9-73所示。单击"计算书"按钮 ▤，可以在弹出的"计算书设置"对话框中生成钢筋计算书，如图9-74所示。

图 9-73   图 9-74

04 退出钢筋校核模式。在"楼梯"选项卡的"模块切换"面板中单击"施工图"按钮 ▩，可生成楼梯施工图，如图9-75所示。

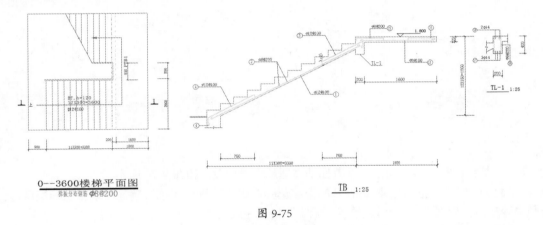

图 9-75

05 保存楼梯数据文件，重新在专业模块列表中选择"结构建模"选项，返回结构建模环境中，至此完成了本项目中的楼梯设计与分析。

9.4 JCCAD 基础设计与分析

本工程项目的基础为柱下独立基础，基础之上有地梁。地基承载力特征值为250kPa。基础采用C25钢筋砼，地梁和承台为C30钢筋砼，垫层为C10钢筋砼。

9.4.1 地下基础建模

地下基础建模的具体操作步骤如下所述。

01 继续前面的项目。在功能区中单击"基础"选项卡，并在弹出的菜单中选择"基础模型"选项，进入基础模型设计环境，绘图区中会自动显示结构建模中的轴网和柱布置图，如图9-76所示。

图 9-76

02 在"参数"面板中单击"参数"按钮，弹出"分析和设计参数补充定义"对话框。在该对话框的"总信息"页面中设置相关参数，如图 9-77 所示。

03 在"地基承载力"页面中设置相关参数，如图 9-78 所示。

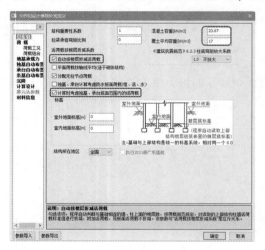

图 9-77

图 9-78

04 在"独基自动布置"页面中，设置独基类型及相关参数，如图 9-79 所示。

05 在"材料信息"页面中，设置独基的混凝土强度级别、钢筋级别、箍筋级别、保护层厚度、配筋率等参数，如图 9-80 所示。单击"确定"按钮完成设置。

图 9-79

图 9-80

06 在"工具"面板中单击"导入DWG图"按钮🖼️，将本例源文件夹中的"基础平面布置图.dwg"文件打开，在弹出的"导入DWG图"控制面板中选择"独基"选项，在下方显示的"独基"选项卡中设置基础类型及参数，如图9-81所示。

07 在图纸中选择基础图形的一条边线，所有基础图形被自动选中，右击将自动识别图形。在"导入DWG图"控制面板中单击"选择基准点"按钮，在图纸中选取A轴和1轴的交点作为插入模型的基准点，如图9-82所示。

图 9-81

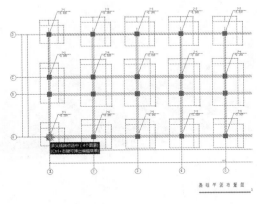

图 9-82

08 在"导入DWG图"控制面板中单击"导入"按钮，将识别的图形放置到模型中，并与轴网中左下角的轴线交点对齐，随后自动创建独立基础模型，如图9-83所示。

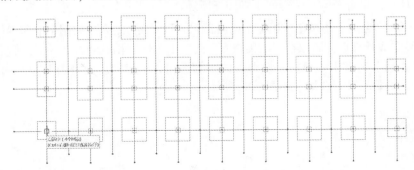

图 9-83

09 在"地基梁"面板中单击"布置"按钮🏗️，弹出"基础构件定义管理"控制面板和"布置参数"对话框。单击"添加"按钮，在弹出的"基础梁定义"对话框中定义地基梁的参数，如图9-84所示。

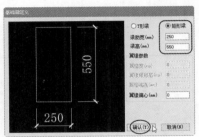

图 9-84

10 在"布置参数"对话框中设置"基底标高"值为−0.950m，然后在绘图区中选取轴线来布置基础梁，结果如图 9-85 所示。

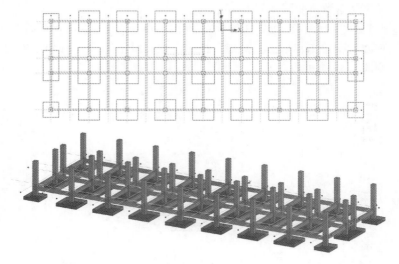

图 9-85

9.4.2　分析、设计与结果查看

分析、设计与结果查看的具体操作步骤如下所述。

01 在"分析与设计"选项卡中单击"生成数据＋计算设计"按钮▶，完成数据生成和结构分析计算。

02 生成数据并完成计算后，可以在"结果查看"选项卡中选择相关的查看工具来查看分析结果。例如在"结果查看"选项卡中单击"反力"按钮，可以通过"反力查看"控制面板中显示的相关信息来查看基础的反力作用，如图 9-86 所示。

 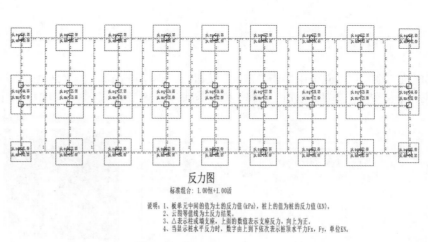

反力图

标准组合：1.00恒+1.00活

说明：1、板单元中间的值为土的反力值(kPa)，桩上的值为桩的反力值(KN)。
　　　2、云图等值线为土反力结果。
　　　3、△表示柱或墙支座，上面的数值表示支座反力，向上为正。
　　　4、当显示桩水平反力时，数字由上到下依次表示桩顶水平Fx，Fy，单位KN。

图 9-86

03 通过单击"构件信息""设计简图""文本查看"等按钮，可以生成相关的数据文本，供设计师阅读。

04 单击"计算书"按钮 ，自动生成独基的计算书，如图9-87所示。

05 单击"工程量统计"按钮 ，弹出"工程量统计设置"对话框，选中"独基"和"地基梁"复选框并单击"确定"按钮，如图9-88所示，完成工程量的统计并输出文本。

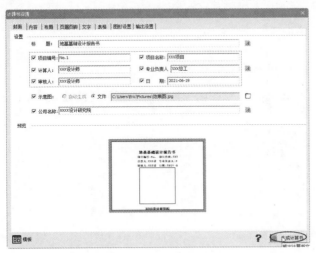

图 9-87

图 9-88

提示:

所有的文本输出将自动输出到用户定义的工作目录中。

---

06 至此，完成了本工程项目的所有建模和结构分析工作，最后将结果文件保存。

9.4.3 创建基础平面施工图

基础平面施工图的创建内容较少，只是进行尺寸标注、添加图框、修改图名等，具体的操作步骤如下所述。

01 切换到"施工图"选项卡，单击"底图"面板中的"绘新图"按钮 ，绘图区中显示没有任何标注信息及图框的基础平面图，如图9-89所示。

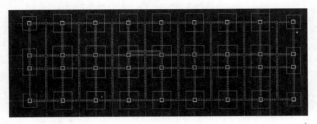

图 9-89

02 在"施工图"选项卡的"标注"面板中单击"轴线"|"自动标注"按钮 ，弹出"自动标注轴线参数"对话框，选中相应复选框后单击"确定"按钮，自动创建标注，如图9-90所示。

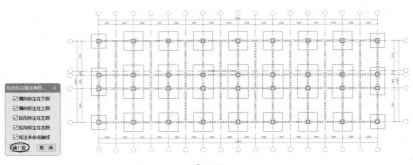

图 9-90

03 在"标注"面板中单击"尺寸标注"按钮 ，在绘图区中依次选取要标注的独立基础，自动完成独立基础的尺寸标注，如图 9-91 所示。

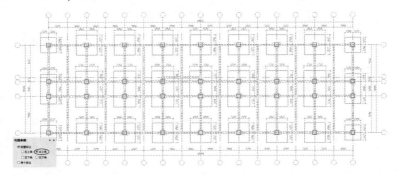

图 9-91

技术要点：

标注时，选取基础的一条边线可以标注单侧尺寸，如果需要同时标注双侧尺寸，用光标拾取基础的角点即可。

04 在"标注"面板中单击"图框图名"|"图框"按钮 ，按 Tab 键可以弹出"图框设定"对话框，设置图框参数后单击"确认"按钮，将图框放置在绘图区中，如图 9-92 所示。

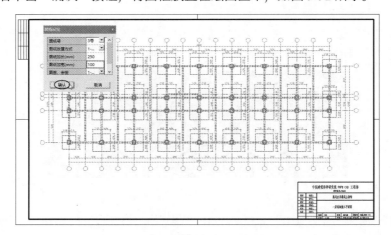

图 9-92

05 在"平法"面板中单击"独基"按钮 ⏚，系统自动完成独立基础的平法标注，如图 9-93 所示。

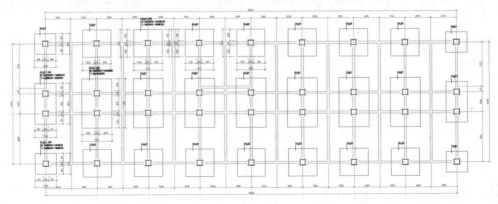

图 9-93

06 在"标注"面板中单击"图框图名"|"图名"按钮 Title，弹出"注图名"对话框。在该对话框中设置图名及其他参数，单击"确定"按钮将图名放置在基础平面图的下方，如图 9-94 所示。

基础施工图 1:100

(本层板顶结构标高为-2.35)

图 9-94

07 在软件左上角单击 PKPM 图标，在弹出的菜单中选择"存为 T 图并转 DWG"命令 ，将基础施工图导出为 DWG 格式文件，如图 9-95 所示。

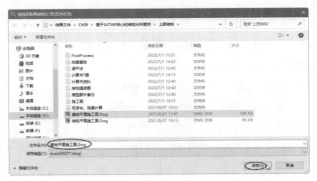

图 9-95

08 毕竟 PKPM 不是专业工程图设计软件，所以结构设计工程师通常是在 PKPM 中生成主要的标准层结构平面图、梁平法 / 柱平法平面图、板配筋图、柱配筋图、楼梯大样图后，导出 DWG 格式文件再到 AutoCAD 软件中完成结构施工图。

至此，完成了本工程项目的结构设计、分析及施工图的创建。

第 10 章　PKPM 2021 V1.3——基于 PMSAP 核心的结构分析

PMSAP 是 PKPM 结构设计软件中专用于高层或超高层建筑结构分析的模块。总体上来说，PMSAP 的分析操作流程与 SATWE 的分析操作流程类似，本章将用一个超高层（18 层）建筑项目的结构分析案例来详解 PMSAP 功能应用及分析操作流程。

10.1　建筑结构设计说明

本工程项目位于河南省洛阳市，是一个依山傍水住宅小区中的其中一栋全框架剪力墙结构的建筑项目。

1．工程概况

本工程实际由三个单元楼组成，三个单元楼的结构都是相同的，层数也相等，本案例仅介绍其中一个单元楼的建筑结构设计与分析。本建筑房屋总高度 52.50 米，建筑面积 320m²，房屋高宽比为 3.45。本工程场地属 II 类建筑场地。本工程建筑楼层为 21 层，其中地下一层是车库，地上 20 层，1~19 层为标准层，屋面层为楼梯间顶棚层。

2．相关设计等级

相关设计等级如下。

- 本工程结构设计使用年限为 50 年。
- 建筑结构的安全等级为二级，耐火等级为二级。
- 工程所在地区抗震设防烈度为 7 度（设计基本地震加速度 0.10g，设计地震分组为第一组），建筑抗震设防类别为丙类。
- 地基基础设计等级为乙级。基础采用筏板基础，以 CFG 桩处理后的复合地基为持力层。
- 本工程采用剪力墙结构，剪力墙抗震等级均为三级。

3．设计使用活荷载（kN/m²）

基本风压 Wo=0.30（50 年一遇），地面粗糙度类别为 B 类。

（1）楼屋面均布活荷载标准值如下所述。

- 楼面活荷载：地下层车库为 4.0；消防车道为 20；消防楼梯为 3.5；户内楼梯为 2.0；阳台为 2.5；卧室、客厅、厨房、卫生间、走道为 2.0；电梯机房为 7.0。
- 屋面活荷载：上人屋面为 2.00；不上人屋面为 0.50；屋顶花园为 3.0。

（2）施工或检修集中活荷载：1.0kN/m²；楼梯、阳台和上人屋面栏杆顶部水平荷载为 0.5kN/m²。

（3）风荷载：基本风压 0.3kN/m²。

4．设计采用材料

设计采用的材料如下。

（1）钢材、钢板如下。

- HPB235 级热轧钢筋，抗拉强调 210N/m²。
- HRB335 级热轧钢筋，抗拉强调 300N/m²。
- CRB550 级冷轧带肋钢筋，抗拉强调 360N/m²。

（注：用于剪力墙、框架梁柱的热轧钢筋的抗拉强度实测值与屈服强度实测值的比值不应小于 1.25，且钢筋的屈服强度实测值与强度标准值的比值不应大于 1.3。）

- 钢筋采用电弧焊时，焊条型号应按《钢筋焊接及验收规程》表 3.0.3 选用。
- Q235B 钢板（用于预埋铁件）。

（2）混凝土、砌块如下。

- 剪力墙、框架柱、梁、现浇板、楼梯为 C30；基础为 C30；基础垫层为 C15；构造柱和过梁为 C20。
- 填充墙砌块：地面以下墙体及女儿墙采用页岩实心砖；其余填充墙应采用页岩空心砖，材料容重 ≤ 10kN/m3，强度等级：外墙不低于 MU5，内墙不低于 MU3.5。

（3）填充墙砌筑砂浆：地面以下墙体用 M7.5 水泥砂浆砌筑，地面以上墙体用 M5 混合砂浆砌筑。

10.2　PMSAP 结构建模与分析

在以 PMSAP 为核心的集成设计中，采用了与 SATWE 类似的方法，从 PMCAD 接力模型到 PMSAP 中。PMSAP 前处理采用了和 SATWE 一致的前处理模块，相同的几何处理方法，并且全面读取了 SATWE 的特殊构件定义、设计参数、多塔高度调整材料定义等信息，这种新的接力模型方法，在模型处理上和 SATWE 有着高度的一致性，两套计算程序有相同的几何模型和参数定义前提，更便于对比计算分析及设计结果。处理模型的方法不同点：PMSAP 读取 PMCAD 的用户定义恒活面荷载，而 SATWE 读取的导荷荷载；PMSAP 读取 PMCAD 的原始偏心信息，而 SATWE 根据偏心定义调整节点坐标。

10.2.1　PMCAD 结构建模与 PMSAP 分析

本工程是较为复杂的高层框架剪力墙结构，在建立模型构件时，需要注意以下问题。

（1）按结构原型输入。

该是什么构件就输入什么构件。如符合梁的简化条件的，就按梁输入；符合柱或异形柱条件的，就按柱或异形柱输入；符合剪力墙条件的，就按剪力墙（带洞）输入；没有楼板的房间，要将其板厚改成 0.0 毫米或者设置全房间洞。

（2）轴网输入。

由网格线和节点组成的轴网是 PKPM 系列 CAD 系统交互式数据输入的基础，这种以轴网为基础的输入方式具有构件布置灵活、操作简单、输入效率高等特点。尤其在 PMCAD 或 STS 的数据结构中，每个标准层都具有其独立的轴网，极大提高了复杂结构的数据输入效率。对于一个工程，轴网建立得妥当与否，直接影响着数据输入的效率。而且，对于高层结构，轴网建立不当还可能影响 PMSAP 内力分析的效率和精度。

为适应 PMSAP 数据结构和理论模型的特点，建议在使用 PMCAD 或 STS 输入高层结构数据时，注意如下事项。

- 尽可能发挥"分层独立轴网"的特点，将各标准层不必要的网格线和节点删除。
- 充分发挥柱、梁、墙布置可带有任意偏心的特点，尽可能避免近距离的轴线。上述两点建议主要是为了避免梁、墙被节点切出短梁、短墙。因为梁、墙被不必要的节点打断，在结构分析时会增加许多不必要的自由度，影响分析效率。而且，过多短梁、短墙的存在，也可能影响分析精度。
- 但是，用户也不应为了输入模型方便，盲目地使用梁墙偏心。当偏心值较大时，应该另设轴线，否则对分析精度也是不利的。

（3）板 - 柱结构的输入。

在采用 TAT、TBSA 等软件进行板 - 柱结构分析时，需要将楼板简化为等带梁，这种对楼板的模拟方法与实际工程出入较大。而 PMSAP 软件在进行板 - 柱结构分析时，考虑了楼板弹性变形，使用弹性楼板单元较真实地模拟了楼板的刚度和变形，不需要将楼板简化为等带梁。

对于板 - 柱结构，在 PMCAD 交互式建模输入中，在以前需要输入等带梁的位置上，布置截面尺寸为 100mm×100mm 的矩形截面虚梁。这里布置虚梁的目的有两点：一是为了 PMSAP 软件在接 PMCAD 前处理过程中能够自动读到楼板的外边界信息；二是为了辅助弹性楼板单元的划分。

（4）厚板转换层结构的输入。

对于转换厚板，PMSAP 使用中厚板单元模拟其平面外刚度和变形，用平面应力膜模拟其面内刚度和变形。在 PMCAD 的交互式建模输入中，与板 - 柱结构的输入要求一样，也需要布置 100mm×100mm 的虚梁，且要充分利用本层柱网和上层柱、墙节点（网格）布置虚梁。

此外，层高的输入需要有所改变。将厚板的板厚均分给与其相临两层的层高，即取与厚板相邻的两层的层高分别为其净空加上厚板厚度的一半。如图 10-1 所示，第 i 层有厚度为 Bt 的厚板，在 PMCAD 交互式建模输入中，第 i 层的板厚输入值为 Bt，层高为 Hi，第 $i+1$ 层的层高为 Hi+1。

（5）错层结构的输入。

对于框架错层结构，在 PMCAD 或 STS 建模输入中，可以通过指定梁两端节点高，来实现错层梁或斜梁的布置。PMSAP 前处理会自动处理梁柱在不同高度的相交问题。

对于剪力墙错层结构，在 PMCAD 或 STS 建模输入中，结构层的划分原则是"以楼板为界"，底盘错层部分虽然只有两层，但要按三层输入，如图 10-2 所示。

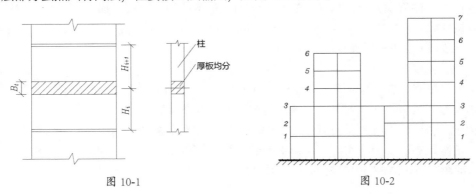

图 10-1   图 10-2

下面将利用 PKPM 软件的 PMCAD、PMSAP 和 JCCAD 等模块来完成本工程的结构建模和相关的结构力学分析，并输出各类施工图。

1. PMCAD 结构建模

本工程的结构建模仍然采用导入方案设计图纸的方式来识别图形并完成模型转换。在 PKPM 中，框架剪力墙结构的剪力墙设计有暗柱，暗柱与剪力墙的受力相同，也就是这个暗柱不会作为主要的承重柱来承受荷载，只是为了提高延性，所以在接下来的剪力墙布置中，无须另外设置暗柱。

（1）标准层建模的具体操作步骤如下所述。

01 启动 PKPM 结构设计软件，在主页界面中选择"PMSAP 核心的集成设计"模块，在专业模块列表中选择"结构建模"，单击"新建/打开"图标 ⬚，设置工作目录。

02 双击新建的工作目录并进入 PMCAD 环境中，输入新工程名为"高层住宅"，单击"确定"按钮完成工程项目的创建，如图 10-3 所示。

03 单击"轴网"选项卡中 DWG 面板的"导入 DWG"按钮 ⬚，进入"DWG 转结构模型"模式。再单击"装载 DWG 图"按钮 ⬚ 导入本例源文件夹中的"2~19层剪力墙结构平面布置图"图纸文件。

04 在"转图设置"控制面板中选中"轴线"项目，或者在"识别图形"面板中单击"轴网"按钮 ⬚，按信息提示选择图纸中的轴线并右击，完成轴线的识别，如图 10-4 所示。

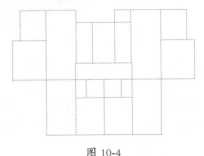

图 10-3　　　　　　　　　　　　　　　　图 10-4

05 在"识别图形"面板中单击"墙"按钮 ⬚，在图纸中选择一条墙边线并右击完成选择，系统自动识别所有剪力墙图形，如图 10-5 所示。

06 单击"装载 DWG 图"按钮 ⬚ 导入本例源文件夹中的"2~19层梁配筋图.dwg"图纸文件。在"识别图形"面板中单击"梁"按钮 ⬚，在图纸中选择一条梁边线并右击完成选择，系统自动识别所有梁图形，如图 10-6 所示。

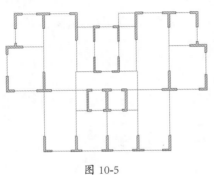

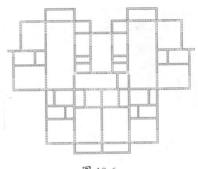

图 10-5　　　　　　　　　　　　　　　　图 10-6

07 单击"柱"按钮▯，将电梯井旁边的两根 KZ1 结构柱进行识别。

08 在"单层模型"面板中单击"生成模型（单层）"按钮▯，系统自动创建 PM 模型，然后指定左下角的轴线交点（轴线编号 A 与轴线编号 2 的交点）作为基准点，连续按两次 Enter 键后自动创建轴线、柱、墙及梁模型，如图 10-7 所示。

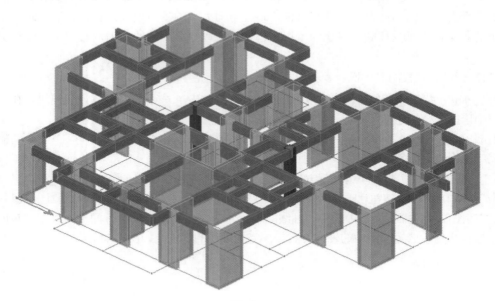

图 10-7

09 接下来将主、次梁的尺寸进行修改。主梁尺寸为 200mm×500mm，次梁（小跨度的梁）尺寸为 200mm×400mm，电梯井的主梁为 200mm×750mm，自动识别的主梁尺寸就是 200mm×500mm，无须修改。仅右击房间中的次梁和电梯井的主梁进行修改即可，如图 10-8 所示。

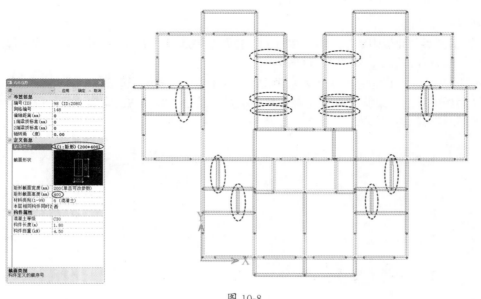

图 10-8

10 在"楼板"选项卡中单击"生成楼板"按钮 ⬚，自动生成楼板，如图 10-9 所示。

11 单击"全房间洞"按钮 ⬚，然后选取两个电梯井的楼板来创建全房间洞，如图 10-10 所示。

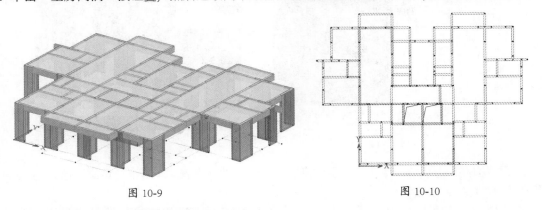

图 10-9　　　　　　　　　　　　　　　　　　　图 10-10

　　（2）楼梯设计的具体操作步骤如下所述。

01 接下来设计标准层的消防楼梯，楼梯的设计图如图 10-11 所示。楼梯间的楼板需要创建板洞，以便放置楼梯构件。板洞大小根据图纸中的楼梯梯段和中间平台的尺寸来决定。图纸中的第一跑梯段总长 2080mm+ 平台宽度 1200mm，整个楼梯的开间尺寸为 2400mm，所以板洞的尺寸取这个值就可以。在"楼板"面板中单击"板洞"按钮 ⬚，弹出"板洞布置"控制面板和"板洞布置参数"对话框。

02 单击"增加"按钮，在弹出的"截面参数"对话框中设置板洞参数，如图 10-12 所示。

03 因为板洞的插入点默认为左下角点，所以要想准备放置板洞，还需要在"板洞布置参数"对话框中设置"偏轴偏心"值和"偏轴偏心"值，如图 10-13 所示。

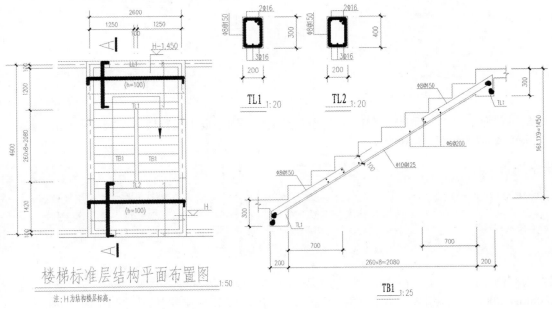

图 10-11

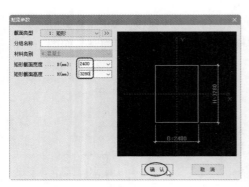

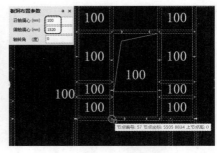

图 10-12   图 10-13

04 返回"构件"选项卡，单击"本层信息"按钮 📖，然后设置"本标准层层高"值为2900，如图 10-14 所示。

05 在"楼板"选项卡的"楼梯"面板中单击"楼梯"|"放置"按钮 ✎，在图形区中选取楼梯间后弹出"请选择楼梯布置类型"对话框，选择第三种平行两跑楼梯类型即可，如图 10-15 所示。

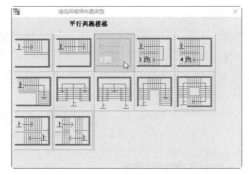

图 10-14   图 10-15

06 随后在弹出的"平行两跑楼梯 - 智能设计对话框"对话框中设置楼梯参数，并单击"确定"按钮确认参数，如图 10-16 所示。

> **技术要点：**
>
> 在PMCAD中设计楼梯需要注意的是，楼梯的布置是按照所选的房间来放置的，而不是参照创建的房间洞来放置，也就是按照楼梯间的墙体轴线来布置，所以在输入"各梯段宽"尺寸和"平台宽度"尺寸时要相应增加1/2墙体宽度。如果按照图10-17所示的参数来放置楼梯，就会出现楼梯设计不符要求的问题，图10-18所示为实际输入尺寸（正确）和理想尺寸输入（有问题）的楼梯对比。

07 为楼梯添加三条梁。在"构件"选项卡中单击"梁"按钮 ✎，弹出"梁布置"面板。新增200mm×300mm的矩形梁，设置梁顶标高，然后将新增的矩形梁放置到如图 10-19 所示的位置。

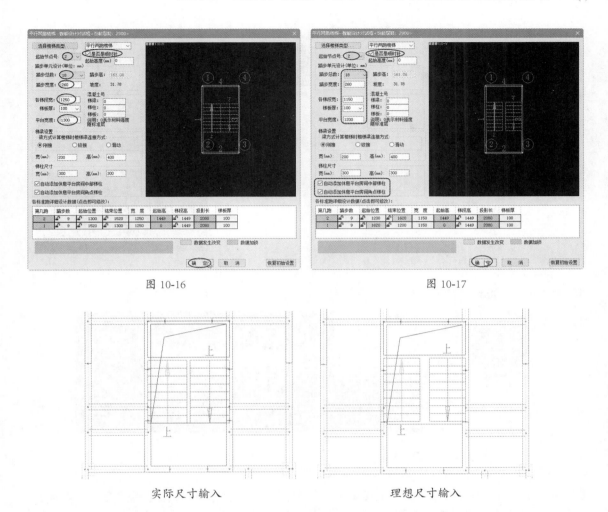

图 10-16　　　　　　　　　　　　　　　　　图 10-17

　　　　　实际尺寸输入　　　　　　　　　　　　理想尺寸输入

图 10-18

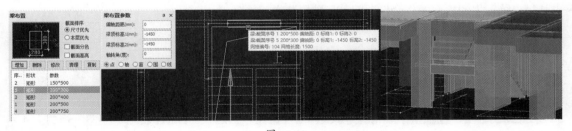

图 10-19

08 在"轴网"选项卡中单击"两点直线"按钮 ✐，添加两条轴线，如图 10-20 所示。

09 再将 200mm×300mm 的矩形梁放置于楼梯平台上，选取绘制的轴线即可，如图 10-21 所示。

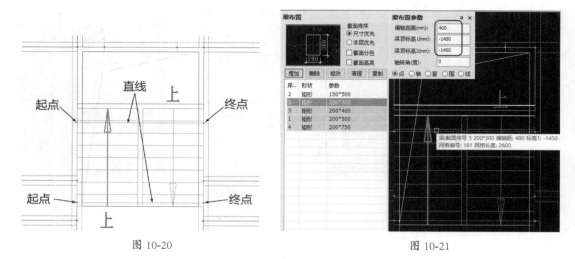

图 10-20　　　　　　　　　　　　　　图 10-21

10 将现成的 200mm×400mm 的矩形梁放置在下行楼梯一侧，如图 10-22 所示。

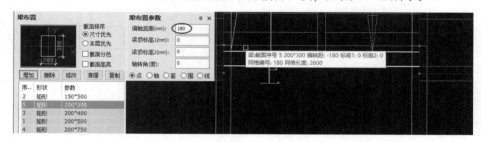

图 10-22

（3）屋面层结构建模的具体操作步骤如下所述。

01 在"楼层"选项卡的"标准层"面板中单击"增加"按钮🗔，弹出"请选择需要复制的标准层"对话框，选中"只复制网格"和"普通标准层"单选按钮，单击"确定"按钮，将第 1 标准层中的轴线网格复制到第 2 标准层中，如图 10-23 所示。此时系统自动进入第 2 标准层进行操作，也就是说接下来的任何操作会自动归入标准层 2 中。

> **提示：**
>
> 要想返回到第1标准层中工作，需要在功能区右侧的标准层列表中选择"第1标准层"即可。同理，通过在此标准层列表中选择任何标准层，就会自动进入该层中工作。

02 切换到"轴网"选项卡中单击"导入 DWG"按钮🗂，进入"DWG 转结构模型"模式，利用"装载 DWG 图"工具载入本例源文件中的"屋面层梁配筋图 .dwg"图纸文件，然后识别出该图中的剪力墙图形，如图 10-24 所示。

> **提示：**
>
> 屋面结构中，楼梯间和电梯井梁下为结构柱，也可以单独识别柱图形。这里的柱和剪力墙的荷载计算方法相同，所以也可以一起识别为墙。因为标准层的暗柱都是合并在剪力墙中的。

03 接着识别该图中的轴网和结构梁图形，如图 10-25 所示。

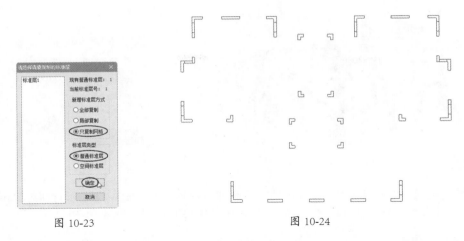

图 10-23   图 10-24

04 单击"生成模型（单层）"按钮 ，选取一个插入基准点（左下角的轴线交点），然后将其插入到模型环境中，与之前复制的轴网进行对齐，操作后的结果如图 10-26 所示。

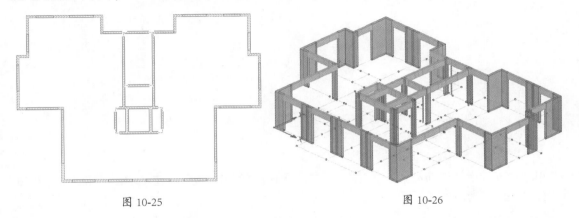

图 10-25   图 10-26

05 在"楼板"选项卡中单击"生成楼板"按钮 ，自动创建楼板。单击"全房间洞"按钮 ，除了中间楼梯间和两个电梯井需要楼板，其余房间的楼板创建全房间洞，如图 10-27 所示。

2. 施加荷载

本案住宅楼的活荷载在前文已经列出。除了楼板荷载、梁荷载，还有剪力墙荷载。

（1）为第 1 标准层施加载荷的具体操作步骤如下所述。

01 在功能区右侧的标准层列表中选择"第 1 标准层"，以激活该标准层。

02 在"荷载"选项卡的"总信息"面板中单击"恒活设置"按钮 ，弹出"楼面荷载定义"对话框。设置楼面恒载标准值为 4，楼面活荷载值为 2.0，如图 10-28 所示。

提示：

创建全房间洞时，若发现不能按照要求来创建房间洞，需要仔细查看轴网中是否有多余的节点，如果有可以使用"轴网"选项卡的"网点"面板中的"删除节点"工具删除，如图 10-29 所示。删除多余节点后，还需重新生成楼板。

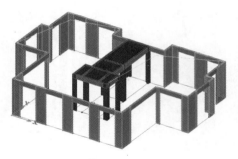

图 10-27

图 10-28

03 单击"荷载显示"按钮 ，在弹出的"荷载显示设置"对话框中选中所有荷载显示选项。系统自动为整层楼板施加恒活载荷，并将值显示在各房间板面上，如图 10-30 所示。

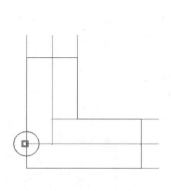

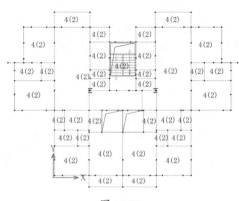

图 10-29

图 10-30

04 根据前面提供的活荷载值，需要在"恒载"面板中单击"板"按钮 ，选取部分板面修改其恒荷载值，如图 10-31 所示。

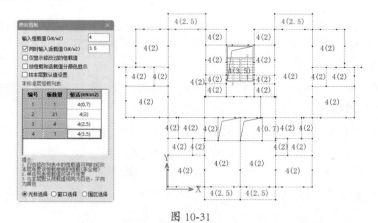

图 10-31

05 本工程的梁分主梁和次梁，系统会自动计算它们的自重荷载，梁上有非承重的砌体（实际上有些房间的梁不设非承重墙，为了统一，均设非承重墙）。在"恒载"面板中单击"次梁"按钮 ，接着在弹出的"次梁：恒载布置"控制面板中单击"增加"按钮，在随后弹出的"添加：次梁荷载"对话框中设置非承重墙的容重，并计算出恒载值为 9.512 kN/m²，如图 10-32 所示。

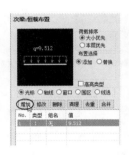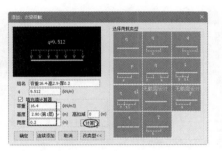

图 10-32

06 在图形区中选取所有梁来施加恒荷载，结果如图 10-33 所示。

07 结构梁的活荷载来自楼板的板传荷载，系统会自动计算并传导给梁，所以无须自行添加梁的活荷载。

08 剪力墙的恒荷载主要为自重荷载，这里无须自行添加荷载，系统会自动计算并将荷载传导给柱和梁。

（2）为第 2 标准层施加载荷的具体操作步骤如下所述。

01 在功能区右侧的标准层列表中选择"第 2 标准层"，以激活该标准层。

02 在"荷载"选项卡的"总信息"面板中单击"恒活设置"按钮 ，弹出"楼面荷载定义"对话框。设置楼面恒载标准值为 4，楼面活荷载值为 0.5，如图 10-34 所示。

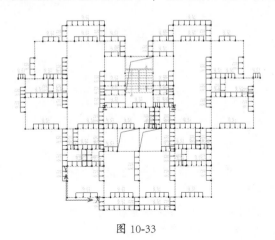

图 10-33　　　　　　　　　　　　　　　　　　图 10-34

03 其他如结构柱、剪力墙与结构梁的荷载均为自重加板传荷载，屋面楼板系统会自动将计算的荷载传导给柱、墙和梁，所以无须再添加任何恒载与活荷载。

3. 组装楼层

组装楼层的具体操作步骤如下所述。

01 在"楼层"选项卡的"组装"面板中单击"设计参数"按钮 ，弹出"楼层组装 - 设计参数"对话框。在"总信息"选项卡中设置钢筋的砼（混凝土）保护层厚度值，如图 10-35 所示。

02 在"材料信息"选项卡中设置"混凝土容重"值和"砌体容重"值，如图 10-36 所示。

提示：

混凝土容重可通过第3章中的表10-2查得。

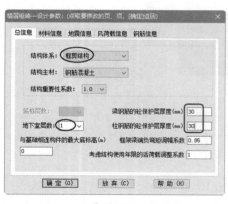

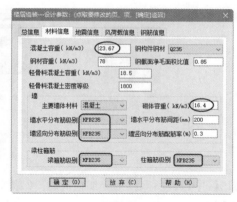

图 10-35　　　　　　　　　　　　　　　　　图 10-36

03 在"地震信息"选项卡中设置地震信息参数，如图 10-37 所示。

04 在"风荷载信息"选项卡中设置风压、地面粗糙度类别等参数，如图 10-38 所示。最后单击"确定"按钮完成设计参数的设置。

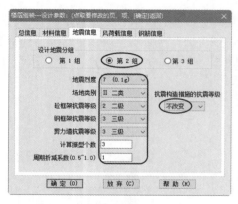

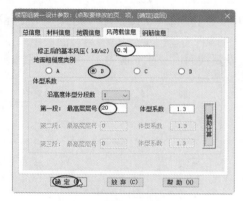

图 10-37　　　　　　　　　　　　　　　　　图 10-38

05 在"组装"面板中单击"全楼信息"按钮 ，弹出"全楼各标准层信息"对话框，修改该对话框的"板保护层（mm）"值为 20，如图 10-39 所示。

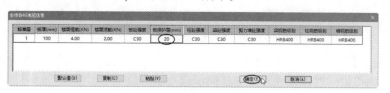

图 10-39

06 在"楼层"选项卡的"组装"面板中单击"楼层组装"按钮 ，弹出"楼层组装"对话框。首先修改第 1 标准层的层高为 2900，在"复制层数"列中选择层数字为 19，单击"增加"按钮将其添加到右侧的"组装结果"列表中，最后修改层号为 1 的层名为"地上 1 层"，如图 10-40 所示。

07 在"标准层"列中选择"第 2 标准层"，修改其层高为 4400，再单击"增加"按钮，将楼层添加到右侧的"组装结果"列表中，自动成为第 20 层，最后单击"确定"按钮完成楼层的组装，如图 10-41 所示。

图 10-40

图 10-41

提示：

一定要确保"楼层组装"对话框底部的"生成与基础相连的墙柱支座信息"复选框是选中的，这将有助于在接下来的基础设计时，直接接力地上层的数据来创建基础数据。

08 在功能区的右侧单击"整楼"按钮，可以看到组装的楼层效果，如图 10-42 所示。

09 在"轴网"选项卡的"网点"面板中单击"节点下传"按钮，弹出"请选择"对话框。单击"自动下传"按钮完成节点下传，如图 10-43 所示。

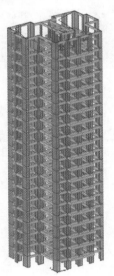

图 10-42

图 10-43

至此完成了建筑上部结构的设计。

4. PMSAP 结构分析

PMSAP 结构分析的具体操作步骤如下所述。

01 在功能区中单击"前处理及计算"选项卡，弹出"保存提示"对话框，单击"保存"按钮保存模型。

随后弹出"请选择"对话框，选中所有复选框，单击"确定"按钮后系统会自动进行结构分析，如图10-44所示。

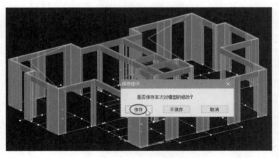

图 10-44

02 随后会弹出模型数据检查的结果，如图10-45所示，显示第2标准层中有两根柱是悬空的，需要为这两根悬空柱增加一个支座。在"楼层"选项卡的"支座"面板中单击"布置"按钮，弹出"调整支座信息"对话框，如图10-46所示。在"楼层"选项卡的"查询"面板中单击"模型检查"按钮，系统重新执行数据检查并弹出"提示"对话框，显示未发现任何异常。

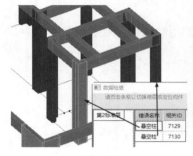

图 10-45 　　　　　　　　　　　图 10-46

03 再次单击"前处理"选项卡，进入该选项卡中，如图10-47所示。

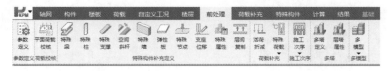

图 10-47

04 若不再补充荷载及其他特殊构件时，切换到"计算"选项卡后会弹出"生成模型"对话框，选中"全新模型：（生成模型并采用SATWE设计参数及特殊构件定义（可用于SATWE和PMSAP对比，将清除用户之前交互定义的参数）)"单选按钮，再单击"确定"按钮可重新生成数据模型，如图10-48所示。

图 10-48

05 最后单击"生成数据＋计算（64）"按钮▶，完成自动分析。

提示：

如果你的计算机为32位系统，单击"生成数据＋计算"按钮即可，若是安装的系统为64位，就单击"生成数据＋计算（64）"按钮。PMSAP模块需要单独授权，否则不能进行计算。如果你安装的PKPM软件中PMSAP模块没有授权，那么可以保存文件退出，然后进入SATWE核心的集成设计模块中进行SATWE分析，SATWE的分析结果可以作为PMSAP分析的补充。值得注意的是，本例21层建筑结构完全可以用SATWE进行分析，其结果与PMSAP相差无几。

---

06 如图10-49所示的配筋分析结果就是用SATWE进行分析计算的结果。

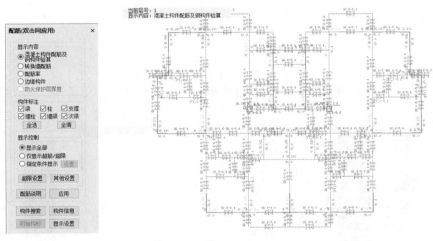

图 10-49

07 在"分析结果"面板中单击"振型"按钮，弹出"振型（双击同应用）"控制面板。如图10-50所示为应变能的变形效果。

08 单击"位移"按钮查看在地震的作用下建筑位移的情况，如图10-51所示。

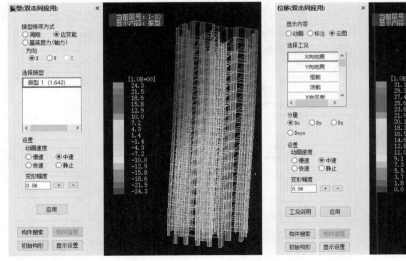

图 10-50

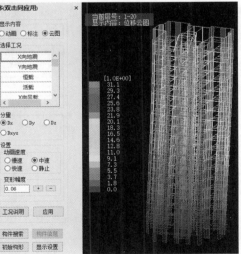

图 10-51

09 单击"内力"按钮 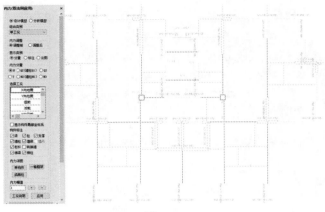，查看建筑结构内应力分布情况，如图10-52所示。

图 10-52

10 在"文本结果"面板中单击"文本查看"|"新版文本查看"按钮 📃，系统自动生成计算书，如图10-53所示。

图 10-53

11 在图形区的右上角单击"页面设置"按钮，在弹出的"计算书设置"对话框中设置文本信息，如图10-54所示。最后单击"输出Word"按钮 🔳，将计算书导出为Word文本。

图 10-54

12 至此完成了本工程的上部结构设计与PMSAP结构分析，最后保存数据结果。

10.2.2 JCCAD 基础设计与分析

本工程项目的基础采用筏板基础，以 CFG 桩处理后的复合地基为持力层。CFG 桩以含黏性土卵石层为持力层，桩端进入持力层深 ≥ 500mm，处理深度为基底下 7 米左右），要求处理后的复合地基承载力特征值 fak ≥ 300Kpa，压缩模量 Es ≥ 15Mpa。复合地基承载力特征值应通过载荷试验确定。

筏板为 C30 钢筋砼，垫层为 C15。CFG 桩桩顶与筏基间应铺设 300mm 厚的级配砂石褥垫层，级配砂石最大粒径 ≤ 30mm。

1. 地下基础建模

整个地下基础的构件包括桩、筏板、地下层剪力墙及拉梁，具体的操作步骤如下所述。

01 继续前面的项目。在功能区中单击"基础"选项卡，并在弹出的菜单中选择"基础模型"选项，在弹出的"请选择"对话框中选中后续操作选项，单击"确定"按钮进入基础模型设计环境中，如图 10-55 所示。

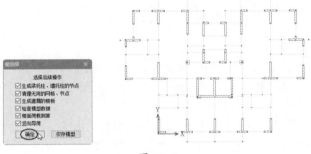

图 10-55

02 在"参数"面板中单击"参数"按钮 ，弹出"分析和设计参数补充定义"对话框。在该对话框的"总信息"页面中设置相关参数，如图 10-56 所示。

03 在"地基承载力"页面中设置相关参数，如图 10-57 所示。

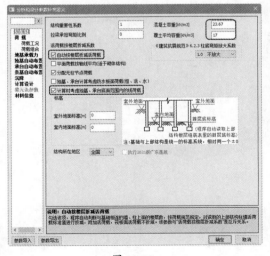

图 10-56

图 10-57

04 在"计算设计"页面设置计算模型及相关参数，如图 10-58 所示。

05 在"材料信息"页面设置筏基类型及相关参数，如图 10-59 所示。单击"确定"按钮完成设置。

图 10-58

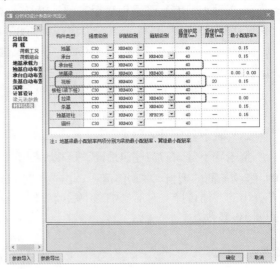

图 10-59

06 在"工具"面板中单击"导入 DWG 图"按钮，将本例源文件夹中的"基础平面布置图 .dwg"文件打开。在弹出的"导入 DWG 图"控制面板中选择"筏板"选项，在下方显示的"筏板"选项卡中设置基础类型与参数，如图 10-60 所示。

07 在图纸中选择筏板图形的一条边线，所有筏板图形被自动选中，右击将自动识别图形。在"导入 DWG 图"控制面板中单击"选择基准点"按钮，在图纸中选取 A 轴和 3 轴的交点作为插入到模型的基准点。在"导入 DWG 图"控制面板中单击"导入"按钮，将识别的图形放置到模型中，并与轴网左下角的轴线交点对齐，随后自动创建筏板及筏板到一层的所有构件模型，如图 10-61 所示。

图 10-60

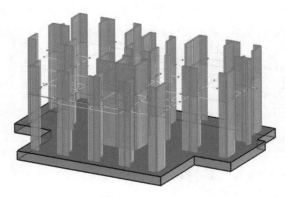

图 10-61

提示：

如果屋面顶层的结构柱有导出数据到基础中，生成筏板时会自动产生从筏板到顶层的柱，此时可以返回上部结构中将顶层的那根柱暂时删除，这并不影响基础的分析。

08 筏板下有CFG（CFG就是水泥粉煤灰碎石桩，由碎石、石屑、砂、粉煤灰掺水泥加水拌和而成）桩。

09 在"桩"面板中单击"群桩"|"群桩布置"按钮，在弹出的"群桩输入"对话框中设置参数，单击"确定"按钮后在图形区中布置桩，如图10-62所示。在"构件编辑"面板中单击"删除"按钮，将筏板外的桩删除（框选桩再右击即可删除）。

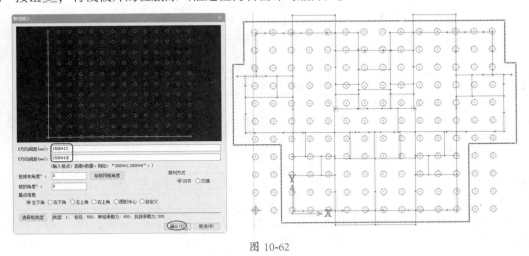

图 10-62

提示：

对于复合地基工程，也可以不设置复合地基桩，直接按处理地基计算。

10 布置的桩基效果如图10-63所示。在"复合地基"面板中单击"复合地基"|"布置"按钮，弹出"布置复合地基"对话框，设置复合地基参数，然后选择筏板构件，自动创建复合地基，如图10-64所示。

图 10-63　　　　　　　　　　　　　　图 10-64

2. 分析、设计与结果查看

分析、设计与结果查看的具体操作步骤如下所述。

01 进入"分析与设计"选项卡中单击"生成数据＋计算设计"按钮，完成数据生成和结构分析计算。

02 在"结果查看"选项卡中单击"反力"按钮，可以通过"反力查看"控制面板中显示的相关信息来查看基础的反力作用，如图10-65所示。

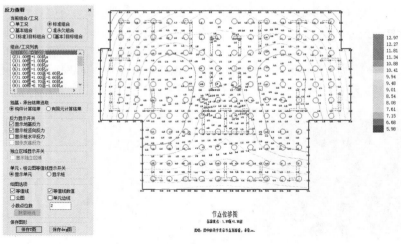

图 10-65

03 通过单击"构件信息""设计简图""文本查看"等按钮，可以生成相关的数据文本，供设计师阅读。

04 单击"计算书"按钮，自动生成独基的计算书，如图 10-66 所示。

05 单击"工程量统计"按钮，弹出"工程量统计设置"对话框，选中"独基"和"地基梁"复选框并单击"确定"按钮，完成工程量的统计并输出文本，如图 10-67 所示。

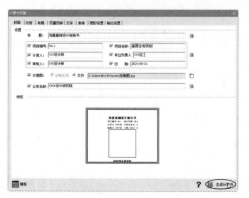

图 10-66

图 10-67

> **提示：**
>
> 所有的文本输出将自动输出到用户定义的工作目录中。

06 至此，完成了本工程项目的所有建模和 PMSAP 结构分析工作，最后将结果文件保存。

10.3 在 PMCAD 中创建施工图图纸

在 PKPM 的 PMCAD 模块中可以快速绘制卫生间、楼梯间等构件大样图或者柱、梁及板平法施工图。鉴于篇幅限制，下面仅介绍梁平法施工图和基础平面布置图的绘制方法。其他图纸可参照这两个施工图来绘制。

1. 创建顶层的梁配筋施工图

创建顶层的梁配筋施工图的具体操作步骤如下所述。

01 在功能区右侧的标准层列表中选择"2 层 2900 2",然后在功能区单击"砼施工图"选项卡,切换到砼施工图设计模式。

02 进入砼施工图设计模式后,在"梁"选项卡中单击"设钢筋层"按钮，创建钢筋图层。再单击"施工图生成"按钮▶,图形区中自动生成梁平法结构施工图,如图 10-68 所示。

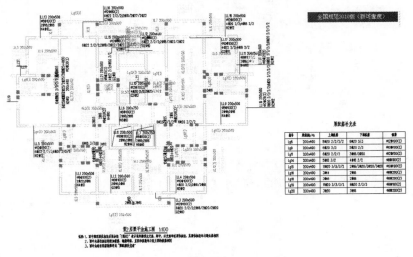

图 10-68

03 在"模板"选项卡的"设置"模板中单击"图表"|"图框"按钮，接着按 Tab 键弹出"图框设定"对话框,在该对话框中选择图纸号为"3 号",单击"确认"按钮在图形区中放置图框,如图 10-69 所示。可以利用"移动"工具移动图形、表格或图框。

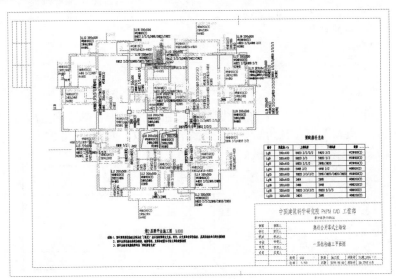

图 10-69

04 在"标注"面板中单击"轴线"|"自动"按钮 ▦，弹出"轴线标注"对话框。选中或取消选中相应的复选框后单击"确定"按钮，自动完成轴线的标注，如图 10-70 所示。

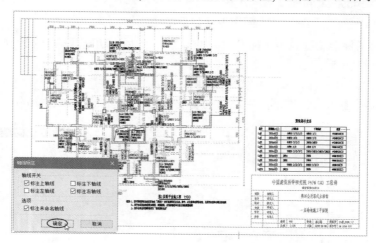

图 10-70

05 在"设置"面板中单击"图表"|"图名"按钮 ，弹出"注图名"对话框。输入图名信息，单击"确定"按钮后将图名放置于平面图的下方，如图 10-71 所示。

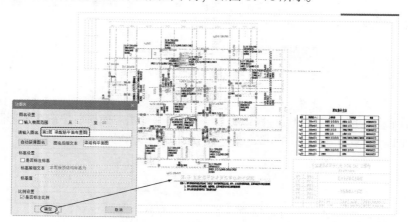

图 10-71

06 在"设置"面板中单击"图表"|"修改图签"按钮 ，弹出"修改图签内容"对话框。输入图签的信息，单击"更新图签"按钮后自动完成图签的修改，如图 10-72 所示。

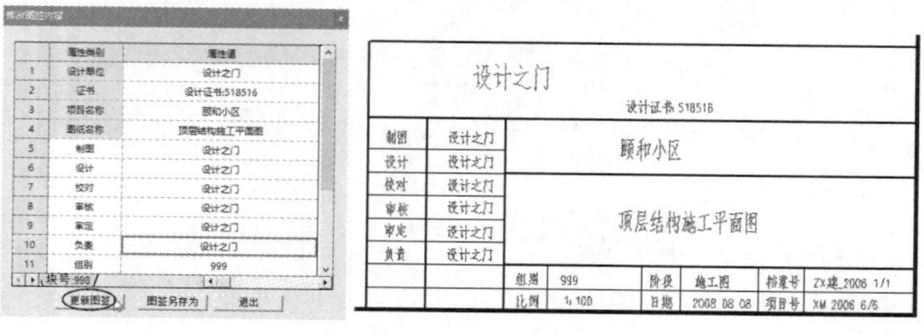

图 10-72

07 切换到"梁"选项卡。在"钢筋"面板中单击"原位标注"|"成批修改"按钮，在图形区中选取一条边跨梁，右击弹出"请编辑需要修改的钢筋"对话框，输入新的钢筋参数，单击"确定"按钮完成批量更改，如图 10-73 所示。同理完成其余梁的钢筋修改。

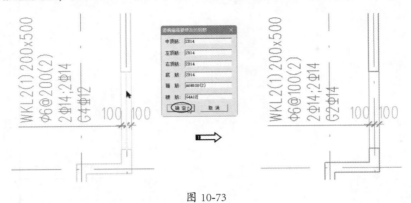

图 10-73

2. 创建顶层的柱施工图

创建顶层的柱施工图的具体操作步骤如下所述。

01 切换到"柱"选项卡，图形区中显示柱平法原位表示的平面图，如图 10-74 所示。

02 在"设置"面板的"表示方法"菜单中有四种柱平法表示方法，如图 10-75 所示。默认标注方法为"平法原位截面注写"。

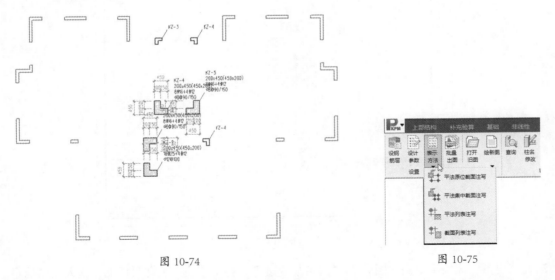

图 10-74

图 10-75

03 在"模板"选项卡的"设置"面板中单击"图表"|"图框"按钮，接着按 Tab 键弹出"图框设定"对话框，在该对话框中选择图纸号为"3 号"，单击"确认"按钮在图形区中放置图框，如图 10-76 所示。

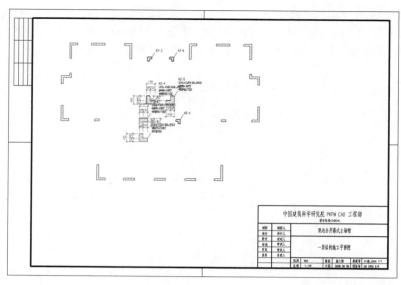

图 10-76

04 在"标注"面板中单击"轴线"|"自动"按钮，弹出"轴线标注"对话框。选中或取消选中相应的复选框后单击"确定"按钮，自动完成轴线的标注，如图 10-77 所示。

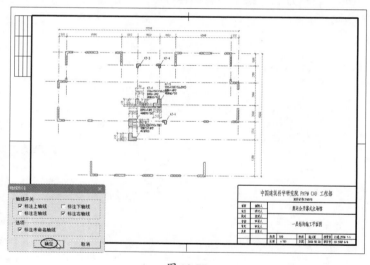

图 10-77

05 在"设置"面板中单击"图表"|"图名"按钮，弹出"注图名"对话框。输入图名信息，单击"确定"按钮后将图名放置于平面图的下方，如图 10-78 所示。

06 在"设置"面板中单击"图表"|"修改图签"按钮，弹出"修改图签内容"对话框。输入图签的信息，单击"更新图签"按钮后自动完成图签的修改，如图 10-79 所示。

07 在软件窗口左上角单击 PKPM 图标，在弹出的菜单中选择"保存到 T 和 DWG"选项，弹出"请选择需要转换的 T 图（支持多选）"对话框，输入施工图的名称"顶层结构平面施工图"，单击"保存"按钮完成施工图图纸文件的创建，如图 10-80 所示。

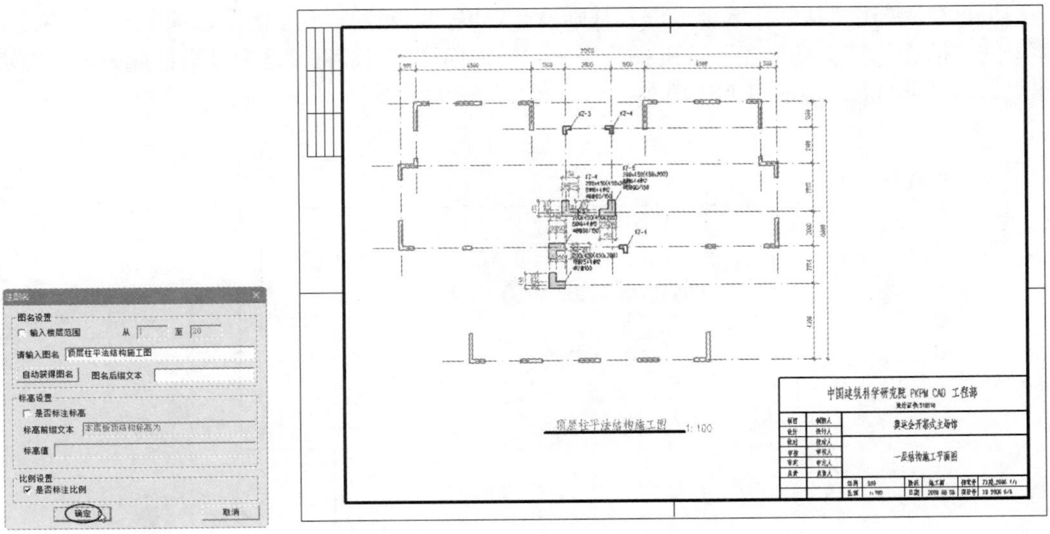

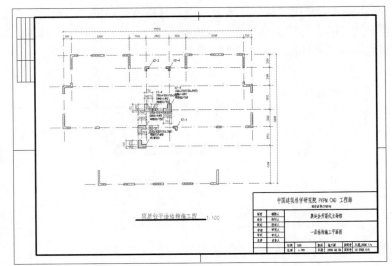

图 10-78

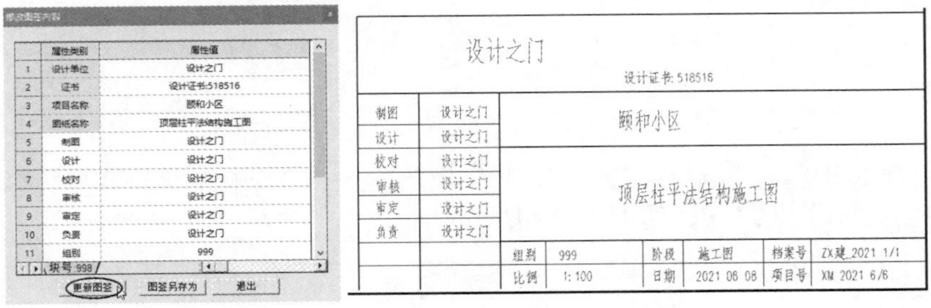

图 10-79

图 10-80

　　第1~19层的标准层结构平面图的创建过程与顶层结构平面图的操作流程完全相同,这里不再赘述。

3. 创建基础平面施工图

创建基础平面施工图的具体操作步骤如下所述。

01 在功能区中单击"基础"选项卡进入基础设计环境。切换到"施工图"选项卡。在"施工图"选项卡的"轴线"|"自动标注"按钮，弹出"轴线标注"对话框，选中复选框后单击"确定"按钮，自动创建标注，如图 10-81 所示。

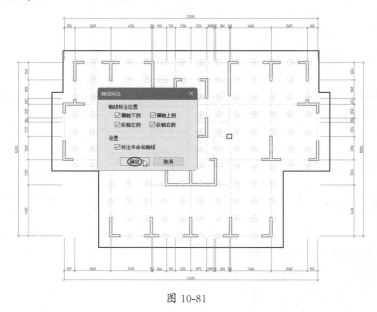

图 10-81

02 在"标注"面板中单击"图框图名"|"图框"按钮，按 Tab 键后选择 3 号图框（图纸加长、加宽 100mm）放置在图形区中，如图 10-82 所示。

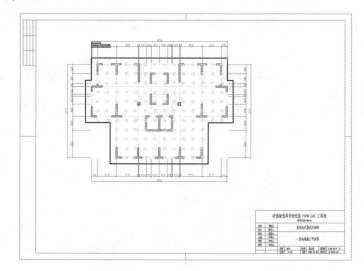

图 10-82

提示:

如果载入的图框尺寸不合适，可以在软件窗口的右下角区域单击"删除"按钮将图框删除，然后重新载入图框即可。

03 在软件窗口左上角单击 PKPM 图标，在弹出的菜单中选择"存为 T 图并转 DWG"选项，将基础平面图导出为 dwg 格式的文件，如图 10-83 所示。

图 10-83

至此，完成了本工程项目的结构建模、分析与工程图的设计。

第 *11* 章 PKPM 2021 V1.3——QITI 砌体结构设计与分析

砌体结构适用于底层建筑，在地震活动较少的地区大多以砌体结构为主。PKPM 中的砌体结构主要包括多层砌体结构、底框-抗震墙结构和小高层配筋砌块砌体结构等，本章主要介绍 QITI 模块的建模功能和结构分析。

11.1 砌体结构设计基础知识

砌体结构是指用烧结砖、石块或砌块为主要的承重结构材料，再以砂浆砌筑的结构。

11.1.1 常见砌体结构

以砌体结构为主体的建筑在我国农村地区比较常见，砌体结构多用于低层及多层建筑，如图 11-1 所示。

图 11-1

常见的砖体结构类型包括普通烧结砖、烧结多孔砖、蒸压灰砂砖及蒸压粉煤灰砖，如图 11-2 所示。

普通烧结砖　　　烧结多孔砖　　　蒸压灰砂砖　　　蒸压粉煤灰砖

图 11-2

砌体结构的优点如下所述。

- 砌体材料抗压性能好，保温、耐火、耐久性能好；材料经济，就地取材；施工简便，管理、维护方便。
- 砌体结构的应用范围广，它可用作住宅、办公楼、学校、旅馆、跨度小于 15m 的中小型厂房的墙体、柱和基础。

砌体结构的缺点是：砌体的抗压强度相对于块材的强度来说还很低，抗弯、抗拉强度则更低；蒙古土砖所需土源要占用大片良田，更要耗费大量的能源；自重大，施工劳动强度高，运输损耗大。

常见的砌体结构包括多层砌体结构（砖结构）、底框 - 抗震墙结构（砖混结构）和小高层配筋砌块砌体结构等。

砖结构多用于低层（一层或二层）建筑，砖混结构用于低层或多层建筑。

砖混结构包括由板、梁、屋架等构件组成的混合水平承重结构，以及由墙、柱和基础组成的混合竖向承重结构。

配筋砌块砌体结构常用于多层或小高层建筑，这种结构是将配置钢筋的砌块砌体作为主要受力结构件，具有和钢筋混凝土剪力墙类似的受力性能。

11.1.2　PKPM 的 QITI 结构设计模块

砌体结构辅助设计软件是 PKPM 系列结构设计软件中应用最广泛的功能模块之一。

QITI 模块根据《建筑抗震设计规范》（GB50011—2010）、《砌体结构设计规范》（GB50003—2011）、《混凝土小型空心砌块建筑技术规程》（JGJ/T 14—2011）、《底部框架 - 抗震墙砌体房屋抗震技术规程》（JGJ248—2012）的有关规定编制，并参考了上海市工程建设规范《配筋混凝土小型空心砌块砌体建筑技术规程》（DG/TJ08—2006）、《砌体结构设计手册》、《混凝土小型空心砌块墙体结构构造》（96SG613）等大量资料。

QITI 模块的部分软件功能与 SATWE、PKPM 施工图软件相同，QITI 砌体结构设计的分模块及相关专业设计模块在 PKPM 主页界面中，如图 11-3 所示。

图 11-3

砖体结构或者砖混结构的结构设计与分析，可以选择"砌体及底框结构"模块入口，小高层的配筋砌块、砌体的结构设计，选择"配筋砌体结构集成设计"模块入口即可。

QITI 砌体结构分析是基于 SATWE 核心的分析，也就是除了结构建模部分与 PMCAD 中的结构建模有些许不同，其余的分析与计算都是相同的。QITI砌体结构设计与分析流程如下所述。

（1）输入结构模型及载荷：包括轴网、墙厚、连梁、板厚、构造柱（按柱输入）、设计参数等基本信息。

（2）结构楼面布置信息：包括布置楼板错层、楼板开洞、修改部分板厚、布置圈梁等。

（3）楼面荷载传导计算：包括输入及修改部分荷载、荷载传递计算。

（4）砌体结构抗震及其他计算并查看输出结果：包括受压计算、抗震计算、局压计算等结果。

（5）画结构平面图：计算楼板配筋。

（6）砖混节点大样：在楼板配筋图的基础之上，输出圈梁及构造柱的节点。

（7）基础设计与计算。

11.2　QITI 砖混结构设计与结构分析案例

本工程项目地处陕西省汉中市城固县金华路，本工程建筑设计项目是汉城博郡小区的16号楼。

11.2.1　结构设计总说明

本工程为砖混结构，地上七层，一层为戊类储藏（储藏室分甲乙丙丁戊类），二~七层为住宅。总高度为18.650m，设计使用年限50年。

1．建筑结构的安全等级

本工程建筑结构的安全等级为二级，建筑抗震设防类别为丙类，地基基础设计等级为丙级，砖砌体施工质量控制等级为B级。

2．自然条件

自然条件如下。

- 基本风压：$W_0=0.30kN/m^2$。
- 地面粗糙度：B类。
- 基本雪压：$S_0=0.2kN/m^2$。
- 抗震设防烈度：6度。
- 设计基本地震加速度：0.05g。
- 设计地震分组：第三组。
- 建筑物场地类别：Ⅱ类。

3．本工程设计遵循的规范、规程及标准

本工程设计遵循的规范、规程及标准如下。

- 《建筑结构荷载规范》（GB 50009—2019）。
- 《混凝土结构设计规范》（GB 50010—2010）。
- 《建筑抗震设计规范》（GB 50011—2010）。
- 《建筑地基基础设计规范》（GB 50007—2011）。
- 《砌体结构设计规范》（GB 50003—2011）。

4. 设计采用的均布活荷载标准值

设计采用的均布活荷载标准值如表 11-1 所示。

表 11-1　均布活荷载标准值

部 位	活荷载KN/m²	组合值系数	频遇值系数	准永久值系数
不上人屋面	0.5	0.7	0.5	0.0
阳台	2.5	0.7	0.6	0.5
厨房	2.0	0.7	0.6	0.5
楼梯	2.5	0.7	0.5	0.4
卫生间	2.5	0.7	0.6	0.5

5. 主要结构材料

主要结构材料如下。

（1）钢筋。

钢筋的强度标准值应具有不小于 95% 的保证率。A 为 HPB300 钢筋，B 为 HRB335 钢筋，C 为 HRB400 钢筋。

（2）混凝土。

结构混凝土材料强度等级见表 11-2。型钢、钢板和钢管材料为 Q2311-B。

表 11-2　结构混凝土材料等级

项目名称	构件部位	砼等级	备 注
基础部分	混凝土条基/地圈梁	C25/C25	
砖混部分	梁，板	C25	注明者除外
	圈梁，构造柱，楼梯	C25	
	未注明混凝土构件	C25	
— — —	— — —	— — —	
	— — —	— — —	

本工程基础部分环境类别按二类考虑，地上部分按一类考虑，各部分结构混凝土应满足耐久性要求见表 11-3。

表 11-3　结构混凝土耐久性基本要求

环境等级		最大水胶比	最低强度等级	最大氯离子含量(%)	最大碱含量(kg/m²)
一		0.60	C20	0.30	不限制
二	a	0.55	C25	0.20	3.0
	b	0.50(0.55)	C30(C25)	0.15	3.0
三	a	0.45(0.50)	C35(C30)	0.15	3.0
	b	0.40	C40	0.10	3.0

（3）砌体。

砌体结构材料及砂浆的强度等级见表11-5。砌体结构环境类别见表11-6。

表 11-5　砌体材料及砂浆的强度等级

构件部位	砖、砌块强度等级	砂浆强度等级
−0.030m 以下	MU15.0烧结页岩实心砖(承重)	M10.0水泥砂浆
−0.030m~2.270M	MU15.0烧结页岩多孔砖(承重)	M10.0混合砂浆
2.270m~4.970M	MU15.0烧结页岩多孔砖(承重)	M10.0混合砂浆
4.970~7.670M	MU10.0烧结页岩多孔砖(承重)	M7.5混合砂浆
7.670~15.770M	MU10.0烧结页岩多孔砖(承重)	M7.5混合砂浆
15.770 以上	MU10.0烧结页岩多孔砖(承重)	M7.5混合砂浆

表 11-6　砌体结构环境类别

环境等级	条　件
1	正常居住及办公建筑的内部干燥环境
2	潮湿的室内及室外环境，包括与无侵蚀性土和水接触的环境
3	严寒和使用化冰盐的潮湿环境（室内或室外）
4	与海水直接接触的环境，或处于滨海地区的盐饱和的砌体环境
5	有化学侵蚀的气体、液体或固态形式的环境，包括有侵蚀性土壤的环境

11.2.2　QITI 上部结构建模与分析

本工程项目的建筑上部结构从条形基础（标高为 -1.15m）的顶部开始，直到屋顶 22.6m，一层底标高为-1.15m，顶标高为 2.3m，二层～七层为标准层，第八层为屋顶层。结构建模时仅创建三个标准层即可。

1．结构建模

结构建模的具体操作步骤如下所述。

（1）首先创建第 1 个标准层，具体的操作步骤如下所述。

01 在 PKPM 主页界面的"砌体"选项卡中选择"砌体及底框结构"模块，在专业模块列表中选择"结构建模"，单击"新建／打开"按钮，设置工作目录，创建的工程项目文件将自动保存该工作目录中。在主页界面中双击新建的工作目录，进入 QITI 结构建模环境中，接着在弹出的"请输入工程名"对话框中输入新工程名称为"汉城博郡"，单击"确定"按钮完成工程项目的创建，如图 11-4 所示。

图 11-4

02 单击"轴网"选项卡中DWG面板的"导入DWG"按钮 ，进入"DWG转结构模型"模式。
再单击"装载DWG图"按钮 导入本例源文件夹中的"二层结构平面图.dwg"图纸文件。

03 在"转图设置"控制面板中单击"轴线"项目或者在"识别图形"面板中单击"轴网"按钮
 ，按信息提示选择图纸中的轴线并右击，完成轴线的识别，如图11-5所示。

04 在"识别图形"面板中单击"柱"按钮 ，选取图纸中的柱图形进行识别，如图11-6所示。

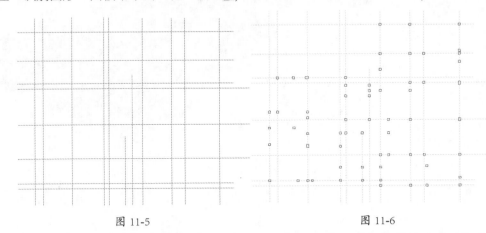

图 11-5　　　　　　　　　　　　　　图 11-6

> **提示：**
>
> 在以先砌筑砖墙再浇筑混凝土的柱称为"构造柱"，因为它不是主要结构承载体，砖墙砌体才是主要的
> 承载体。构造柱可以看成墙的一部分，砖砌体和钢筋混凝土构造柱组成的组合砖墙可以作为结构构件。

05 在"识别图形"面板中单击"墙"按钮 ，在图纸中选择一条墙边线并右击完成自动识别，
如图11-7所示。

06 在"识别图形"面板中单击"梁"按钮 ，在图纸中选择一条梁边线并右击完成选择，系统
自动识别所有梁图形，如图11-8所示。

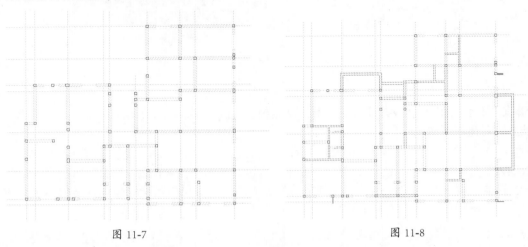

图 11-7　　　　　　　　　　　　　　图 11-8

07 单击"窗"按钮 ，选取图纸中的窗图形进行识别，如图11-9所示。

08 在"单层模型"面板中单击"生成模型（单层）"按钮■，系统自动创建 PM 模型，然后指定左下角的轴线交点（轴线编号 B 与轴线编号 1 的交点）作为基准点，连续按两次 Enter 键后自动创建轴线、柱、墙及梁模型，如图 11-10 所示。

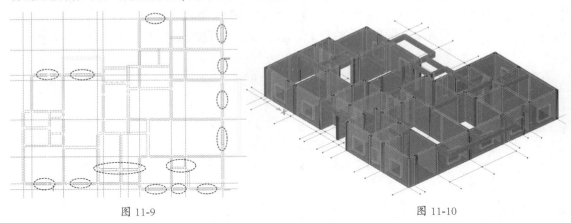

图 11-9   图 11-10

09 接下来参考"二层结构平面图"图中的梁截面图标注的尺寸，将标准层中的梁（右击梁）尺寸进行修改。

10 在"楼板"选项卡中单击"生成楼板"按钮■，自动生成楼板，如图 11-11 所示。

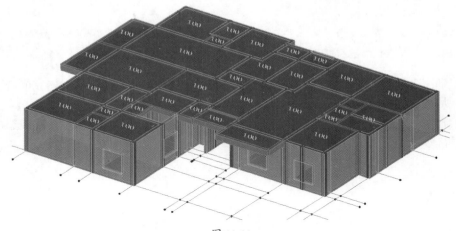

图 11-11

11 本工程砖混结构的楼板并非现浇混凝土浇筑板，实际为预制板，所以需要在自动生成楼板的基础上布置预制板构件。

12 在"楼板"选项卡的"其他"面板中单击"预制板"|"布预制板"按钮■，在弹出的"预制板输入"对话框中设置板参数，然后在图形区中选择自动楼板来布置预制板，如图 11-12 所示。注意，放置预制板时，箭头指向为预制板的宽度方向，也就是说箭头的指向与房间的长边垂直即可，但 Tab 键可以切换箭头指向。

> **提示：**
>
> 有些房间的楼板是几个房间共有的楼板，所以不能布置预制板，这应该是识别墙柱图形时产生的误差，导致房间不分明，这种情况下可以重新手动布置墙体，再创建自动房间。

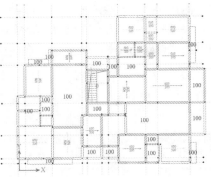

图 11-12

13 返回"构件"选项卡单击"材料强度"面板中的"本层信息"按钮，然后输入本标准层层高为2300，如图11-13所示。

技术要点：

楼梯间的楼板需要创建板洞，以便放置楼梯构件。板的洞大小根据图纸中的楼梯梯段和中间平台的尺寸来确定。

14 在"楼板"面板中单击"板洞"按钮，弹出"板洞布置"控制面板和"板洞布置参数"对话框。单击"增加"按钮，在弹出的"截面参数"对话框中设置板洞参数（2360mm×3920mm），如图11-14所示。

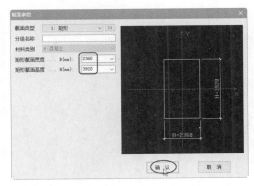

图 11-13　　　　　　　　　　　　图 11-14

15 在"板洞布置参数"对话框中设置"沿轴偏心（mm）"值和"偏轴偏心（mm）"值，如图11-15所示。

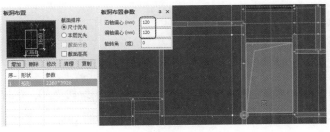

图 11-15

16 在"楼板"选项卡的"楼梯"面板中单击"楼梯"|"放置"按钮 ，在图形区中选取楼梯间后弹出"请选择楼梯布置类型"对话框，选择第一种"单跑直楼梯"类型即可，如图11-16所示。

17 随后在弹出的"单跑直楼梯 - 智能设计对话框"对话框中设置楼梯参数，并单击"确定"按钮确认参数，如图11-17所示。

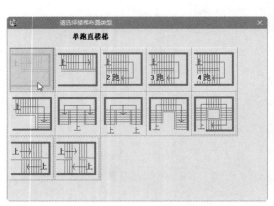

图 11-16

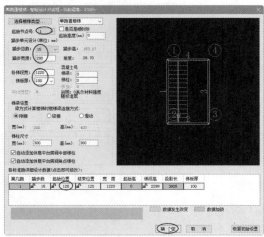

图 11-17

18 随后自动创建楼梯，如图11-18所示。

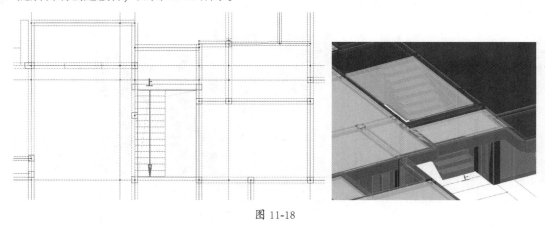

图 11-18

19 在"楼板"面板中单击"悬挑板"按钮 ，弹出"悬挑板布置"控制面板和"悬挑板布置参数"对话框。单击"增加"按钮，在弹出的"截面参数"对话框中，设置悬挑板的截面参数，如图11-19所示。

提示:

PKPM中的"悬挑板"就是建筑中常见的"雨遮"或"雨棚"。

20 设置定位距离为300，接着将悬挑板放置于编号为2~4的轴线之间，如图11-20所示。

21 同理，再创建截面尺寸为4502mm×720mm的悬挑板并将其放置于编号为F~H的轴线之间，如图11-21所示。

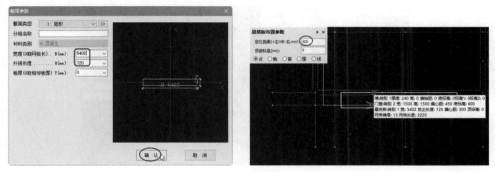

图 11-19 　　　　　　　　　　　　　　　　　　　　图 11-20

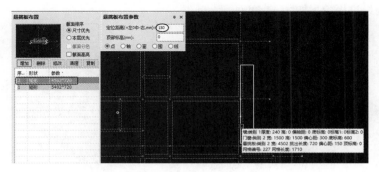

图 11-21

22 在编号为 2~3 的轴之间继续新增并放置 300mm×1920mm 和 2430mm×720mm 的悬挑板，如图 11-22 所示。

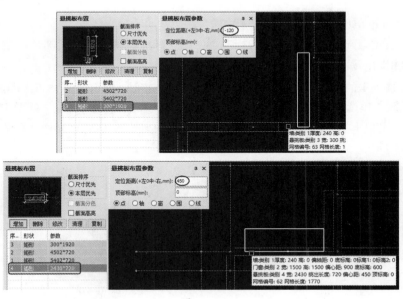

图 11-22

23 最后在编号为 A~C 的轴之间放置 2620mm×720mm 的悬挑板，如图 11-23 所示。

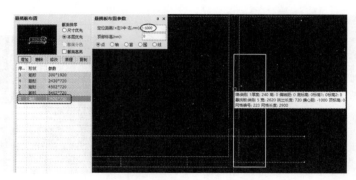

图 11-23

放置完成的悬挑板效果如图 11-24 所示。

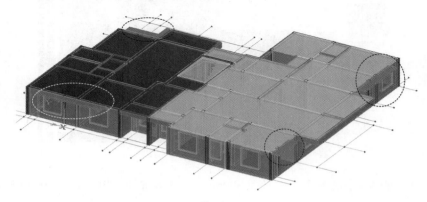

图 11-24

（2）第 2 标准层设计的具体操作步骤如下所述。

第 2 标准层实际上是第三～七层的标准层，第 2 标准层中的模型大部分与第 1 标准层中的模型构建完全相同，只需进行部分修改即可。

01 在"楼层"选项卡的"标准层"面板中单击"增加"按钮🗂️，弹出"选择 / 添加标准层"对话框。单击"全部复制"单选按钮，再单击"确定"按钮完成第 2 标准层的创建，如图 11-25 所示。

02 在"楼板"选项卡的"修改"面板中单击"删除"按钮✏️，删除楼梯构件和楼梯间的板洞，结果如图 11-26 所示。

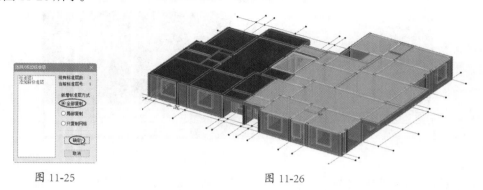

图 11-25   图 11-26

03 返回"构件"选项卡，单击"本层信息"按钮🗐，然后设置本标准层层高为 2700mm。

04 在"楼板"面板中单击"板洞"按钮 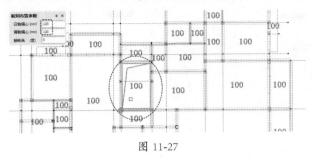，弹出"板洞布置"控制面板和"板洞布置参数"对话框。选择先前创建的 2360mm×3920mm 板洞参数，然后选取楼梯间来放置板洞，如图 11-27 所示。

图 11-27

05 在"楼板"选项卡的"楼梯"面板中单击"楼梯"|"放置"按钮 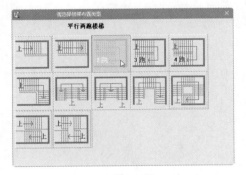，在图形区中选取楼梯间后弹出"请选择楼梯布置类型"对话框，选择第三种"平行两跑楼梯"类型，如图 11-28 所示。

06 随后在弹出的"平行两跑楼梯 - 智能设计对话框"对话框中设置楼梯参数，并单击"确定"按钮确认参数，如图 11-29 所示。

图 11-28

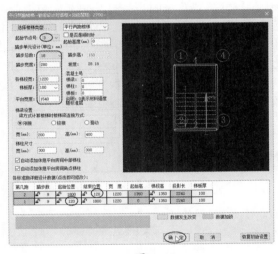

图 11-29

07 随后自动创建楼梯，如图 11-30 所示。

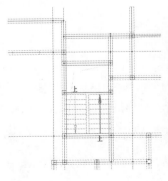

图 11-30

08 在"构件"选项卡中单击"梁"按钮 ✎，选择"梁布置"控制面板中的240mm×350mm的矩形梁，在"梁布置参数"对话框中设置"梁顶标高1（mm）"和"梁顶标高2（mm）"的值均为"-1350"，然后将梁布置到楼梯间中，如图11-31所示。这两根梁就是楼梯平台的支撑梁与走廊通道的底梁。

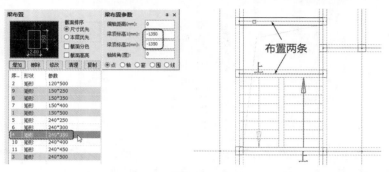

图 11-31

（3）屋顶结构建模的具体操作步骤如下所述。

01 在"楼层"选项卡的"标准层"面板中单击"增加"按钮 ▥，弹出"选择/添加标准层"对话框，选中"只复制网格"单选按钮，单击"确定"按钮，将第2标准层中的轴线网格复制到第3标准层中，如图11-32所示。此时系统自动进入第3标准层进行操作。

02 切换到"轴网"选项卡中单击"导入DWG"按钮 ▧，进入"DWG转结构模型"模式，利用"装载DWG图"工具载入本例源文件中的"坡屋顶结构平面图.dwg"图纸文件，然后识别出该图中的结构柱、承重墙、结构梁和窗图形，如图11-33所示。

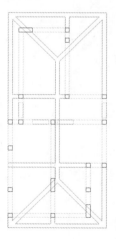

图 11-32 　　　　　　　　　　图 11-33

03 单击"生成模型（单层）"按钮 ▧，选取一个插入基准点（编号A轴与编号4轴的轴线交点），然后将其插入到模型环境中，与之前复制的轴网对齐，操作后的结果如图11-34所示。

提示：

此时发现转换的模型中梁中有许多节点，致使一根完整梁被分割了好几段，这不利于梁顶标高的设置，如图11-35所示。即使将梁中多余的节点删除，但可能会将其他构件的节点也一并删除，所以这里需要使用一个技巧，那就是将梁与其他构件分开识别。

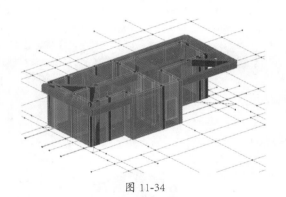

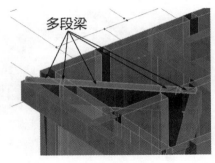

图 11-34   图 11-35

04 将梁构件全部删除，如图 11-36 所示。在"轴网"选项卡中单击"导入 DWG"按钮🔲，进入"DWG 转结构模型"模式，利用"装载 DWG 图"工具再次载入"坡屋顶结构平面图 .dwg"图纸文件，然后识别出该图中的结构梁图形并生成模型构件（不再重复识别轴网），转换模型时在原来的轴网之外放置梁模型即可，如图 11-37 所示。

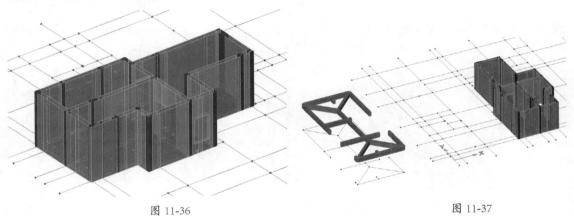

图 11-36   图 11-37

05 右击坡度屋顶中间的梁，修改梁顶标高，结果如图 11-38 所示。

图 11-38

06 右击人字形的梁并修改其梁顶标高，如图 11-39 所示。

07 同理，再修改其余 3 条人字形梁的梁顶标高，结果如图 11-40 所示。

图 11-39

图 11-40

08 在"轴网"选项卡的"修改"面板中单击"移动"按钮✛，将所有梁构件框选后右击，再选取一个移动基点，然后将其移动到轴网中对应的位置上，结果如图 11-41 所示。

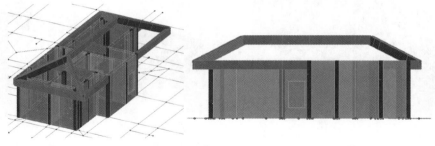

图 11-41

2. 组装楼层

组装楼层的具体操作步骤如下所述。

01 在"楼层"选项卡的"组装"面板中单击"设计参数"按钮📋，弹出"楼层组装 - 设计参数"对话框。在"总信息"选项卡中设置钢筋的砼（混凝土）保护层厚度值，如图 11-42 所示。

02 在"材料信息"选项卡中设置"混凝土容重（kN/m³）"和"砌体容重（kN/m³）"值，如图 11-43 所示。

图 11-42

图 11-43

03 在"地震信息"选项卡中设置地震信息参数，如图 11-44 所示。

04 在"风荷载信息"选项卡中设置风压、地面粗糙度类别等信息参数，如图 11-45 所示。最后单击"确定"按钮完成设计参数的设置。

图 11-44 　　　　　　　　　　　　　图 11-45

05 在"组装"面板中单击"全楼信息"按钮，弹出"全楼各标准层信息"对话框，修改该对话框的"板保护层（mm）"值为 20，如图 11-46 所示。

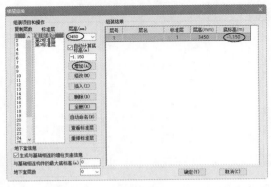

图 11-46

06 在"楼层"选项卡的"组装"面板中单击"楼层组装"按钮，弹出"楼层组装"对话框。首先修改第 1 标准层的层高为 3450，再单击"增加"按钮，将楼层添加到右侧的"组装结果"列表中，然后修改底标高为-1.150（单位 m），如图 11-47 所示。

07 在"标准层"列中选择"第 2 标准层"，修改其层高为 2700，在"复制层数"列中选择 6 选项，再单击"增加"按钮，将楼层添加到右侧的"组装结果"列表中，如图 11-48 所示。

图 11-47 　　　　　　　　　　　　　图 11-48

08 选择"第 3 标准层"，修改层高为 4100，单击"增加"按钮，将楼层添加到右侧的"组装结果"列表中，最后单击"确定"按钮完成楼层组装，如图 11-49 所示。在功能区的右侧单击"整楼"按钮，可以看到组装的楼层效果，如图11-50所示。

图 11-49

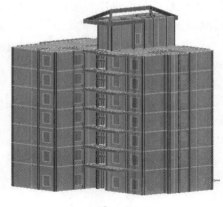

图 11-50

09 在"轴网"选项卡的"网点"面板中单击"节点下传"按钮，弹出"请选择"对话框，单击"自动下传"按钮完成节点下传。

至此完成了建筑上部结构的设计。

3. 施加荷载

施加荷载的具体操作步骤如下所述。

（1）为第1标准层施加载荷的具体操作步骤如下所述。

01 在功能区右侧的标准层列表中选择"第1标准层"以激活该标准层。

02 在"荷载"选项卡的"总信息"面板中单击"恒活设置"按钮，弹出"楼面荷载定义"对话框。设置楼面恒载标准值为2.5，楼面活荷载值为2.0，如图11-51所示。

03 单击"荷载显示"按钮，在弹出的"荷载显示设置"对话框中选中所有荷载显示选项。系统自动为整层楼板施加恒活载荷，并将值显示在各房间板面上，如图11-52所示。

图 11-51

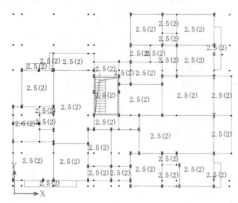

图 11-52

04 接下来需要根据不同房间的功能性来修改部分房间的恒载值。在"恒载"面板中单击"板"按钮，弹出"修改恒载"对话框，取消选中"同时输入活载值（kN/m²）"复选框，在"输入恒载值（kN/m²）"文本框中输入新的恒载值4，然后选取部分板面修改恒载值，如图11-53所示。楼梯间的楼板恒载值为7。

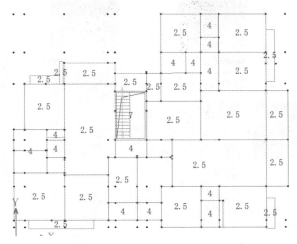

图 11-53

05 在本工程砌体结构中的梁(按框架混凝土结构的梁来计算)上面建模时,虽然没有承重或填充墙体,但后期住宅用户估计会有填充墙以分隔房间,所以在计算恒载时计算填充墙(非承重烧结页岩空心砖)即可。在"恒载"面板中单击"梁"按钮,在图形区中选取所有房间内的梁(阳台梁无须添加恒载,系统自动计算)来施加恒荷载,结果如图 11-54 所示。

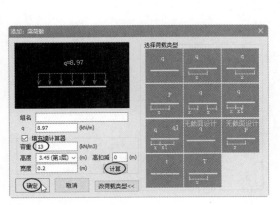
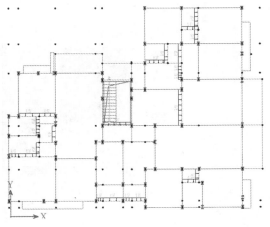

图 11-54

06 烧结页岩空心砖承重墙体部分,其上主要有预制板、上层墙和墙体装饰材料,所以需要施加墙恒载。在"恒载"面板中单击"墙"按钮,然后选取所有墙体施加恒载,如图 11-55 所示。

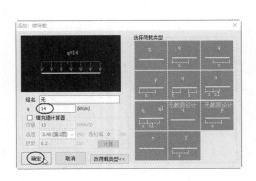

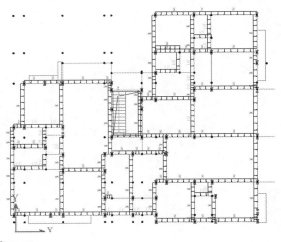

图 11-55

（2）为第 2 标准层和第 3 标准层施加载荷的具体操作步骤如下所述。

01 在功能区右侧的标准层列表中选择"第 2 标准层"选项，以激活该标准层。

02 第 2 标准层的荷载情况基本上与第 1 标准层的荷载相同。如果第 7 层（屋面层）没有人员进出，那么，恒活载的布置情况就与下面的标准层不同，在楼层组装时可以单独复制一层出来，重新组装到第 7 层中。如果有人员进出，荷载设定与下面的标准层基本相同。

03 第 3 标准层就是坡度屋顶层，梁和墙的恒载是相同的，取值 8.97kN/m³ 即可，如图 11-56 所示。

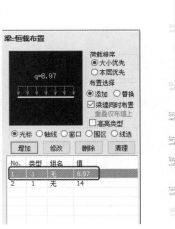

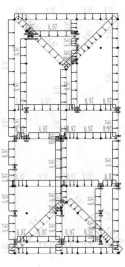

图 11-56

4. 砌体信息及计算分析

砌体信息及计算分析的具体操作步骤如下所述。

01 在功能区中单击"砌体与底框结构"选项卡，或者在专业模块列表中选择"底框结构设计"模块，弹出"保存提示"对话框，单击"保存"按钮保存模型。随后弹出"请选择"对话框，选中相关复选框后单击"保存"按钮，如图 11-57 所示。

图 11-57

02 在"砌体信息及计算"选项卡的"参数"面板中单击"砌体参数"按钮 ，弹出"参数定义"对话框，设置"砌体结构总信息"页面，如图 11-58 所示。

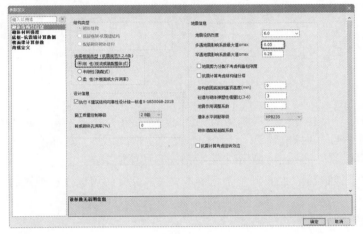

图 11-58

03 在"砌体材料强度"页面中进行设置，如图 11-59 所示。

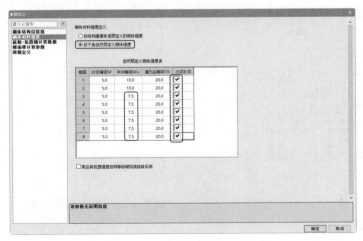

图 11-59

04 修改值后，系统会重新计算砌体，并将结果显示在平面图中，如图 11-60 所示。

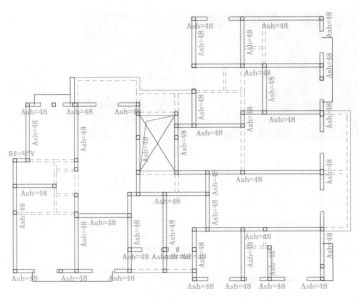

图 11-60

05 单击"全部计算"按钮 ▶，完成砌体的计算分析。分析结束后，可以在"砌体计算及结果"面板中单击"构件编号""抗震计算""受压计算""墙高厚比""局部承压""墙内力图"按钮，以及单击"梁计算结果"面板中的按钮来查看相关的计算结果。

06 单击"计算书"按钮 ，会打开一个记事本文件，文件中可以查看砌体的所有计算信息，如图 11-61 所示。

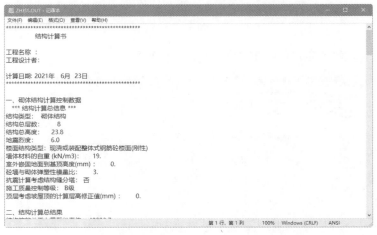

图 11-61

07 在"底框荷载"面板中单击"底框刚度比"按钮 ，系统自动计算出框架梁的刚度比值，如图 11-62 所示。

提示：

在"底框荷载"面板中进行相关荷载计算，目的是能够在"底框-抗震墙三维设计"选项卡中进行墙、梁的三维设计及抗震分析。

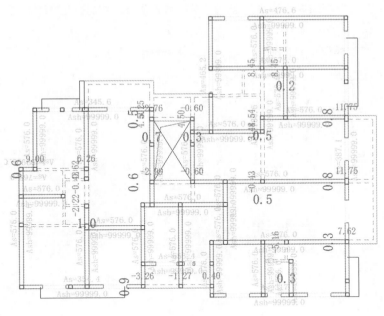

图 11-62

5. 底框 - 抗震墙三维设计

通过底框 - 抗震墙三维设计，可以查看楼梯、梁、柱的荷载与配筋信息，具体的操作步骤如下所述。

01 在"底框 - 抗震墙三维设计"选项卡中单击"计算参数"按钮 ，弹出"分析和设计参数补充定义"对话框。首先设置"总信息"页面，如图 11-63 所示。

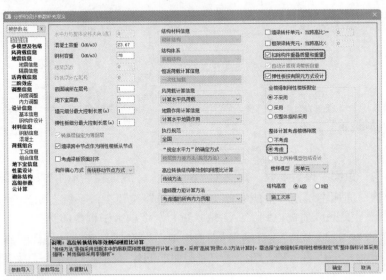

图 11-63

02 设置"活荷载信息"页面，如图 11-64 所示。

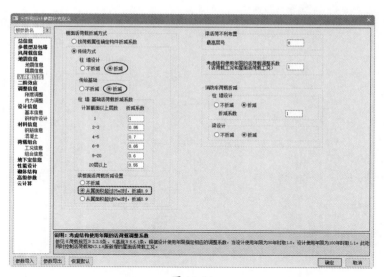

图 11-64

03 在"性能设计"页面中设置选项，如图 11-65 所示。

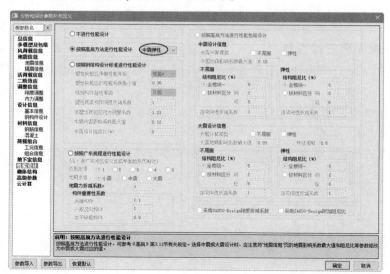

图 11-65

04 在"砌体结构"页面中设置参数，如图 11-66 所示，完成设置后单击"确定"按钮。

05 在"分析计算"面板中单击"生成数据 + 全部计算"按钮▶，系统自动计算砌体结构并生成相关的数据信息。计算完成后可以到"SAT 结果查看"选项卡中查看信息。

06 在"SAT 结果查看"选项卡的"设计结果"面板中单击"配筋"按钮▣，弹出"配筋（双击同应用）"控制面板，选择要显示的内容选项，图形区中显示配筋的计算结果，包括柱、梁及板的配筋结果，如图 11-67 所示。

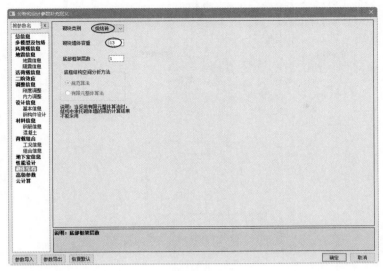

图 11-66

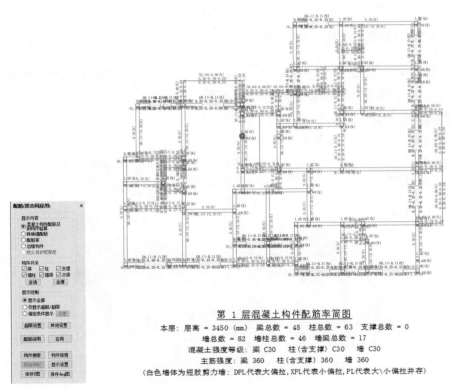

第 1 层混凝土构件配筋率简图

本层：层高 = 3450（mm）　梁总数 = 45　柱总数 = 63　支撑总数 = 0

墙总数 = 82　墙柱总数 = 46　墙梁总数 = 17

混凝土强度等级：梁 C30　柱（含支撑）C30　墙 C30

主筋强度：梁 360　柱（含支撑）360　墙 360

（白色墙体为短肢剪力墙：DPL代表大偏拉，XPL代表小偏拉，PL代表大\小偏拉并存）

图 11-67

07 单击"计算书"按钮 ，导出砌体结构和配筋等计算书，如图 11-68 所示。

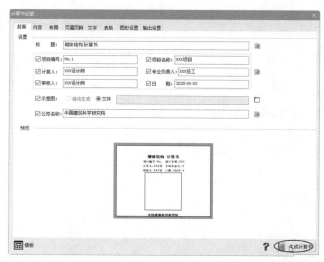

图 11-68

08 至此完成了本工程的上部结构设计与 SATWE 结构分析，最后保存数据结果。

11.2.3　JCCAD 基础设计与分析

本工程基础为条形基础，一层的承重墙直接砌筑在条形基础上。砌体构造柱纵筋直接伸入条形基础底部，条形基础下设置 100mm 厚的 C15 混凝土垫层。

1.　地下基础建模

地下基础建模的具体操作步骤如下所述。

01 继续前面的项目。在功能区中单击"基础"选项卡，并在弹出的菜单中选择"基础模型"选项，随后进入基础模型设计环境中，图形区中显示一层的构造柱和承重墙，如图 11-69 所示。

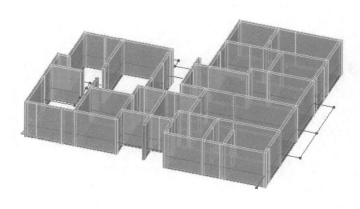

图 11-69

02 在"参数"面板中单击"参数"按钮，弹出"分析和设计参数补充定义"对话框，在该对话框的"总信息"页面中设置相关参数，如图 11-70 所示。

03 在"荷载"页面中设置相关参数，如图 11-71 所示。

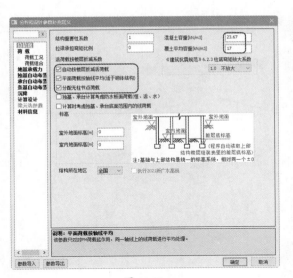

图 11-70

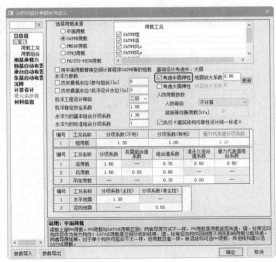

图 11-71

04 在"条基自动布置"页面中设置条基相关参数，如图 11-72 所示。

05 在"材料信息"页面中设置条基砼强度等级和钢筋等级等相关参数，如图 11-73 所示，单击"确定"按钮完成设置。

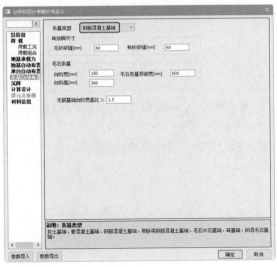

图 11-72

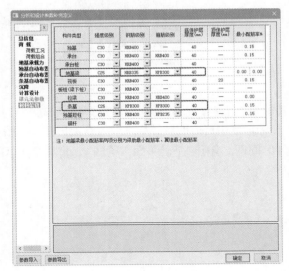

图 11-73

06 在"基础模型"选项卡的"墙下条基"面板中单击"人工布置"按钮，弹出"基础构件定义管理"控制面板和"墙下条形基础定义"对话框，单击相应的按钮设置条基截面参数，如图 11-74 所示。

07 接着定义第二种条基，如图 11-75 所示。第二种条基的底板受力筋和分布筋的参数与第一种相同。

08 同理，再分别定义第三种、第四种和第五种条基。第三种和第四种条基的参数与第二种条基基本相同，只是"基础底面宽度"值需要更改。将第三种条基的"基础底面宽度"值设为

1700，将第四种条基的"基础底面宽度"值设为900，将第五种条基的"基础底面宽度"值设为600。

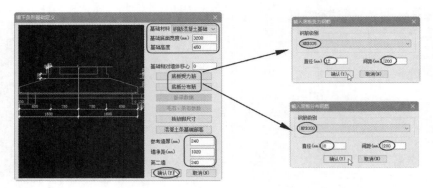

图 11-74

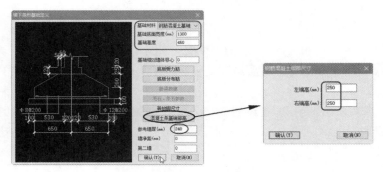

图 11-75

09 在"布置参数"对话框中设置"基底标高"值为-1.5（单位为m），选取第二种1300×450的条基，在图形区中选取四周外墙来放置基础构件，如图 11-76 所示。

10 同理，参照"基础平面布置图"，将其余条基放置到相应位置，最终完成结果如图 11-77 所示。

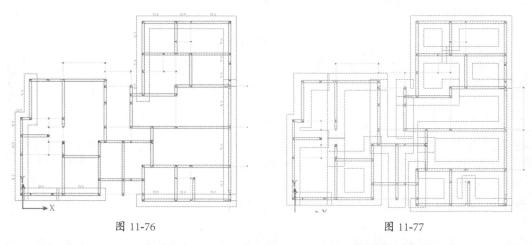

图 11-76   图 11-77

11 从基础平面布置图中可以看出，水平标高-0.06的位置上有拉梁（也叫"地圈梁"），是非承重梁。

在“拉梁”面板中单击“拉梁”按钮，添加拉梁的截面尺寸为240×240，设置梁顶标高为-0.16（单位 m），附加恒载为4kN/m³，如图11-78所示。

12 依次选取墙体来添加拉梁，结果如图11-79所示。

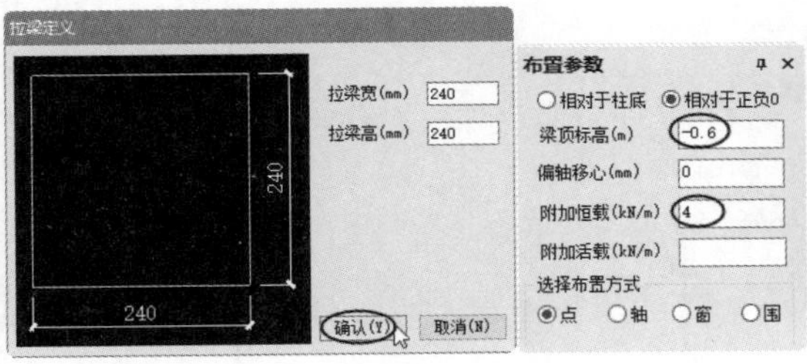

图 11-78

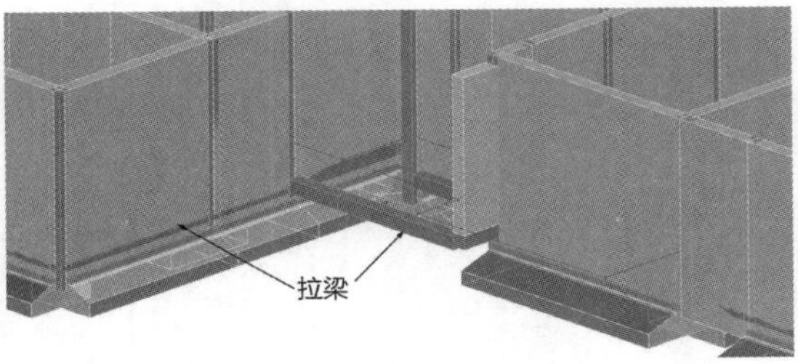

图 11-79

2. 分析、设计与结果查看

分析、设计与结果查看的具体操作步骤如下所述。

01 进入“分析与设计”选项卡中单击“生成数据+计算设计”按钮，完成数据生成和结构分析计算。

02 在“结果查看”选项卡中单击“弯矩”按钮，可以查看基础拉梁所产生的弯矩效果图，如图11-80所示。

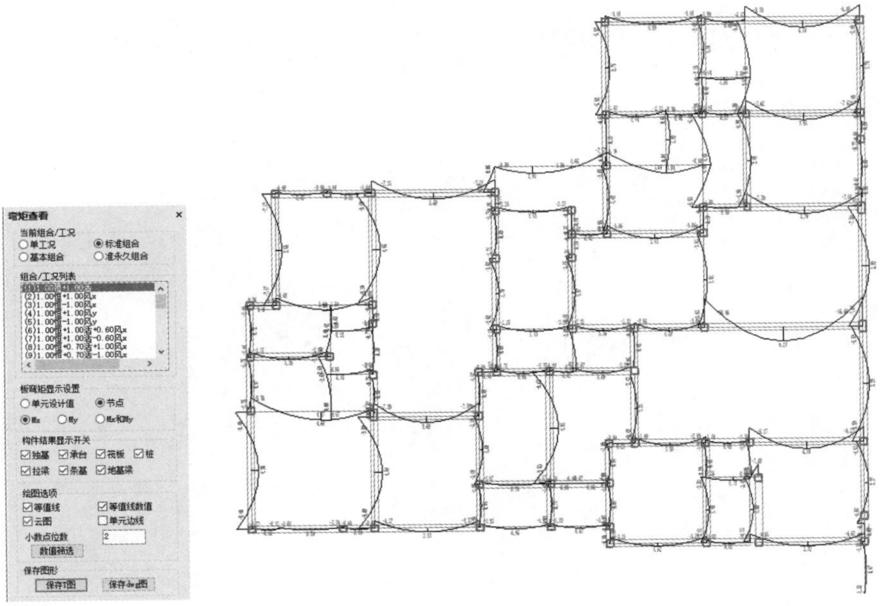

图 11-80

03 通过单击“构件信息”“设计简图”“文本查看”等按钮，可以生成相关的数据文本，供设计师阅读。

04 单击“计算书”按钮，自动生成独基的计算书，如图11-81所示。

05 单击“工程量统计”按钮，弹出“工程量统计设置”对话框，选中“独基”和“地基梁”复选框并单击“确定”按钮，完成工程量的统计并输出文本。

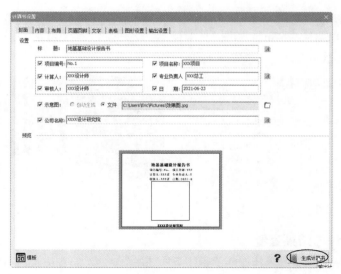

图 11-81

提示:

所有的文本将自动输出到用户定义的工作目录中。

06 至此,完成了本工程项目的所有砌体结果建模和结构分析工作,最后将结果文件保存。

第 *12* 章 PKPM 2021 V1.3——STS 钢结构设计与分析

钢结构 CAD 软件 STS 可以建立多高层钢框架、门式钢架等结构的三维模型，对于三维模型的整体分析和构件设计，必须配合 PKPM 系列的 SATWE 或 PMSAP 软件来完成，本章重点介绍门式钢结构厂房的三维设计及结构分析流程。

12.1 STS 钢结构设计模块简介

钢结构 CAD 软件 STS 是 PKPM 系列的一个功能模块，既能独立运行，又可以与 PKPM 其他模块共享数据。可以完成钢结构的模型输入、优化设计、结构计算、连接节点设计与施工图辅助设计。

12.1.1 STS 钢结构设计模块的特点

STS 模块具有如下特点。

专业钢结构一体化 CAD 软件，可以完成钢结构的模型输入，截面优化，结构分析和构件验算，节点设计与施工图绘制。

- 适用于门式钢架、多/高层框架、桁架、支架、框排架、空间杆系钢结构（如塔架、网架、空间桁架）等结构类型。构件可以是钢材料的，也可以是混凝土材料的，因此软件适用于钢结构及钢与混凝土混合结构的设计。还提供专业工具用于檩条、墙梁、隅撑、抗风柱、组合梁、柱间支撑、屋面支撑、吊车梁等基本构件的计算和绘图。

- 可以独立运行，也可以与 PKPM 系列其他软件共享数据，配合使用。STS 三维模型数据可以 SATWE、TAT 或 PMSAP 接口来完成钢结构的空间计算与构件验算，可以 JCCAD 接口完成基础设计。STS 二维模型数据也可以 JCCAD 接口完成独立基础设计。

- 可以用三维方法和二维方法建立结构模型。软件提供 70 多种常用截面类型，以及用户自绘制的任意形状截面，常用钢截面包括各类型的热轧型钢截面、冷弯薄壁型钢截面、焊接组合截面（含变截面）、实腹式组合截面、格构式组合截面等类型。软件自带型钢库，可以对型钢库进行编辑和扩充。

- STS 的二维设计软件"PK 交互输入与优化计算"用于门式钢架、平面框架、框排架、排架、桁架、支架等结构的设计。可以计算"单拉杆件"；可以定义互斥活荷载；进行风荷载自动布置；吊车荷载包括桥式吊车荷载、双层吊车荷载、悬挂吊车荷载；可以考虑构件采用不同钢号；通过定义杆端约束实现滑动支座的设计；通过定义弹性支座实现托梁刚度的模拟；通过定义基础数据实现独立基础设计。内力分析采用平面杆系有限元方法；可以考虑活荷载不利布置；自动计算地震作用（包括水平地震和竖向地震）；荷载效应自动组合。可以选择钢结构设计规范、门式钢架规程、冷弯薄壁型钢设计规范等标准进行构件强度和稳定性计算。输出各种内力图、位移图、钢构件应力图和混凝土构件配筋图，输出超限信息文件、基础设计文件、详细的计算书等文档；可以进行截面优化，根据构件截面形式，软件可以自动确定构件截面优化范围，用户也可以指定构件截面优化范围，软件通过多次优化计算，确定用钢量最小的截面尺寸。

- 对于门式钢架结构，提供了三维设计模块和二维设计模块。STS的门式钢架三维设计，集成了结构三维建模、屋面墙面设计、钢架连接节点设计、施工图自动绘制、三维效果图自动生成功能。三维建模可以通过立面编辑的方式建立主钢架、支撑系统的三维模型；通过吊车平面布置的方法自动生成各榀钢架吊车荷载；通过屋面墙面布置建立围护构件的三维模型。自动完成主钢架、柱间支撑、屋面支撑的内力分析和构件设计，自动完成屋面檩条、墙面墙梁的优化和计算，绘制柱脚锚栓布置图，平面、立面布置图，主钢架施工详图，柱间支撑、屋面支撑施工详图，檩条、墙梁、隔撑、墙架柱、抗风柱等构件施工详图。通过门式钢架三维效果图软件，可以根据三维模型，自动铺设屋面板、墙面板以及包边；自动生成门洞顶部的雨篷；自动形成厂房周围道路、场景设计；交互布置天沟和雨水管；快速生成逼真的渲染效果图，可以制作三维动画。门式钢架二维设计，可以进行单榀钢架的模型输入，截面优化，结构分析和构件设计，节点设计和施工图绘制。
- 对于多高层钢框架结构，STS可以接受SATWE、TAT或PMSAP的空间分析结果来完成钢框架全楼的梁柱连接、主次梁连接、拼接连接、支撑连接、柱脚连接，以及钢梁和混凝土柱或剪力墙等节点的自动设计和归并，绘制施工图。提供的三维模型图可以从任意角度观察节点实际模型。可以统计全楼高强度螺栓用量和钢材用量，绘制钢材订货表。三维框架施工图根据不同设计单位的出图要求，可以绘制设计院需要的设计图（包括基础锚栓布置图，平面、立面布置图，节点施工图等），绘制制作加工单位需要的施工详图（包括布置图，梁、柱、支撑构件施工详图）。
- 对于平面框架、桁架（角钢桁架和钢管桁架）、支架，STS可以接力分析结果，设计各种形式的连接节点，绘制施工图。节点设计提供多种连接形式，由用户根据需要选用。软件绘制的施工图有构件详图和节点图，可以达到施工详图的深度。
- STS的复杂空间结构建模及分析软件，可以完成空间杆系钢结构的模型输入，内力分析，构件验算，对塔架、空间桁架、网架、网壳可以快速建模。
- STS的工具箱提供了基本构件和连接节点的计算和绘图工具。可以完成各种截面的简支或者连续檩条、墙梁计算和绘图；屋面支撑、柱间支撑的计算和绘图；吊车梁的截面优化和设计以及绘图；各种连接节点的计算和绘图；钢梯绘图；抗风柱计算和绘图；蜂窝梁、组合梁、简支梁、连续梁、基本梁柱构件计算；型钢库查询与修改；图形编辑打印和转换。
- 软件自动布置施工图图面，同时提供方便、专业的施工图编辑工具，用户可用鼠标随意拖动图面上各图块，进行图面布局。可以用鼠标成组地拖动尺寸、焊缝、零件编号等标注，大幅减少了修改图纸的工作量。

12.1.2　STS 的功能分模块介绍

在 PKPM 结构设计软件主页界面中，切换到"钢结构"选项卡，可以看到钢结构模块包括钢结构二维设计、钢结构厂房三维设计、钢框架三维设计、网架网壳管桁架设计和深化设计软件（结构板）等分模块。每个分模块中又包含多个专业模块。

图 12-1

1. 钢结构二维设计

主要完成门式钢架、框架、桁架、支架、框排架的二维设计，包括二维模型的输入、截面优化、结构计算、节点设计和施工图绘制。其专业模块描述如下。

- 门式钢架：主要完成门式钢架结构的模型输入、结构优化设计、结构计算、节点设计和施工图绘制。
- 框架：完成框架二维模型的输入、结构优化、结构计算、节点连接设计与施工图绘制。
- 桁架：用于桁架结构类型的二维模型输入、截面优化、结构计算、节点设计和施工图绘制。
- 支架：用于支架结构的二维模型输入、截面优化、结构计算、节点设计和施工图绘制。
- 框排架：用于排架、框排架结构类型的二维模型输入、截面优化、结构计算。可以进行实腹式组合截面和格构式组合截面、钢管混凝土截面等复杂截面的输入。
- 重钢厂房：需要使用 STPJ 加密锁。可以完成菜单包含的功能，主要用于实现实腹式柱、实腹式组合截面柱、格构式组合截面柱的柱脚以及柱身的设计、肩梁设计、牛腿设计、人孔设计等。
- 工具箱：提供了基本构件和连接节点的计算和绘图工具。可以完成各种截面的简支或者连续檩条、墙梁计算和绘图；屋面支撑、柱间支撑的计算和绘图；吊车梁的截面优化和设计及绘图；各种连接节点的计算和绘图；钢梯绘图；抗风柱计算和绘图；蜂窝梁、组合梁、简支梁、连续梁、基本梁柱构件计算；型钢库查询与修改；之型钢（波纹腹板）构件计算；波浪腹板 H 型钢设计。

2. 钢结构厂房三维设计

用于门式钢架结构类型的三维模型输入，屋面、墙面设计，钢材统计和报价。其专业模块如下。

- 门式钢架三维设计：集成了门式钢架结构三维建模、屋面墙面设计、钢架连接节点设计、施工图自动绘制。三维建模可以通过立面编辑的方式建立主钢架、支撑系统的三维模型；通过吊车平面布置的方法自动生成各榀钢架吊车荷载；通过屋面墙面布置建立围护构件的三维模型。自动完成主钢架、柱间支撑、屋面支撑的内力分析和构件设计，自动完成屋面檩条、墙面墙梁的优化和计算，绘制柱脚锚栓布置图，平面、立面布置图，主钢架施工详图，柱间支撑、屋面支撑施工详图，檩条、墙梁、隅撑、墙架柱、抗风柱等构件施工详图。

- 门式钢架三维效果图：可以根据三维模型，自动铺设屋面板、墙面板以及包边；自动生成门洞顶部的雨篷；自动形成厂房周围道路、场景设计；交互布置天沟和雨水管；快速生成逼真的渲染效果图，可以制作三维动画。
- 框排架三维设计：可以完成框排架的三维模型输入、吊车系统布置、屋面墙面布置、结构计算。

3. 钢框架三维设计

用于多、高层框架结构类型的三维模型输入，为 SATWE、TAT 或 PMSAP 三维计算提供建模数据，可以接受三维计算软件的设计内力，完成全楼节点的连接设计，绘制三维框架设计图，节点施工图，构件施工详图，平面、立面布置图，实际结构三维模型图。

三维框架节点设计可以单独修改各节点的连接螺栓直径、连接方式等参数，做到各个节点可以有不同的设计参数和连接方式，对节点设计结果可以进行修改和重新归并，设计结果文件详细地输出了节点计算的过程和校核结果。

三维框架施工图部分分别针对大型设计院、中小设计院、详图制作单位的出图习惯，可以绘制设计图，节点施工图，构件施工详图，结构平面、立面布置图，提供的实际结构三维模型图可以身临其境地从各个角度观察节点的实际连接形式和效果。可以精确地统计整个结构最终的钢材用量，绘制钢材订货表和高强度螺栓表。

通过任意截面编辑器，可以绘制任意形状的截面，或者通过型钢、钢板的组合，组成任意复杂截面，软件自动计算截面特性，完成结构内力分析。钢框架三维设计模块功能与PMCAD模块功能完全相同。

4. 网架网壳管桁架设计

网架网壳管桁架设计模块，用于大跨度空间的钢结构设计，主要包括网架结构、网壳结构、空间管桁架结构、索膜结构等。在众多结构形式中，又数网架、网壳与空间管桁架在实际工程中应用最广泛。网架网壳管桁架设计模块包含以下两大专业模块。

（1）"网架网壳管桁架结构设计"专业模块。

"网架网壳管桁架结构设计"专业模块功能组织紧密，围绕网架网壳结构与管桁架结构进行设计，主要功能包括网架网壳、管桁架的快速建模、荷载定义、约束布置、设计参数选项、截面库的设定与网架网壳、管桁架截面自动优选、网架网壳管桁架设计结果查看、网架网壳管桁架节点与施工图绘制、材料统计等。特色功能描述如下。

- 基于梁、杆有限元的设计分析。
- 网架网壳、管桁架的参数化建模。
- 构件截面角度自动调整。
- 球壳按规范自动计算风荷载。
- 风洞试验数据读取与风荷载布置。
- 进行多方向角的地震作用分析。

- 进行截面优选和网架高度优选。
- 进行屈曲分析和时程分析。
- 生成图文并茂的计算书。
- 进行螺栓球、焊接球节点和相贯节点的设计，生成施工图。

（2）"整体分析与网架网壳管桁架设计"专业模块（以下简称"整体分析"）。

"整体分析与网架网壳管桁架设计"专业模块的模块功能涵盖了下部结构设计与网架网壳管桁架设计，包括下部结构建模与 PM 模型导入、空间结构模型拼装、整体设计参数选项、PMSAP 结构整体分析功能、结构整体指标控制与下部结构设计、结构构件设计、网架网壳管桁架节点与施工图绘制、材料统计等功能。

在网架网壳管桁架结构与下部结构进行设计并整体分析时，对上部结构与下部结构的连接支座进行模拟分析。通过通用支座功能，设定网架网壳管桁架结构与下部结构之间的连接支座形态，可以实现普通铰支座、单向滑动支座、双向滑动支座、弹簧支座、带阻尼的弹簧支座等。

两个专业模块的关系如图 12-2 所示。其中，网架网壳管桁架独立设计模块也可以进行混凝土梁柱的内力计算，但无法出配筋结果，暂不支持杆件偏心。

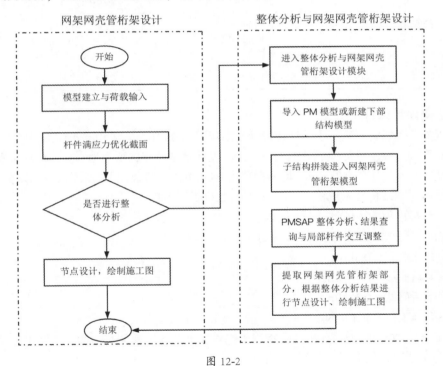

图 12-2

12.2　门式钢结构三维设计与分析案例

本例以一个工厂厂房的钢结构设计为例，详解门式钢架的三维设计方法、模型输入、屋面墙面设计、自动计算、自动绘制施工图及材料统计与报价等知识。

12.2.1 钢结构设计总说明

本工程为四川省泸州经开区某机械制造公司的门式钢架结构厂房，为机械冲压制造生产线新建。

1. 工程概况

本工程为单层钢结构门式钢架厂房，跨度为29m，柱距为7m，檐口高为9.8m，轴线面积为6800m²。屋面采用彩色压型钢板，墙面采用彩色压型钢板。车间内有两台20t桥式吊车。

车间长119m，宽57.12m，货物起吊高度5m。车间采光面积比为1/6~1/8，车间地平荷重10kN/m²，均采用水磨石地面，全部地平待设备基础完工后再施工。厂房设4.7m×5m的大门2扇，大门上设有人行小门，门上有挡雨篷，外挑900mm。车间内设桥式吊车2辆，软钩，吊车级别为A5级（工作级别）。具体性能参数如表12-1所示。

表 12-1 桥式软钩吊车性能参数

起重量 Q/t	跨度 /m	基本尺寸 /mm				起重机重 /t		最大轮压 /kN	
		大车宽 B	大车轮距 K	轨面至车顶面高度 H	轨中心至大车外边缘 B1	大车	小车	P₁	P₂
20	28.56	6210	5000	1870	230	26.4	7	21.9	6.75

2. 主要设计条件

本工程安全等级为二级，主体结构设计使用年限为50年。本工程建筑抗震设防类别为乙类，抗震设防烈度为7度，设计地震分组为第一组，设计基本地震加速度为0.1g，场地类别为Ⅱ类。

四川地区基本风压为0.7kN/m²，地面粗糙为B类，钢架、檩条、墙梁及围护结构体型系数按《门式钢架轻型房屋钢结构技术规程》（CECS102：2002）取值。

设计荷载标准值如下所述。

- 屋面恒荷载（含檩条自重）：0.2kN/m²。
- 屋面活荷载：0.3kN/m²。
- 钢架活荷载：0.3kN/m²。
- 檩条活荷载：0.5kN/m²。
- 屋面施工荷载：1.0kN。

本工程 ±0.000 为室内地坪标高，相当于绝对标高。本工程所有结构施工图中标注的尺寸除标高以 m 为单位，其他均以 mm 为单位。

3. 气象及地质资料

气象及地质资料如下所述。

（1）气象。

- 极端最高气温：38.4℃。
- 极端最低气温：−30.4℃。
- 日最大降水量：100.8mm。

- 年主导风向：北。
- 最大风速：25m/s。
- 最大积雪：210mm。
- 冬季相对湿度：55%。
- 夏季相对湿度：40%。

（2）地质，地震。

- 最高底下水位：-9.0m。
- 标准冻结深度：-1.50m。
- 经勘察知地基承载能力标准值为150kPa，无不良地基；地震设防烈度：8度。

（3）设计参数。

车间防火等级为丁类三级，冬季采暖室外计算温度为-19℃，厂房采暖按18℃设计，夏季通风室外计算温度为27℃。

- 不上人屋面活荷载：0.5kN/m²。
- 风荷载：0.7 kN/m²。
- 雪压：0.35 kN/m²。
- 积灰荷载：0.3 kN/m²。

4．材料

本工程刚梁采用Q345B钢，柱采用Q235B钢，抗风柱采用Q235B钢，梁柱端头板、连接板采用Q345B钢，加劲肋采用Q235B钢，吊车梁、地脚锚栓采用Q345B钢，其他构件均采用Q235钢（注明除外）。屋面檩条、墙梁采用Q235冷弯薄壁型钢，隔撑采用L40×3。柱间支撑采用∅20圆钢和∅114×3.0圆管。

钢结构之主构件连接件需采用10.9级摩擦型高强度螺栓，高强度螺栓结合面不得涂料，采用喷砂后生赤锈处理法，要求摩擦面抗滑移系数0.45。

檩条与檩托，墙梁与墙梁托等次要连接采用普通螺栓，普通螺栓应符合现行国家标准《六角螺栓》（GB5780-2016）的规定，基础锚栓采用Q345。

12.2.2　STS钢结构三维设计

下面利用STS的钢结构厂房三维设计分模块，进行门式钢结构厂房的结构建模和分析。门式钢结构厂房三维效果图（非PKPM模型）如图12-3所示。

图 12-3

本工程的单跨型门式钢结构厂房的中间榀钢架剖面图和边榀钢架剖面图，如图 12-4 所示。

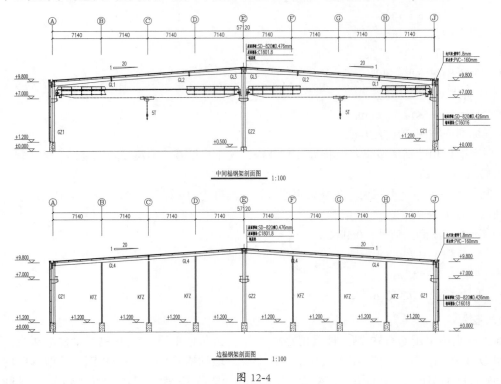

图 12-4

图 12-5 所示为吊车梁平面布置图。从图中可看出，整个钢结构厂房由两种类型的榀架构成，即轴线 1 和轴线 18 为边榀钢架梁；轴线 2~ 轴线 17 为中间榀钢架梁。

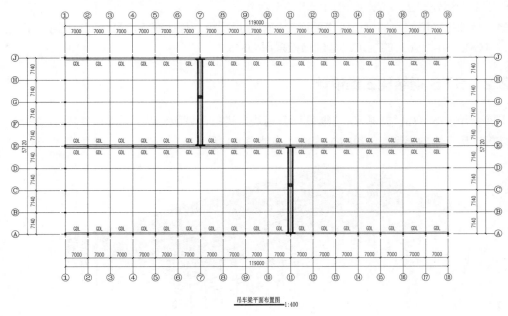

图 12-5

1. 构建边榀

构建边榀的具体操作步骤如下所述。

（1）边榀建模的具体操作步骤如下所述。

01 在 PKPM 主页界面的"钢结构"选项卡中选择"钢结构厂房三维设计"模块，再选择"门式钢架三维设计"专业模块，单击"新建/打开"按钮，设置工作目录，创建的工程项目文件会自动保存到该工作目录中，如图 12-6 所示。

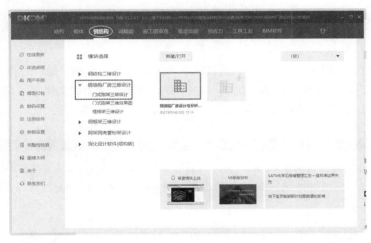

图 12-6

02 在主页界面中双击新建的工作目录，进入 STS 门式钢结构设计环境中。

03 在"模型输入"选项卡的"网格设置"面板中单击"网格输入"按钮，弹出"厂房总信息及网格编辑"对话框。在"厂房总信息"选项卡中设置相关参数及选项，如图 12-7 所示。

04 在"设计信息"选项卡中输入设计信息，如图 12-8 所示。完成后单击"确定"按钮，系统会自动创建轴网。

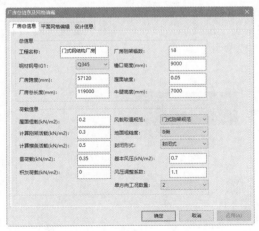

图 12-7

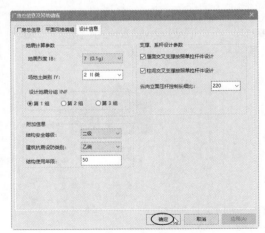

图 12-8

05 在"网格设置"面板中单击"设标准榀"按钮，然后在图形区中选择轴线 1 和轴线 18 作为统一标准类型的榀轴线，如图 12-9 所示，选取后右击完成设置。

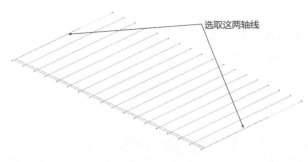

图 12-9

06 同理，单击"设标准榀"按钮，设置轴线 2~ 轴线 17 作为另一个统一标准的榀轴线。

07 在"模型输入"面板中单击"立面编辑"按钮，在图形区中选取轴线 1 后，进入榀立面编辑模式，并弹出相关的功能选项卡，如图 12-10 所示。

图 12-10

08 在"常用功能"选项卡的"轴线网格"面板中单击"门架"按钮，弹出"门式钢架快速建模"对话框。在"门式钢架网格输入向导（mm）"选项卡中无须设置相关参数（这些参数大部分在前面已经设定了）。单击"双坡多跨钢架"按钮，在弹出的"双坡多跨钢架参数定义"对话框中设置参数，如图 12-11 所示。

提示：

"门式钢架快速建模"对话框的名称原本为"门式钢架快速建模"，其中的"刚"字是错误的，这个应是软件公司编译人员输入错误导致的错别字。所以本章还是按照正确的文字来显示对话框名。

09 在"门式钢架网格输入向导（mm）"选项卡中单击"设挑檐"按钮，弹出"设置"对话框，设置挑檐参数，完成后单击"确定"按钮，如图 12-12 所示。

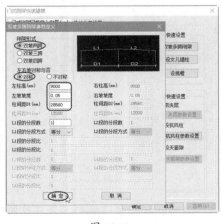

图 12-11

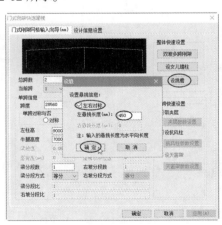

图 12-12

10 选中"设抗风柱"复选框，接着单击"抗风柱参数设置"按钮，在弹出的"抗风柱参数设置（mm）"对话框设置抗风柱参数，完成后单击"确定"按钮，如图 12-13 所示。

11 在"设计信息设置"选项卡中设置设计信息，完成后单击"确定"按钮，如图 12-14 所示。

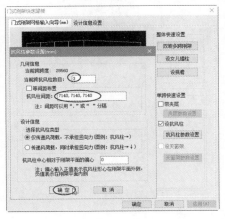

图 12-13

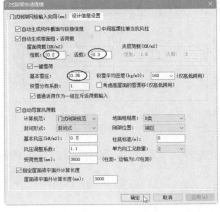

图 12-14

12 随后自动创建边榀钢架，如图 12-15 所示。从生成的模型可以看出，顶梁和边柱的尺寸太大了，这是系统默认的尺寸，需要进行修改。

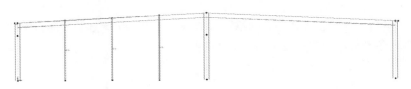

图 12-15

13 在"构件布置"面板中单击"柱布置"按钮，弹出"PK-STS 截面定义及布置"对话框。该对话框中有序号 1 和序号 2 钢柱截面（系统自定义的），首先选中序号 1 的截面（边梁的截面），再单击"修改截面参数"按钮，在弹出的"界面参数"对话框中设置参数，如图 12-16 所示。

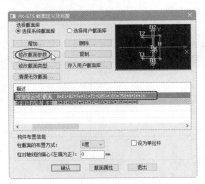

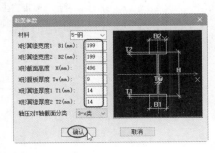

图 12-16

14 修改序号 2（抗风柱）的截面尺寸，如图 12-17 所示。接着在"构件布置"面板中单击"梁布置"按钮，弹出"PK-STS 截面定义及布置"对话框。在该对话框中选择序号 2 的梁截面并修改其尺寸，如图 12-18 所示。

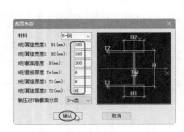

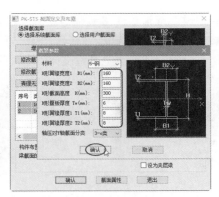

图 12-17　　　　　　　　　　图 12-18

15 修改截面尺寸后的边榀钢架梁的效果如图 12-19 所示。

图 12-19

16 右边还差 3 条抗风柱。进入"轴线网格"选项卡，单击"快速复制"面板中的"镜像复制"按钮⚎，绘制一条竖直镜像中心线，如图 12-20 所示。

图 12-20

17 选取镜像中心线左侧的 3 条抗风柱，随后自动镜像到右侧，如图 12-21 所示。同理，将左侧边柱上的牛腿节点也镜像到最右侧的柱上，如不能镜像可以直接镜像左侧的柱到右侧。

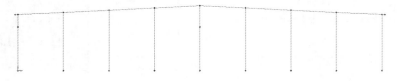

图 12-21

提示：

如果发现柱上没有牛腿节点，后期就不施加载牛腿到该柱上，所以无论怎样操作都要复制或创建一个节点到边柱及中间柱上，或者绘制轴线时分两部分绘制。

（2）施加荷载。

施加荷载的具体操作步骤如下所述。

01 切换到"荷载布置"选项卡，梁、柱、雪及风荷载在前面构建钢架模型时已经设定，接下来设置吊车荷载。在"吊车荷载"面板中单击"布置吊车"按钮，弹出"PK-STS吊车荷载定义"对话框。单击"增加"按钮，添加吊车载荷数据，在弹出的"吊车荷载数据"对话框中选中"程序导算"单选按钮，再单击"导算"按钮，如图 12-22 所示。

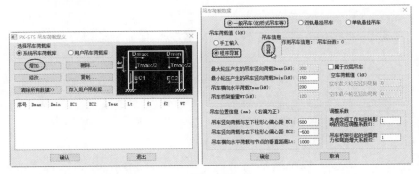

图 12-22

提示：

如果选中了"手工输入"单选按钮，那么该对话框下面的这些吊车数据就可以直接输入。值得注意的是，表12-1中提供的吊车性能参数是不能直接输入"吊车荷载数据"对话框的，需要先将表12-1中的性能参数通过软件导算到合理的吊车荷载数据（如图12-22"吊车荷载数据"对话框中的荷载数据），然后将软件导算的数据输入"吊车荷载数据"对话框中。所以，建议大家尽量选中"程序导算"单选按钮来计算吊车荷载。

02 在随后弹出的"吊车荷载输入向导"对话框中单击"增加"按钮，然后按如图 12-23 所示的操作完成吊车数据的输入。

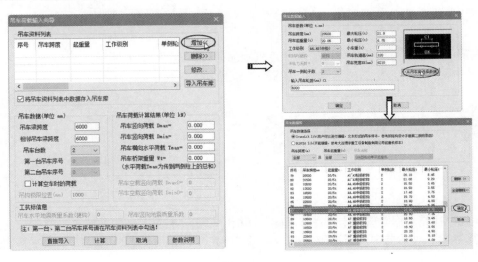

图 12-23

03 在"吊车荷载输入向导"对话框的"吊车资料列表"列表中选中序号为2的复选框，再单击"计算"按钮，随即得到吊车荷载计算结果，如图12-24所示。

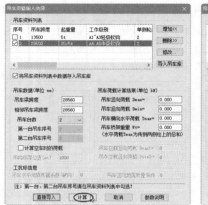

图 12-24

04 单击"直接导入"按钮，将计算的数据导入"吊车荷载数据"对话框，单击"确定"按钮，完成吊车荷载的定义。最后单击"PK-STS 吊车荷载定义"对话框中的"确认"按钮，如图12-25所示。

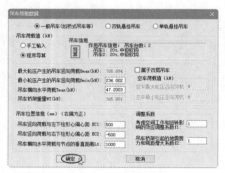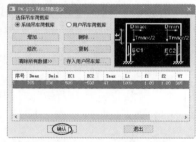

图 12-25

05 到图形区中选取吊车荷载作用的两个点来施加荷载，如图12-26所示。接着再选取左右作用点（也是牛腿节点）来施加吊车荷载，如图12-27所示。

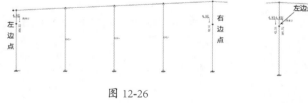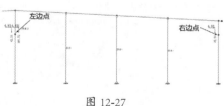

图 12-26　　　　　　　　　　　　　　图 12-27

06 切换到"补充数据"选项卡，在"基础"面板中单击"布置基础"按钮，在弹出的"输入基础计算参数"对话框中设置基础数据，单击"确定"按钮后框选所有柱脚来放置基础，如图12-28所示。

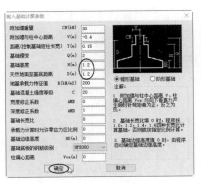
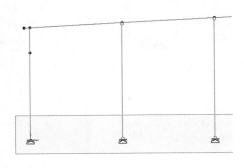

图 12-28

（3）门式钢架优化。

优化的目的是使最后的设计方案在满足规范要求的前提下，进行优化计算，最后得到用钢量最小的截面。目前版本，优化过程能够自动满足的优化目标限制条件包括强度、稳定、长细比、柱顶位移、挠跨比、屋面坡度改变率、变截面楔率等，优化结果可以自动满足这些限制条件，具体的操作步骤如下所述。

01 切换到"截面优选"选项卡，单击"优化参数"按钮，在弹出的"钢结构优化控制参数"对话框中设置参数，如图 12-29 所示。

02 单击"优化范围"按钮，在弹出的"优化范围"控制面板中选择"自动确定"选项，然后自动计算并定义优化范围，如图 12-30 所示。

图 12-29

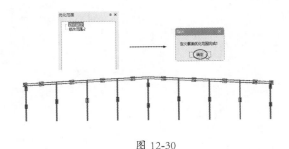

图 12-30

03 单击"优化计算"按钮自动完成优化过程。单击"优化结果"按钮即可查看优化结果。在弹出的"优化结果"控制面板中选择"优化截面"选项，可以查看截面的优化结果，如图 12-31 所示。

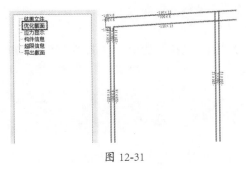

图 12-31

04 切换到"结构计算"选项卡，单击"结构计算"按钮 ▶，系统自动对所建模型进行内力分析、杆件强度、稳定验算及结构变形验算等，可以切换到"计算结果查询"选项卡中查看相关结果，如图 12-32 所示为配筋包络与钢结构应力比图。

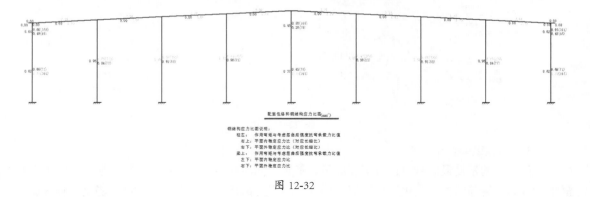

图 12-32

05 在功能区右侧单击"返回模型"按钮 🔳，返回 STS 门式钢结构设计环境中。返回过程中要注意保存文件。此时可以看到轴线 1 和轴线 18 上同时生成边榀梁（需要单击"显示设置"面板中的"显示设置"按钮 🔳，在弹出的"显示选择"对话框中选中"构件按照三维线框显示"复选框），如图 12-33 所示。

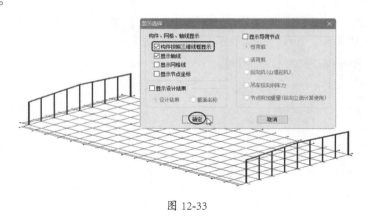

图 12-33

2. 创建中间榀

创建中间榀的过程与边榀过程是完全相同的，下面仅介绍不同的部分，主要是模型建立过程，具体的操作步骤如下所述。

01 在"模型输入"选项卡的"模型输入"面板中单击"立面编辑"按钮 🔳，在图形区中选取轴线 2 后进入榀立面编辑模式。

02 在"常用功能"选项卡的"轴线网格"面板中单击"门架"按钮 🏠，弹出"门式钢架快速建模"对话框。取消选中"设抗风柱"复选框，然后设置梁分段数及分段方式等，如图 12-34 所示。

提示：

建议单击"双坡多跨钢梁"按钮，在"双坡多跨钢梁参数定义"对话框中设置对称参数。

03 在"设计信息设置"选项卡中设置与边榀钢架相同的设计信息。单击弹出对话框中的"确定"

按钮，随后自动创建中间榀钢架，如图 12-35 所示。

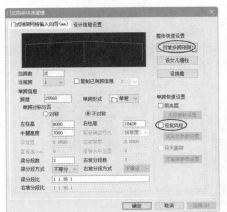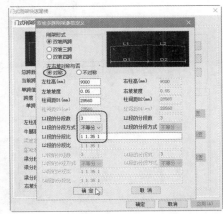

图 12-34

图 12-35

04 在"构件布置"面板中单击"柱布置"按钮 ，弹出"PK-STS 截面定义及布置"对话框。在对话框中有序号 1 钢柱截面（系统自定义的），选中序号 1 的截面（边梁的截面），再单击"修改截面参数"按钮，在弹出的"截面参数"对话框中设置参数，如图 12-36 所示。

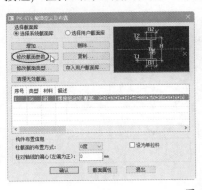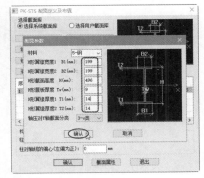

图 12-36

05 在"构件布置"面板中单击"梁布置"按钮 ，弹出"PK-STS 截面定义及布置"对话框。接着修改三种系统自定义的梁截面，如图 12-37 所示。

06 修改完成的梁效果如图 12-38 所示。右侧的边柱缺少一个牛腿节点，可以删除柱节点后分两段绘制边柱，即可得到一个牛腿节点。再次使用"柱布置"工具布置右边柱。

07 接下来就要进行吊车荷载布置、补充数据、截面优化及结构计算等操作，其参数设置与边榀是相同的，这里就不再赘述了。

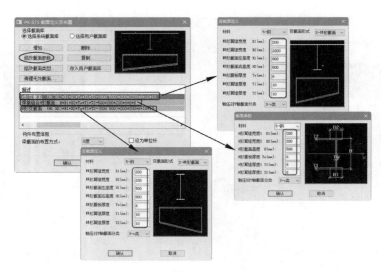

图 12-37

图 12-38

08 在功能区右侧单击"返回模型"按钮 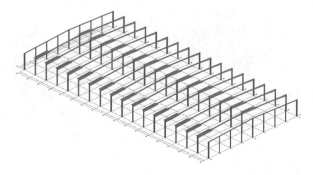，返回 STS 门式钢结构设计环境中。返回过程中要注意保存文件。此时可以看到轴线 2 和轴线 17 之间的轴线上同时生成中间榀钢梁，如图 12-39 所示。

图 12-39

至此，应该说已经完成了门式钢架厂房的结构设计与分析。但为了便于创建施工图，后续还要继续进行三维建模操作，例如系杆布置、屋面布置、墙面布置、托梁及吊车布置等。

3. 系杆布置

檐口和屋脊的纵向系杆（即连续梁）可以通过系杆布置菜单来完成，首先定义系杆截面，再直接捕捉布置的起始坐标点即可完成，具体的操作步骤如下所述。

01 在"模型输入"选项卡的"显示设置"面板中单击"显示设置"按钮 ，取消选中"显示轴线"和"构件按照三维线框显示"复选框，使图形区中仅显示钢架结构的构件网线，如图 12-40 所示。

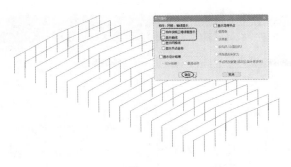

图 12-40

02 在"模型输入"选项卡的"模型输入"面板中单击"系杆布置"按钮 ✐，弹出"PK-STS 截面定义"对话框。增加系杆的截面类型（圆管），如图 12-41 所示。

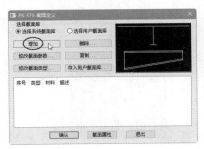 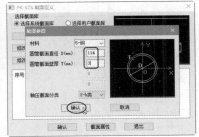

图 12-41

03 单击"PK-STS 截面定义"对话框的"确认"按钮后，布置 3 条从轴线 1 到轴线 18 的系杆，如图 12-42 所示。

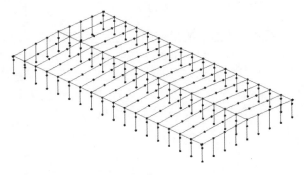

图 12-42

4. 屋面、墙面设计

钢结构的屋面与墙面设计必须在完成榀架模型构建后才能继续操作，屋面与墙面设计的内容主要是进行屋面、墙面围护构件的交互输入、直接点取单根构件进行计算和绘图，形成整个结构的钢材统计和报价。

（1）屋面设计的具体操作步骤如下所述。

01 在"模型输入"选项卡的"屋面墙面"面板中单击"屋面墙面设计"按钮 🏛，进入屋面墙面设计模式，功能区显示屋面、墙面设计的相关工具选项卡，如图 12-43 所示。

图 12-43

02 在"屋面布置"选项卡的"基本"面板中单击"参数设置"按钮![icon]，弹出"门式钢架绘图参数设置"对话框。该对话框中的这些参数主要用来补充钢架围护结构构件在施工图中的信息，无特殊结构均按默认设置，如图 12-44 所示。

图 12-44

03 本工程厂房为一层，且系统自动进入的是顶层平面。若厂房由多层结构构成，可以单击"选标准层"按钮![icon]来切换标准层。在"屋面布置"面板中单击"布置支撑"按钮![icon]，此时图形区下方的命令行中信息提示："选择矩形房间号布置屋面支撑"。根据这个提示选取一个房间号（例如房间号 a），接着选择支撑一侧的梁（如选择最左侧的钢架梁），此时会弹出"支撑截面定义"对话框，设置如图 12-45 所示的支撑截面参数。

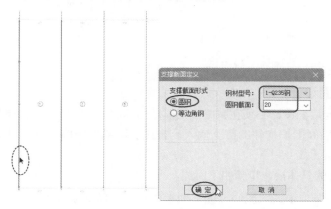

图 12-45

04 根据信息提示在命令行中输入支撑的组数为4，连续按两次 Enter 键确认后自动生成支撑，如图 12-44 所示。

05 同理，继续选择砌体房间号来布置支撑，最终布置完成的支撑系统如图 12-46 所示。

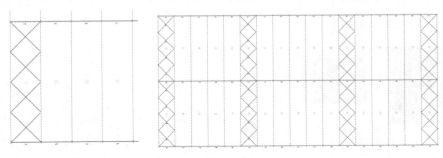

图 12-46

06 在"屋面布置"面板中单击"布置系杆"按钮 ，弹出"刚性系杆截面定义"对话框，设置系杆参数后单击"确定"按钮，接着在屋面中选取两个节点来生成系杆，如图 12-47 所示。同理，继续选取节点来完成其余系杆的布置。

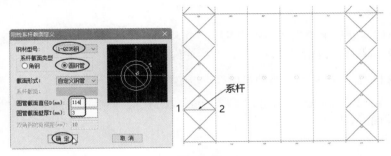

图 12-47

07 布置檩条和拉条。在"屋面布置"面板中单击"自动布置"按钮 ，弹出"自动布置屋面构件信息"对话框。在该对话框中首先设置"檩条参数设置"选项卡中的参数，如图 12-48 所示。

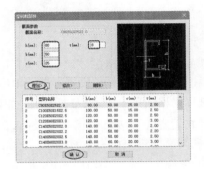

图 12-48

08 在"隔撑参数设置"选项卡中设置隔撑参数，完成后单击"确定"按钮自动布置檩条与隔撑，如图 12-49 所示。

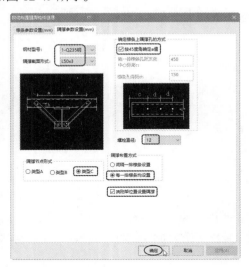
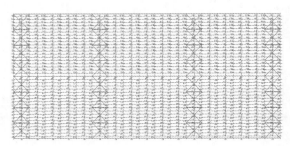

图 12-49

09 在"屋面布置"面板中单击"构件归并"|"全楼归并"按钮 ，对整个楼层平面中的构件包括支撑、檩条、隔撑、拉条等进行归并，并标注构件标号。

（2）轴线 1~ 轴线 18 墙面布置的具体操作步骤如下所述。

01 切换到"墙面布置"选项卡，单击"选择墙面"按钮 ，然后选择最下边（轴线编号为 A）的网格线确定立面，如图 12-50 所示。

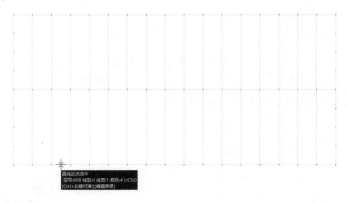

图 12-50

02 在"墙面布置"选项卡的"墙面布置"面板中单击"布置窗洞"按钮 ，弹出"门、窗洞口参数设置（mm）"对话框，设置参数后单击"确定"按钮，如图 12-51 所示。

03 依次选择网格编号 1~18 来布置窗洞，如图 12-52 所示。

04 单击"布置支撑"按钮 ，按 Enter 键确认命令行中的默认放置方式，然后选择网格号 1 随后弹出"柱间支撑参数设置"对话框，设置支撑类型（双层支撑）与参数，单击"确定"按钮布置支撑，如图 12-53 所示。再以相同的支撑参数来布置网格号 6、12 和 18 中的支撑，完成结果如图 12-54 所示。

图 12-51

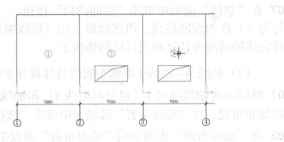

图 12-52

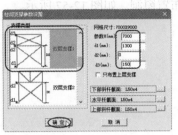

图 12-53

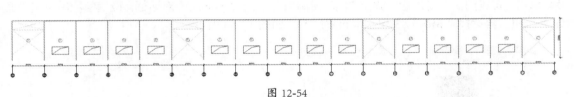

图 12-54

05 单击"自动布置"按钮 ，弹出"自动布置墙面构件信息"对话框。首先取消选中"自动设置隅撑"复选框，然后设置其他檩条参数，如图 12-55 所示。

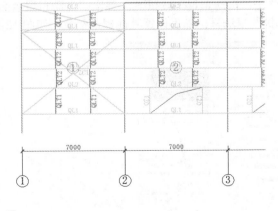

图 12-55

06 单击"构件归并"|"全楼归并"按钮 ，对整个墙面中的构件包括支撑、檩条和拉条等进行归并，

并标注构件标号。

07 在"整体"面板中单击"墙面拷贝"按钮，随后在俯视图中选择最下边的网格线（轴线编号为 A）作为源网格线，再选择最上边（轴线编号为 J）的网格线作为模板网格线，系统会自动将完成的墙面布置复制到目标网格线上。

（3）轴线 A~ 轴线 J 墙面布置的具体操作步骤如下所述。

01 继续完成轴线编号 1（也是网格线 1）和轴线编号 18 的墙立面布置，这里仅介绍轴线编号 1 的墙面布置。在"墙面布置"选项卡中单击"选择墙面"按钮，选择网格线 1 来确定立面。

02 在"墙面布置"选项卡的"墙面布置"面板中单击"布置窗洞"按钮，弹出"门、窗洞口参数设置（mm）"对话框，设置参数后单击"确定"按钮，如图 12-56 所示。

03 依次选择网格编号 1、2、4、5、7 和 9 来布置窗洞，如图 12-57 所示。

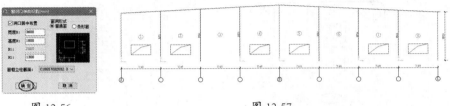

图 12-56　　　　　　　　　　　　　　　　图 12-57

04 单击"布置门洞"按钮，弹出"门、窗洞口参数设置（mm）"对话框，设置参数后单击"确定"按钮。再选择网格编号 3 和 6 来布置门洞，如图 12-58 所示。

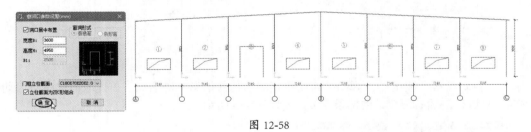

图 12-58

05 单击"自动布置"按钮，弹出"自动布置墙面构件信息"对话框。首先取消选中"自动设置隅撑"复选框，然后设置其他檩条参数，如图 12-59 所示。

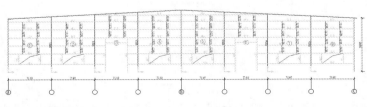

图 12-59

06 单击"构件归并"|"全楼归并"按钮，对整个墙面中的构件包括支撑、檩条和拉条等进行归并，并标注构件标号。

07 在"整体"面板中单击"墙面拷贝"按钮，随后在俯视图中选择最左侧的网格线（轴线编号为1）作为源网格线，再选择最右侧（轴线编号为18）的网格线作为模板网格线，系统会自动将完成的墙面布置复制到目标网格线上。

12.2.3 结构分析与施工图绘制

钢结构厂房的三维模型建立完成后，即可进行结构分析和图纸输出。结构分析主要包括屋面构件的分析、墙面构件的分析、抗风柱分析等，施工图就是平面图、立面图及构件的节点详图等。

1. 屋面构件分析

屋面构件分析可以进行当前标准层檩条的优化，单个檩条、屋面隔撑的计算，以及屋面构件绘图，同时可以进行屋面支撑的计算和绘图，具体的操作步骤如下所述。

01 切换到"屋面结构设计"选项卡，其中的结构分析工具如图12-60所示。

图 12-60

02 单击"檩条优化"按钮，弹出"檩条优化参数设置"对话框。设置相关参数后单击"确定"按钮，系统自动完成屋面檩条的优化，并将优化结果以记事本文件的形式显示，如图12-61所示。

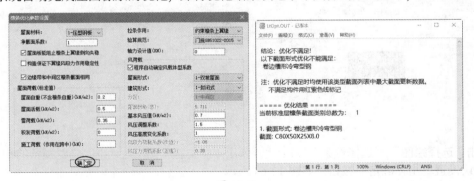

图 12-61

> **提示：**
>
> 檩条优化其实是一个补充，如果前面的参数设置没有任何问题，那么这里就无须进行优化。

03 单击"檩条计算"按钮，在图形区中选取一条檩条会弹出"简支檩条设计"对话框，设置参数后单击"计算"按钮，系统自动进行檩条计算，计算结果系统自动用记事本文件打开，如图12-62所示。

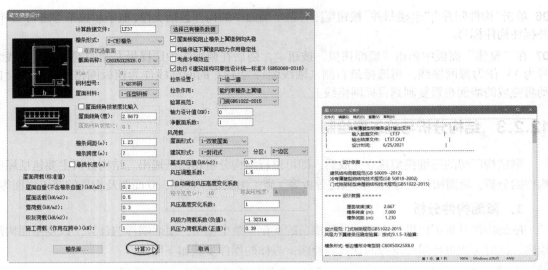

图 12-62

04 单击"隔撑计算"按钮 ▷，在图形区选取一条隔撑后弹出"隔撑与檩条连接图（mm）"对话框。设置参数后单击"计算"按钮，系统自动完成隔撑的计算并保存数据，同时打开计算结果的记事本文件，如图 12-63 所示。

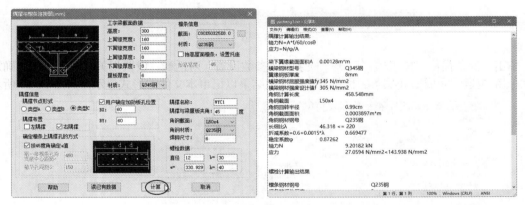

图 12-63

05 单击"选择绘图"|"选择檩条"按钮 ⬚，弹出"檩条施工图"对话框，设置檩条的相关参数，保留默认设置单击"确定"按钮，如图 12-64 所示。

06 单击"选择绘图"|"选择拉条"按钮 ⬚，弹出"拉条详图"对话框，设置拉条的相关参数，保留默认设置单击"确定"按钮，如图 12-65 所示。

07 再单击"选择隔撑"按钮来设置隔撑施工图参数，如图 12-66 所示。

提示：

如果需要全部绘制这些构件的图纸，可以单击"全层檩条""全层拉条"和"全层隔撑"按钮来设置图纸的内容。

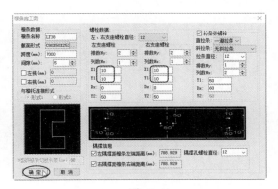

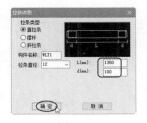

图 12-64   图 12-65

08 单击"绘施工图"按钮 ，弹出"绘图参数"对话框。设置相关参数后单击"确定"按钮，如图 12-67 所示。随后自动生成施工图，如图 12-68 所示。

图 12-66   图 12-67

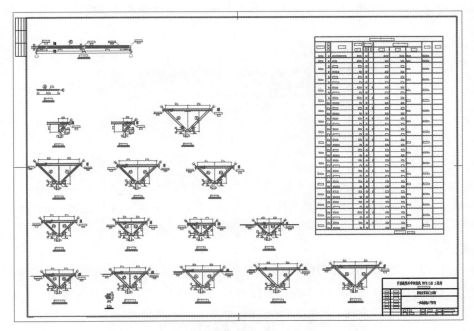

图 12-68

09 同理，在"屋面支撑设计"面板中先后单击"支撑计算""选择支撑"|"选择支撑""选择支撑"|"选择系杆"和"绘支撑图"等按钮，来创建支撑的施工图，如图 12-69 所示。

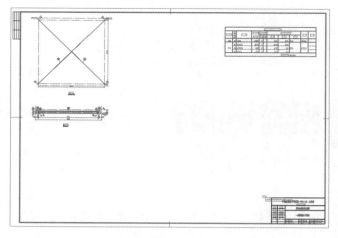

图 12-69

> **提示:**
>
> PKPM自动生成的施工图一般都需要导入AutoCAD软件中重新编排整理、文字大小的修改、重新尺寸标注等操作，不能直接作为施工图进行图纸打印。

2. 墙面构件分析

墙面构件分析，首先应选择网格线确定立面，然后在选定立面中，可以进行当前立面墙梁的优化，单个墙梁、墙面隔撑的计算，柱间支撑的计算，以及墙面构件的绘图，具体的操作步骤如下所述。

01 切换到"墙面构件设计"选项卡，如图 12-70 所示。

图 12-70

02 与创建屋面构件施工图一样，在"墙面构件设计"选项卡中也是进行相同的操作来创建某一个墙面的墙梁、墙柱、拉条、支撑等构件施工图。钢结构厂房共有四个墙面，所以需要创建四个墙面的布置图。

3. 抗风柱分析

抗风柱设计，完成单个抗风柱的计算，以及抗风柱施工图绘制，具体的操作步骤如下所述。

01 切换到"抗风柱设计"选项卡，如图 12-71 所示。

图 12-71

02 单击"点取计算"按钮▷，在图形区中选取一个抗风柱后弹出"抗风柱计算"对话框，设置参数后单击"计算"按钮系统自动进行计算，如图 12-72 所示。

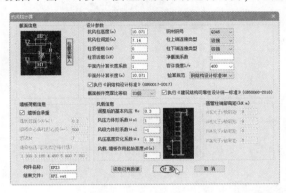

图 12-72

03 单击"选择构件"按钮，在图形区中选取一个抗风柱后弹出"抗风柱"对话框，设置参数后单击"确认"按钮，如图 12-73 所示。

04 最后单击"绘施工图"按钮，设置施工图参数，单击"确定"按钮自动创建抗风柱施工图，如图 12-74 所示。

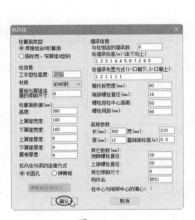

图 12-73

图 12-74

05 单击功能区右侧的"返回模型"按钮，返回钢结构设计环境中，图形区中显示完成的屋面、墙面设计结果，如图 12-75 所示。

4. 吊车布置与结构分析

吊车布置与结构分析的具体操作步骤如下所述。

01 在"模型输入"选项卡的"吊车布置"面板中单击"吊车布置"按钮，在网格线中选取牛腿节点来定义吊车标高，如图 12-76 所示。

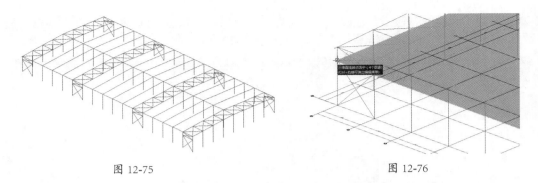

图 12-75   图 12-76

02 随后功能区弹出"吊车布置"选项卡，如图 12-77 所示。图形区显示吊车布置的平面视图。

图 12-77

03 在"吊车布置"选项卡中单击"定义布置"按钮 ，弹出"设置吊车布置信息（门架三维）"对话框，新增吊车资料并修改其他参数，如图 12-78 所示。

提示：

新增吊车资料可以参考前面图12-21中吊车荷载数据的导入过程。

04 在"吊车资料输入"选项卡中设置参数，单击"新增"按钮增加吊车梁截面，完成后单击"确定"按钮，如图 12-79 所示。

图 12-78

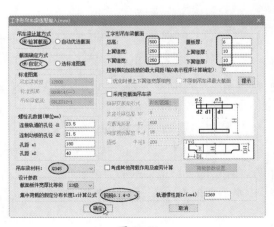

图 12-79

05 在图形区中选取 4 个网格节点来布置第一条吊车梁和吊车，如图 12-80 所示。

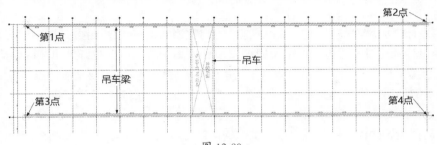

图 12-80

06 继续选取四个网格线节点来布置第二台吊车及吊车梁，如图 12-81 所示。

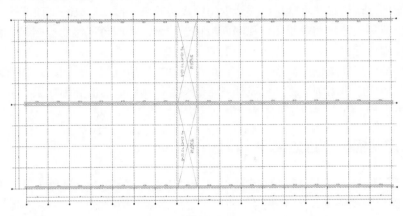

图 12-81

07 单击"自动计算"按钮 ▷，自动完成吊车梁的分析。单击"计算书"按钮 📄，生成吊车梁的计算书。

08 单击"返回模型"按钮 🔣 系统自动完成牛腿、吊车及吊车梁的整体结构分析，并返回钢结构设计环境中。

5．钢结构厂房的整体结构计算

钢结构厂房的整体结构计算的具体操作步骤如下所述。

01 切换到"自动计算"选项卡，单击"计算"面板中的"形成数据"按钮 📄，弹出"形成计算数据"对话框，单击"确定"按钮，完成模型初始化，如图 12-82 所示。

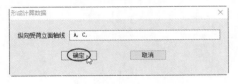

图 12-82

02 单击"自动计算"按钮 ▷，系统自动完成计算。可以在"结果查看"面板中查看相关计算结果，最后保存数据文件。

至此，完成了本工程的钢结构厂房的设计与结构分析。

12.3　门式钢结构三维效果图制作案例

钢结构设计完成后，可以利用 PKPM 提供的门式钢结构三维效果图模块进行最终的效果图渲染，以便设计师通过三维效果图能及时调整设计方案。门式钢架三维效果图软件可以快速生成逼真的三维效果图，使设计人员可以从不同角度感受设计方案，主要功能特点如下所述。

- 能真实地用三维实体方式表示钢架主构件（钢架梁、钢架柱等）、围护构件（檩条、支撑、拉条等）。
- 自动铺设屋面板、墙面板：根据围护构件信息自动计算屋面板、墙面板的铺设区域并铺板。墙面板铺板时可以自动考虑洞口，留出洞口位置。
- 自动形成门、窗洞口以及雨篷：门、窗洞口是根据屋面、墙面中布置的洞口信息，自动取得洞口几何信息并用默认材质体现洞口真实效果，自动生成门洞顶部的雨篷。
- 自动设置包边：自动在屋面板和墙面板相连位置、墙面板和墙面板相连位置、门窗洞口四边位置进行包边处理，使效果图更加逼真。
- 自动形成厂房周围道路、场景设计：可以自动在厂房外部设计道路、种植草坪、布置路灯等，形成厂房周围环境，使设计者可感受到厂房建成后的实际效果。可以交互布置天沟和雨水管，并提供相应的编辑功能。

12.3.1　"门式钢架三维效果图"模块介绍

"门式钢架三维效果图"软件是在 PKPM 三维图形平台 PKPM3D 基础上开发的，该平台智能化程度高且操作步骤简单，易学易用。利用"门式钢架三维效果图"平台不但可以进行绘图和编辑操作，还可以进行动画制作、渲染等，更是结合了门式钢架设计的特点，定制了专业菜单。

"门式钢架三维效果图"模块必须是用户完成了门式钢架三维设计之后才能使用。在 PKPM 主页界面的"钢结构"模块中选择"钢结构厂房三维设计效果图"分模块，再双击之前用户定义的门式钢结构厂房路径（该路径中必须有保存的门式钢结构文件），即可进入"门式钢架三维效果图"平台中，如图 12-83 所示。

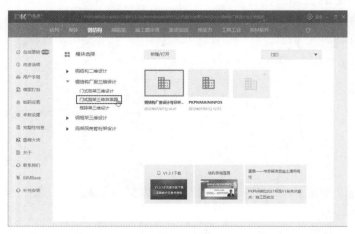

图 12-83

当双击工程文件路径并进入"门式钢架三维效果图"软件平台后，系统会自动计算门式钢结构厂房的数据信息，并匹配一些场景模型给该门式钢结构，如图12-84所示。

图 12-84

12.3.2 制作门式钢架三维效果图

下面以现有的门式钢架的结构模型进行三维效果图制作，具体的操作步骤如下。

1. 布置厂房

布置厂房的具体操作步骤如下所述。

01 完成了门式钢结构厂房的设计与结构分析之后，保存文件并关闭软件窗口，将返回PKPM主页界面中。

02 在PKPM主页界面的"钢结构"模块中选择"门式钢架三维效果图"分模块，再双击本工程项目的工作目录，自动进入门式钢架三维效果图制作环境中，软件系统将初步完成门式钢架厂房的三维效果制作如图12-85所示。

图 12-85

以下是这个三维效果图制作环境的视图操作方法。

- Ctrl+ 中键 = 旋转视图。
- 按下中键 = 平移视图。
- 滚动滚轮 = 缩放视图。

03 在图形区上方的是"围护结构"工具栏，工具栏中的工具用来布置厂房的屋面板、墙面板、门、窗、天沟和雨水管等设施，如图 12-86 所示。

图 12-86

04 在初步形成的三维效果图中，已经存在这些厂房设施。接下来逐一进行更改替换。在"围护结构"工具栏中单击"铺设屋面板"按钮，弹出"屋面彩钢板"对话框。设置屋面板类型并单击"选择材质图片"按钮，选择新的材质图片，最后单击"确定"按钮，完成屋面板的更改，如图 12-87 所示。

 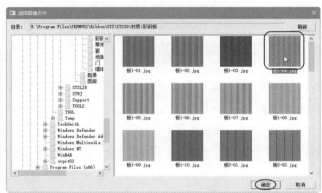

图 12-87

05 单击"铺设墙面板"按钮，在弹出的"墙面彩钢板"对话框中设置墙面类型为"夹芯板"，设置"墙板底面距地面距离（mm）"值为1300，最后单击"确定"按钮完成墙面板的更改，如图 12-88 所示。

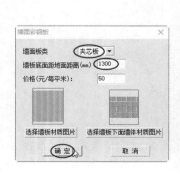 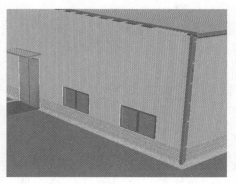

图 12-88

06 单击"窗"按钮 ▦，在弹出的"洞口材质选择"对话框中单击"选择窗洞口材质"按钮，重新选择新的窗材质，如图 12-89 所示。

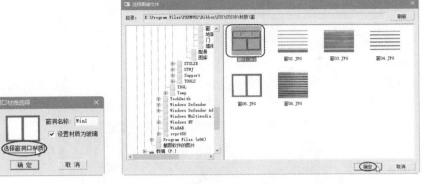

图 12-89

07 单击"布天沟"按钮 ▱，弹出"天沟参数设置（mm）"对话框。设置天沟的参数后单击"确定"按钮后，在视图中选择要添加天沟的屋面板和墙面板以完成天沟的布置，如图 12-90 所示。一次只能布置一条天沟，同样在另一侧也添加相同的天沟。

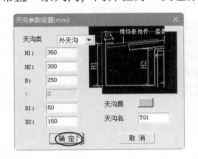
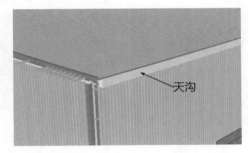

图 12-90

08 单击"布雨水管"按钮 ▦，弹出"雨水管参数定义（mm）"对话框。设置保留默认参数单击"确定"按钮，然后在视图中选择天沟来布置雨水管，如图 12-91 所示。一次只能布置一条天沟的雨水管，同样在另一侧也布置相同的雨水管。

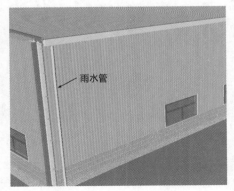

图 12-91

09 使用"规划设计"工具栏中的工具可以进行植物布置、道路规划设置、配景制作和周边环境（园林设施)的添加等操作,如图 12-92 所示。

图 12-92

10 单击"种植设计"按钮，弹出"种植设计"对话框。单击"片植"按钮再弹出"片植对话框"对话框，选择"随机"选项，选中"鼠标依次选点组成边界线"单选按钮，接着再单击"插入植物"按钮，如图 12-93 所示。

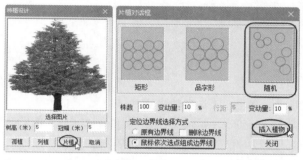

图 12-93

11 接着在视图中选取多个点来组成封闭区域，系统会自动在区域中布置植物，如图 12-94 所示。

提示：

在视图中选取点来创建封闭区域，实际上是绘制封闭多边形，绘制后右击，再选择"闭合"选项并继续右击，即可自动布置植物。

12 同理，返回"种植设计"对话框可以选择其他植物，再到其他区域布置植物，最终的植物布置完成的效果如图 12-95 所示。

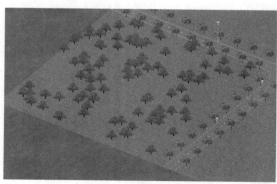

图 12-94

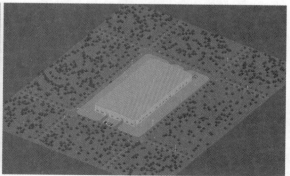

图 12-95

13 如果需要修改默认生成的道路，可以单击"道路生成"按钮，在弹出的"设置路宽"对话框中设置路宽参数，单击"确定"按钮绘制新的路线，即可自动创建新道路。

14 单击"材料信息"按钮，将打开记载材料信息的记事本文件，从中查看整个工程项目用于建筑设计的材料统计信息，可以用于建筑成本核算及材料采购，如图 12-96 所示。

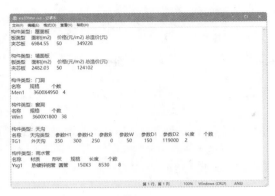

图 12-96

2. 渲染

渲染的具体操作步骤如下所述。

01 在"渲染"工具栏中单击"材质列表"按钮❖，图形区左侧会弹出"材质"面板和"属性"面板，如图 12-97 所示。

图 12-97

02 在视图中选择某一种材质，将会在"材质"面板中显示该材质。例如选择屋面夹芯板，"材质"面板中就会显示该材质的属性，包括颜色、贴图、环境光强度系数、图层管理及视口参数等，如图 12-98 所示。可以根据实际的材质表现进行属性设置。当然在前面替换或修改这些材质时已经确定了相关的属性参数，也就没有必要再重新修改一次。

图 12-98

03 任何渲染场景中都必须有光源，否则渲染出来的效果很一般。在这种室外大环境中，系统通常会给出一定强度的环境光源，如果是阴天，就保留默认的环境光源即可，如果是烈日高照的晴天，那就需要添加辅助光源来表达日光。在"渲染"工具栏中单击"光源"按钮 ，弹出"光源"对话框，该对话框包含五种类型的光源，如图 12-99 所示。

> **提示：**
>
> 点光源就是从一点发散出来的光源，主要用于室外太阳、室内白炽灯及其他点射光源；锥光就是聚光灯，用于室内的聚光灯、舞台聚光灯等；平行光是主要模拟电筒灯光、室内阳光照射之类的光源；柱光就是柱形灯光；面光是指平板光源，例如室内窗户在没有阳光时，模拟的自然光源。

04 能模拟日光的就是"点光"类型，单击"点光"按钮，在厂房的上空的任意位置放置点光源，如图 12-100 所示。

图 12-99　　　　　　　　　　　　　　　图 12-100

05 在"渲染"工具栏中单击"相机"按钮 ，然后在视图中确定一个观察点，拖动相机框以确定相机的镜头大小和焦距，如图 12-101 所示。

06 可以多设置几台相机，以便渲染后能从多角度观察环境。如图 12-102 所示为在厂房周边创建了 4 台相机。

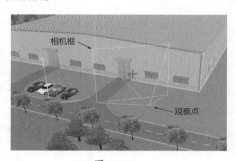

图 12-101　　　　　　　　　　　　　　　图 12-102

07 在"渲染"工具栏中单击"三维渲染图"按钮 ，弹出"渲染参数设置"对话框，设置"公用设置"选项卡中的信息及参数，如图 12-103 所示。

> **提示：**
>
> 默认的渲染视图就是当前视图，如果要渲染出从相机角度进行观察的视图，可以在"相机"列表中选择相机视图。

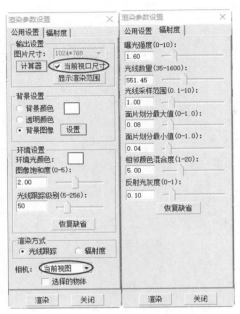

图 12-103

08 设置完成后单击"渲染"按钮，系统自动完成三维效果图的渲染，如图 12-104 所示。

图 12-104